· *The Wonders of Life* ·

海克尔对于把进化论系统化，以及对于把进化论作为近代生物学的中心思想并彰显其影响力所作的努力，一定会对科学的进步发生远大的影响。

——赫胥黎（Thomas Huxley）

黑氏（海克尔）著书至多，辄明斯旨，且立种族发生学，使与个体发生学并，远稽人类由来，及其曼衍之迹，群疑冰泮，大閟犁然，为近日生物学之峰极。

——鲁迅

本书列入"十四五"国家重点图书出版规划

科学元典丛书

The Series of the Great Classics in Science

主　　编　　任定成

执行主编　　周雁翎

策　　划　　周雁翎

丛书主持　　陈　静

　　科学元典是科学史和人类文明史上划时代的丰碑，是人类文化的优秀遗产，是历经时间考验的不朽之作。它们不仅是伟大的科学创造的结晶，而且是科学精神、科学思想和科学方法的载体，具有永恒的意义和价值。

科学元典丛书

生命的奇迹

The Wonders of Life

〔德〕海克尔 著　刘文典 译

北京大学出版社
PEKING UNIVERSITY PRESS

图书在版编目（CIP）数据

生命的奇迹/(德)海克尔(Ernst Haeckel)著;刘文典译. —北京：北京大学出版社，2019.10

（科学元典丛书）

ISBN 978-7-301-30767-0

Ⅰ.①生… Ⅱ.①海… ②刘… Ⅲ.①生命科学 Ⅳ.①Q1-0

中国版本图书馆 CIP 数据核字（2019）第 194792 号

书　　　名	生命的奇迹	
	SHENGMING DE QIJI	
著作责任者	［德］海克尔　著　刘文典　译	
丛书策划	周雁翎	
丛书主持	陈　静	
责任编辑	郭　莉	
标准书号	ISBN 978-7-301-30767-0	
出版发行	北京大学出版社	
地　　　址	北京市海淀区成府路 205 号　　100871	
网　　　址	http://www.pup.cn　　　　　　新浪微博:@ 北京大学出版社	
微信公众号	通识书苑（微信号：sartspku）　科学元典（微信号：kexueyuandian）	
电子邮箱	编辑部 jyzx@ pup.cn　　　　　总编室 zpup@ pup.cn	
电　　　话	邮购部 010-62752015　发行部 010-62750672　编辑部 010-62707542	
印　刷　者	北京中科印刷有限公司	
经　销　者	新华书店	
	787 毫米×1092 毫米　16 开本　20.75 印张　360 千字　彩插 8	
	2019 年 10 月第 1 版　2024 年 1 月第 2 次印刷	
定　　　价	79.00 元	

弁　言

· Preface to the Series of the Great Classics in Science ·

　　这套丛书中收入的著作，是自古希腊以来，主要是自文艺复兴时期现代科学诞生以来，经过足够长的历史检验的科学经典。为了区别于时下被广泛使用的"经典"一词，我们称之为"科学元典"。

　　我们这里所说的"经典"，不同于歌迷们所说的"经典"，也不同于表演艺术家们朗诵的"科学经典名篇"。受歌迷欢迎的流行歌曲属于"当代经典"，实际上是时尚的东西，其含义与我们所说的代表传统的经典恰恰相反。表演艺术家们朗诵的"科学经典名篇"多是表现科学家们的情感和生活态度的散文，甚至反映科学家生活的话剧台词，它们可能脍炙人口，是否属于人文领域里的经典姑且不论，但基本上没有科学内容。并非著名科学大师的一切言论或者是广为流传的作品都是科学经典。

　　这里所谓的科学元典，是指科学经典中最基本、最重要的著作，是在人类智识史和人类文明史上划时代的丰碑，是理性精神的载体，具有永恒的价值。

一

　　科学元典或者是一场深刻的科学革命的丰碑，或者是一个严密的科学体系的构架，或者是一个生机勃勃的科学领域的基石，或者是一座传播科学文明的灯塔。它们既是昔日科学成就的创造性总结，又是未来科学探索的理性依托。

　　哥白尼的《天体运行论》是人类历史上最具革命性的震撼心灵的著作，它向统治西方思想千余年的地心说发出了挑战，动摇了"正统宗教"学说的天文学基础。伽利略《关于托勒密和哥白尼两大世界体系的对话》以确凿的证据进一步论证了哥白尼学说，更直接地动摇了教会所庇护的托勒密学说。哈维的《心血运动论》以对人类躯体和心灵的双重关怀，满怀真挚的宗教情感，阐述了血液循环理论，推翻了同样统治西方思想千余年、被"正统宗教"所庇护的盖伦学说。笛卡儿的《几何》不仅创立了为后来诞生的微积分提供了工具的解析几何，而且折射出影响万世的思想方法论。牛顿的《自然哲学之数学原理》标志着17世纪科学革命的顶点，为后来的工业革命奠定了科学基础。分别以惠更斯的《光论》与牛顿的《光学》为代表的波动说与微粒说之间展开了长达200余年的论战。拉瓦锡在《化学基础论》中详尽论述了氧化理论，推翻了统治化学百余年之久的燃素理论，这一智识壮举被公认为历史上最自觉的科学革命。道尔顿的《化学哲学新体系》奠定了物质结构理论的基础，开创了科学中的新时代，使19世纪的化学家们有计划地向未知领域前进。傅立叶的《热的解析理论》以其对热传导问题的精湛处理，突破了牛顿的《自然哲学之数学原理》所规定的理论力学范围，开创了数学物理学的崭新领域。达尔文《物种起源》中的进化论思想不仅在生物学发展到分子水平的今天仍然是科学家们阐释的对象，而且100多年来几乎在科学、社会和人文的所有领域都在施展它有形和无形的影响。《基因论》揭示了孟德尔式遗传性状传递机理的物质基础，把生命科学推进到基因水平。爱因斯坦的《狭义与广义相对论浅说》和薛定谔的《关于波动力学的四次演讲》分别阐述了物质世界在高速和微观领域的运动规律，完全改变了自牛顿以来的世界观。魏格纳的《海陆的起源》提出了大陆漂移的猜想，为当代地球科学提供了新的发展基点。维纳的《控制论》揭示了控制系统的反馈过程，普里戈金的《从存在到演化》发现了系统可能从原来无序向新的有序态转化的机制，二者的思想在今天的影响已经远远超越了自然科学领域，影响到经济学、社会学、政治学等领域。

科学元典的永恒魅力令后人特别是后来的思想家为之倾倒。欧几里得的《几何原本》以手抄本形式流传了1800余年，又以印刷本用各种文字出了1000版以上。阿基米德写了大量的科学著作，达·芬奇把他当作偶像崇拜，热切搜求他的手稿。伽利略以他的继承人自居。莱布尼兹则说，了解他的人对后代杰出人物的成就就不会那么赞赏了。为捍卫《天体运行论》中的学说，布鲁诺被教会处以火刑。伽利略因为其《关于托勒密和哥白尼两大世界体系的对话》一书，遭教会的终身监禁，备受折磨。伽利略说吉尔伯特的《论磁》一书伟大得令人嫉妒。拉普拉斯说，牛顿的《自然哲学之数学原理》揭示了宇宙的最伟大定律，它将永远成为深邃智慧的纪念碑。拉瓦锡在他的《化学基础论》出版后5年被法国革命法庭处死，传说拉格朗日悲愤地说，砍掉这颗头颅只要一瞬间，再长出这样的头颅 100 年也不够。《化学哲学新体系》的作者道尔顿应邀访法，当他走进法国科学院会议厅时，院长和全体院士起立致敬，得到拿破仑未曾享有的殊荣。傅立叶在《热的解析理论》中阐述的强有力的数学工具深深影响了整个现代物理学，推动数学分析的发展达一个多世纪，麦克斯韦称赞该书是"一首美妙的诗"。当人们咒骂《物种起源》是"魔鬼的经典""禽兽的哲学"的时候，赫胥黎甘做"达尔文的斗犬"，挺身捍卫进化论，撰写了《进化论与伦理学》和《人类在自然界的位置》，阐发达尔文的学说。经过严复的译述，赫胥黎的著作成为维新领袖、辛亥精英、"五四"斗士改造中国的思想武器。爱因斯坦说法拉第在《电学实验研究》中论证的磁场和电场的思想是自牛顿以来物理学基础所经历的最深刻变化。

在科学元典里，有讲述不完的传奇故事，有颠覆思想的心智波涛，有激动人心的理性思考，有万世不竭的精神甘泉。

二

按照科学计量学先驱普赖斯等人的研究，现代科学文献在多数时间里呈指数增长趋势。现代科学界，相当多的科学文献发表之后，并没有任何人引用。就是一时被引用过的科学文献，很多没过多久就被新的文献所淹没了。科学注重的是创造出新的实在知识。从这个意义上说，科学是向前看的。但是，我们也可以看到，这么多文献被淹没，也表明划时代的科学文献数量是很少的。大多数科学元典不被现代科学文献所引用，那是因为其中的知识早已成为科学中无须证明的常识了。即使这样，科学经典也会因为其中思想的恒久意义，而像人文领域里的经典一样，具有永恒的阅读价值。于是，科学经典就被一编再编、一印再印。

早期诺贝尔奖得主奥斯特瓦尔德编的物理学和化学经典丛书"精密自然科学经典"从 1889 年开始出版，后来以"奥斯特瓦尔德经典著作"为名一直在编辑出版，有资料说目前已经出版了 250 余卷。祖德霍夫编辑的"医学经典"丛书从 1910 年就开始陆续出版了。也是这一年，蒸馏器俱乐部编辑出版了 20 卷"蒸馏器俱乐部再版本"丛书，丛书中全是化学经典，这个版本甚至被化学家在 20 世纪的科学刊物上发表的论文所引用。一般把 1789 年拉瓦锡的化学革命当作现代化学诞生的标志，把 1914 年爆发的第一次世界大战称为化学家之战。奈特把反映这个时期化学的重大进展的文章编成一卷，把这个时期的其他 9 部总结性化学著作各编为一卷，辑为 10 卷"1789—1914 年的化学发展"丛书，于 1998 年出版。像这样的某一科学领域的经典丛书还有很多很多。

科学领域里的经典，与人文领域里的经典一样，是经得起反复咀嚼的。两个领域里的经典一起，就可以勾勒出人类智识的发展轨迹。正因为如此，在发达国家出版的很多经典丛书中，就包含了这两个领域的重要著作。1924 年起，沃尔科特开始主编一套包括人文与科学两个领域的原始文献丛书。这个计划先后得到了美国哲学协会、美国科学促进会、美国科学史学会、美国人类学协会、美国数学协会、美国数学学会以及美国天文学学会的支持。1925 年，这套丛书中的《天文学原始文献》和《数学原始文献》出版，这两本书出版后的 25 年内市场情况一直很好。1950 年，沃尔科特把这套丛书中的科学经典部分发展成为"科学史原始文献"丛书出版。其中有《希腊科学原始文献》《中世纪科学原始文献》和《20 世纪（1900—1950 年）科学原始文献》，文艺复兴至 19 世纪则按科学学科（天文学、数学、物理学、地质学、动物生物学以及化学诸卷）编辑出版。约翰逊、米利肯和威瑟斯庞三人主编的"大师杰作丛书"中，包括了小尼德勒编的 3 卷"科学大师杰作"，后者于 1947 年初版，后来多次重印。

在综合性的经典丛书中，影响最为广泛的当推哈钦斯和艾德勒 1943 年开始主持编译的"西方世界伟大著作丛书"。这套书耗资 200 万美元，于 1952 年完成。丛书根据独创性、文献价值、历史地位和现存意义等标准，选择出 74 位西方历史文化巨人的 443 部作品，加上丛书导言和综合索引，辑为 54 卷，篇幅 2 500 万单词，共 32 000 页。丛书中收入不少科学著作。购买丛书的不仅有"大款"和学者，而且还有屠夫、面包师和烛台匠。迄 1965 年，丛书已重印 30 次左右，此后还多次重印，任何国家稍微像样的大学图书馆都将其列入必藏图书之列。这套丛书是 20 世纪上半叶在美国大学兴起而后扩展到全社会的经典著作研读运动的产物。这个时期，美国一些大学的寓所、校园和酒吧里都能听到学生讨论古典佳作的声音。有的大学要求学生必须深研 100 多部名著，甚至在教学中不得使用最新的实验设备，而是借助历史上的科学大师所使用的方法和仪器复制品去再现划时代的著名实验。至 20 世纪 40 年代末，美国举办古典名著学习班的城市达 300 个，学员 50 000 余众。

相比之下，国人眼中的经典，往往多指人文而少有科学。一部公元前 300 年左右古希腊人写就的《几何原本》，从 1592 年到 1605 年的 13 年间先后 3 次汉译而未果，经 17 世纪初和 19 世纪 50 年代的两次努力才分别译刊出全书来。近几百年来移译的西学典籍中，成系统者甚多，但皆系人文领域。汉译科学著作，多为应景之需，所见典籍寥若晨星。借 20 世纪 70 年代末举国欢庆"科学春天"到来之良机，有好尚者发出组译出版"自然科学世界名著丛书"的呼声，但最终结果却是好尚者抱憾而终。20 世纪 90 年代初出版的"科学名著文库"，虽使科学元典的汉译初见系统，但以 10 卷之小的容量投放于偌大的中国读书界，与具有悠久文化传统的泱泱大国实不相称。

我们不得不问：一个民族只重视人文经典而忽视科学经典，何以自立于当代世界民族之林呢？

三

科学元典是科学进一步发展的灯塔和坐标。它们标识的重大突破，往往导致的是常规科学的快速发展。在常规科学时期，人们发现的多数现象和提出的多数理论，都要用科学元典中的思想来解释。而在常规科学中发现的旧范型中看似不能得到解释的现象，其重要性往往也要通过与科学元典中的思想的比较显示出来。

在常规科学时期，不仅有专注于狭窄领域常规研究的科学家，也有一些从事着常规研究但又关注着科学基础、科学思想以及科学划时代变化的科学家。随着科学发展中发现的新现象，这些科学家的头脑里自然而然地就会浮现历史上相应的划时代成就。他们会对科学元典中的相应思想，重新加以诠释，以期从中得出对新现象的说明，并有可能产生新的理念。百余年来，达尔文在《物种起源》中提出的思想，被不同的人解读出不同的信息。古脊椎动物学、古人类学、进化生物学、遗传学、动物行为学、社会生物学等领域的几乎所有重大发现，都要拿出来与《物种起源》中的思想进行比较和说明。玻尔在揭示氢光谱的结构时，提出的原子结构就类似于哥白尼等人的太阳系模型。现代量子力学揭示的微观物质的波粒二象性，就是对光的波粒二象性的拓展，而爱因斯坦揭示的光的波粒二象性就是在光的波动说和微粒说的基础上，针对光电效应，提出的全新理论。而正是与光的波动说和微粒说二者的困难的比较，我们才可以看出光的波粒二象性学说的意义。可以说，科学元典是时读时新的。

除了具体的科学思想之外，科学元典还以其方法学上的创造性而彪炳史册。这些方法学思想，永远值得后人学习和研究。当代诸多研究人的创造性的前沿领域，如认知心理学、科学哲学、人工智能、认知科学等，都涉及对科学大师的研究方法的研究。一些科学史学家以科学元典为基点，把触角延伸到科学家的信件、实验室记录、所属机构的档案等原始材料中去，揭示出许多新的历史现象。近二十多年兴起的机器发现，首先就是对科学史学家提供的材料，编制程序，在机器中重新做出历史上的伟大发现。借助于人工智能手段，人们已经在机器上重新发现了波义耳定律、开普勒行星运动第三定律，提出了燃素理论。萨伽德甚至用机器研究科学理论的竞争与接受，系统研究了拉瓦锡氧化理论、达尔文进化学说、魏格纳大陆漂移说、哥白尼日心说、牛顿力学、爱因斯坦相对论、量子论以及心理学中的行为主义和认知主义形成的革命过程和接受过程。

除了这些对于科学元典标识的重大科学成就中的创造力的研究之外，人们还曾经大规模地把这些成就的创造过程运用于基础教育之中。美国几十年前兴起的发现法教学，就是在这方面的尝试。近二十多年来，兴起了基础教育改革的全球浪潮，其目标就是提高学生的科学素养，改变片面灌输科学知识的状况。其中的一个重要举措，就是在教学中加强科学探究过程的理解和训练。因为，单就科学本身而言，它不仅外化为工艺、流程、技术及其产物等器物形态，直接表现为概念、定律和理论等知识形态，更深蕴于其特有的思想、观念和方法等精神形态之中。没有人怀疑，我们通过阅读今天的教科书就可以方便地学到科学元典著作中的科学知识，而且由于科学的进步，我们从现代教科书上所学的知识甚至比经典著作中的更完善。但是，教科书所提供的只是结晶状态的凝固知识，而科学本是历史的、创造的、流动的，在这历史、创造和流动过程之中，一些东西蒸发了，另一些东西积淀了，只有科学思想、科学观念和科学方法保持着永恒的活力。

然而，遗憾的是，我们的基础教育课本和科普读物中讲的许多科学史故事不少都是误讹相传的东西。比如，把血液循环的发现归于哈维，指责道尔顿提出二元化合物的元素原子数最简比是当时的错误，讲伽利略在比萨斜塔上做过落体实验，宣称牛顿提出了牛顿定律的诸数学表达式，等等。好像科学史就像网络上传播的八卦那样简单和耸人听闻。为避免这样的误讹，我们不妨读一读科学元典，看看历史上的伟人当时到底是如何思考的。

现在，我们的大学正处在席卷全球的通识教育浪潮之中。就我的理解，通识教育固然要对理工农医专业的学生开设一些人文社会科学的导论性课程，要对人文社会科学专业的学生开设一些理工农医的导论性课程，但是，我们也可以考虑适当跳出专与博、文与理的关系的思考路数，对所有专业的学生开设一些真正通而识之的综合性课程，或者倡导这样的阅读活动、讨论活动、交流活动甚至跨学科的研究活动，发掘文化遗产、分享古典智慧、继承高雅传统，把经典与前沿、传统与现代、创造与继承、现实与永恒等事关全民素质、民族命运和世界使命的问题联合起来进行思索。

我们面对不朽的理性群碑，也就是面对永恒的科学灵魂。在这些灵魂面前，我们不是要顶礼膜拜，而是要认真研习解读，读出历史的价值，读出时代的精神，把握科学的灵魂。我们要不断吸取深蕴其中的科学精神、科学思想和科学方法，并使之成为推动我们前进的伟大精神力量。

任定成

2005 年 8 月 6 日

北京大学承泽园迪吉轩

出 版 说 明

• *Editor's Note* •

海克尔是德国近代著名的生物学家、哲学家和艺术家，是达尔文进化论思想最为激进的传播者之一。他的思想对中国近代社会产生了广泛而深远的影响。鲁迅、陈独秀、胡适、马君武、蒋百里、刘文典等无不对其推崇备至。毛泽东曾把海克尔与黑格尔、马克思和恩格斯并列，将其誉为影响他的四个德国伟人之一。

《生命的奇迹》是海克尔最著名的作品之一，是一部讲解生命产生和进化的经典之作，初版于1904年。全书以大量的自然科学新发现为依据，自始至终贯穿着唯物论思想。

本书（中译版）由学贯中西的著名学者刘文典先生翻译。初稿于1919年和1920年陆续在《新青年》和《新中国》杂志上连载。全书于1922年在上海商务印书馆出版，书名为《生命之不可思议》，与日文版书名相同。

刘文典认为，当时的中国与欧洲中世纪差不多，要用科学来开民智，对民众进行"启蒙"。本书在新文化运动期间出版，对科学文明、科学思想在近代中国的传播，起到了积极的推动作用。

本书尽管译文质量堪称"信、达、雅"，但随着语言的发展，一些专业名词译名发生了变化。本书编辑在请教了相关专家后，以脚注方式对一些科学名词列出了现今对应的译法。此外，对于人名、地名和现在通行译法不一致之处，本书编辑还在附录一中列出了详细的"人名地名异译对照表"。这样既保持了刘文典先生译著的原貌，不失其历史文献价值，又在一定程度上清除了当今读者的阅读障碍。

从刘文典先生1919年开始翻译本书至今，已经整整一百年了。今天，虽然"赛先生"已经扎根在中国的土地上，但是，发展科学仍然任重道远。本书的再版，既是对包括刘文典先生在内的新文化运动领袖的纪念，也是对新时期中国科学文明的深切呼唤。

恩斯特·海克尔（Ernst Haeckel，1834—1919），德国博物学家、生物学家、哲学家、艺术家，世界著名的进化论者和进化论传播者。

⬆ **德国梅泽堡市（Merseburg）** 恩斯特·海克尔于1834年2月16日出生在德国波茨坦一个生活条件优裕的家庭，在梅泽堡度过了他的整个青少年时代。

➡ **青少年时期的海克尔与父母** 海克尔自认他活泼的性格遗传自母亲夏洛特，而强烈的求知欲则来自父亲卡尔的影响。

⬆ **耶拿大学植物学教授施莱登**（Mattias Schleiden，1804—1881）中学阶段，海克尔沉迷于收集各种植物的样本，他希望能在中学毕业后去耶拿大学跟随施莱登研究植物学。

⬆ **1850年左右的柏林大学** 柏林大学迄今共产生29位诺贝尔奖得主，成就惊人。1852年，海克尔中学毕业后，因为父母的期望，不得不放弃攻读植物学的计划，先后进入维尔茨堡大学、柏林大学、维也纳大学攻读医学。

→ **德国科学院院士弥勒**（Johannes Müller，1801—1858） 大学期间，在弥勒的指导下，海克尔进入了海洋动物学这门新兴学科。1854 年，海克尔曾陪同弥勒到黑尔戈兰岛（Heligoland）一带进行短期旅行，对那里的低等海洋动物作过考察。

← **1858 年的海克尔** 1857 年，海克尔完成了他的博士论文，在柏林大学通过答辩，获得医学博士学位。1858 年 3 月，海克尔又在柏林通过了国家医学考试，取得了行医执照。

→ **耶拿大学**（Universität Jena）
1861 年 3 月，海克尔获得耶拿大学授课资格。1862 年，海克尔受聘为耶拿大学动物学副教授，1865 年受聘为教授，并担任动物博物馆馆长职务。

↖↙ **德国种系发生博物馆**（Phyletisches Museum）外观及藏品 1902 年，海克尔从耶拿大学退休后，仍在他亲手创立的德国种系发生博物馆继续从事研究工作，同时还进行一系列社会活动。该博物馆至今仍是全世界最为重要的展示生命发生、发展过程的博物馆。

◀ **海克尔与第一任妻子安娜·赛丝**（Anna Sethe Haeckel，1835—1864） 海克尔与表妹安娜·赛丝于1862年结婚。安娜·赛丝是海克尔相恋相知十余年的灵魂伴侣，她和海克尔一样热爱自然与艺术。安娜·赛丝虽于1864年早逝，却在海克尔的一生中留下了浓墨重彩的印记，是他永生难忘的"真正的妻子"。

▶ **海克尔绘制的安娜赛丝霞水母** 安娜赛丝霞水母被公认为海克尔笔下最美的生物，海克尔对其情有独钟，用第一任妻子安娜·赛丝的名字为其命名，他说这种生物的长触须令他想到亡妻的长发。

▼ **海克尔故居** 海克尔位于耶拿市的美杜莎宅邸，如今作为其故居对游人开放。

▲ **海克尔的第二任妻子艾格尼丝**（Agnes Haeckel，1842—1915） 海克尔与艾格尼丝于1867年举行婚礼。两人的婚姻持续近50载，共同育有一个儿子和两个女儿。

➡ **海克尔故居中的研究室** 海克尔生前的研究室如今仍保持原样。

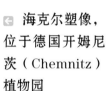

◀ 海克尔塑像，位于德国开姆尼茨（Chemnitz）植物园

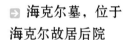

➡ 海克尔墓，位于海克尔故居后院

⬆ 德国施特拉尔松德（Stralsund）海洋博物馆中的恩斯特·海克尔号船模

➡ 海克尔纪念碑，位于德国耶拿市

1860 年，海克尔读到了达尔文（Charles Darwin，1809—1882）1859 年出版的名著《物种起源》，立即接受了达尔文的进化理论。海克尔对达尔文进化论的传播作出了重要贡献，在德国以至整个欧洲都具有相当大的影响。他甚至被冠以和"达尔文的斗犬"赫胥黎类似的称号——当时深受神创论影响的科学家和宗教人士称海克尔为"耶拿的猴子教授"。

英国博物学家、生物学家、进化论的奠基人达尔文　达尔文《物种起源》的问世，矛头直指神创论，招致对手形形色色的漫骂和诋毁。对此，海克尔这样评价："每一种伟大的改革，每一种巨大的进步，越是毫无顾忌地推翻根深蒂固的成见，越是同传统的教条作斗争，它所遇到的抵抗也就越强烈，唯其如此，达尔文的天才理论至今所得到的几乎全是攻击和反对，而不是应有的拥护和赞扬，这也就不足为怪了。"

丑化达尔文的漫画　在当时随处可见的这些漫画表明了人们对于达尔文学说的不理解和嘲弄。

讽刺海克尔的漫画　画中海克尔正遭受一群普鲁士小天使的捉弄，海克尔手拿的是他的著作《自然创造史》，小天使手捧的是记载欧洲王室贵族家谱等内容的《哥达年鉴》。

英国生物学家、思想家赫胥黎（Thomas Huxley，1825—1895）　赫胥黎是达尔文进化论坚定的捍卫者和宣传者，被称为"达尔文的斗犬"。1860 年，赫胥黎等达尔文学说支持者为一方，主教威尔伯福斯等人代表教会为另一方，在牛津大学展开了一场精彩的辩论，对进化论的传播产生了重大影响。

海克尔之所以能够迅速接受并传播达尔文的进化理论，与他所接受的扎实的医学、生物学基础训练和从事的大量生物学研究分不开。海克尔曾远赴世界一些地区，对大量低等海洋生物进行研究，这些研究为他接受与传播进化论思想打下了基础。

■ **海克尔（左）在加那利群岛** 1866—1867年，海克尔赴大西洋的加那利群岛进行科学考察。右站立者为其助手麦克雷（Miklucho-Maclay）。此外他还去过黑尔戈兰岛（1854，1865）、西西里岛（1859—1860）、红海（1873）、锡兰岛（现斯里兰卡，1881—1882）、爪哇岛（1900—1901）等地进行考察。

■ **海克尔与显微镜的合影** 德国的解剖学在当时处于世界领先地位。利用先进的显微镜，海克尔完成了许多关于低等海洋生物的研究，形成了关于单细胞原生动物和生物发生的一系列理论。

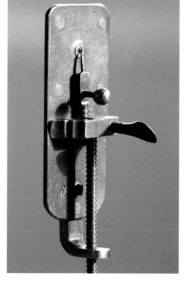

■ **荷兰微生物学家、显微镜学家列文虎克**（Antonie van Leeuwenhoek，1632—1723） 列文虎克制作了可用于观察微生物的显微镜，具有划时代的意义。

■ **列文虎克制作并使用的单式显微镜**

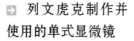

海克尔不仅是一位著名的科学家，更是一位天才艺术家。

◀ **海克尔绘制的风景画**

在摄影精度尚不足以支撑研究的年代，医学和生物学的教学与研究非常倚重学者的绘画技术。海克尔正是这样一个绘画天才。他亲手绘制了大量精美的生物图画，用于支撑他的进化观点，重建现存物种发展史。独特的秩序与对称之美给予这些绘画以强大的生命力。这一点在他出版于1899—1904年的《自然界的艺术形态》中体现得最为明显。

▶ **海克尔笔下具有无与伦比精巧结构的生物**

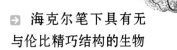

◀ **北京大学出版社2016年出版的海克尔著作《自然界的艺术形态》**

▶ **《自然界的艺术形态》中的囊水母** 该书中的每一幅画既具有局部的精巧结构，又具有整体布局上对称与均衡的形式美感。

目　录

导 读 一

海克尔：宇宙之谜的探索者

张利华[①]　高　建[②]

（①中国科学院）

（②中国科学技术协会）

• *Introduction to Chinese Version* I •

> 海克尔至今不可忽视的贡献正是在于他曾以他的工作引起了一场深刻而又持久的社会大争论，而在这一争论中，一代年轻的科学工作者在他的鼓舞下选择了他所选择的道路，即积极地把自己的有关工作（主要是实验动物学方面）融合到达尔文主义的体系中去，促使进化论思想进一步发展，同时努力地建立起相关的生物学理论。

Charles Darwin.

Jean Lamarck.

Etienne Geoffroy St. Hilaire.

Ernst Heinrich Häckel.

Die vier Hauptvertreter des Darwinismus.

一、"宇宙之谜"与《宇宙之谜》

1880 年在柏林科学院纪念莱布尼茨的一个科学讨论会上,有人曾经提出过七个"宇宙之谜"(即物质和力的本质、运动的根源、生命的起源、自然界似乎是有目的的安排、感觉与意识的起源、理性思维以及与其密切相关的语言的起源、意志自由问题),并就此发表了一些深受当时各界(包括宗教界)人士欢迎的见解。19 年后,即 1899 年的秋天,有一部题为《宇宙之谜》的著作在德国出版了,并立即"在一切文明国家中掀起了一场大风波"①。这部研究"宇宙之谜"的惊世骇俗之作,依据 19 世纪自然科学进展所提供的事实和理论,较为系统而又通俗地向人们阐述了宇宙的、地球的、生命的、物种的、人类的以及意识与文化的起源和发展,它的"每一页都是给整个教授哲学和教授神学的这种'传统'学说一记耳光"②。这部著作旨在给"诚实和追求真正理性认识的读者指出一条""唯一能通向真理的道路",它灌注了作者的"诚实和认真的劳动"。③ 这位作者就是 1919 年逝世的德国著名生物学家、达尔文主义者——恩斯特・海克尔。

海克尔于 1834 年 2 月 16 日出生在德国波茨坦一个生活条件比较优裕的家庭里。他的父亲卡尔・海克尔律师是德意志联邦梅泽堡宗教与教育事务管理机关的首席顾问,母亲则是柏林枢密院一个官员的女儿。海克尔的青少年时代是在梅泽堡度过的。在一位家庭教师的引导下,他很早就开始对自然界进行观察。在中学阶段,海克尔沉迷于收集各种植物的样本,并且给它们逐一做上标记,绘制图像。他曾经办过一个植物标本室,收集有近 12000 种

◀ 四位进化论信奉者的画像:(左)达尔文、(中上)拉马克、(中下)圣希莱尔、(右)海克尔

---

① 列宁.列宁全集(第 18 卷)[M].北京:人民出版社,1988:365.
② 同上注,第 367 页。
③ 恩斯特・海克尔.宇宙之谜[M].上海外国自然科学哲学著作编译组,译.上海:上海人民出版社,1974:1.

植物标本,具有相当大的科学价值。当时,洪堡(Alexander von Humboldt, 1769—1859)、达尔文等人关于科学探险方面的一些书籍,对海克尔的影响也很大。海克尔十分爱好植物学,在读了耶拿大学植物学教授施莱登所写的通俗读物《植物及其生活方式》一书之后,海克尔便开始向往着在中学毕业后去耶拿大学跟随施莱登教授研究植物学,然后再争取像洪堡和达尔文那样,进行一番探险旅行,到热带森林里去考察和研究植物。

然而,海克尔的父母却希望他今后能成为一名出色的医生。1852 年,海克尔中学毕业后不得不放弃了去耶拿大学攻读植物学的计划,先后进入维尔茨堡大学、柏林大学、维也纳大学攻读医学,但他始终对医学不感兴趣。

一开始,对医学的厌恶和对植物学的热爱,强烈地影响着海克尔的情绪。然而大学生活毕竟已经为他展示了一个更为广阔的天地。在 1852—1858 年这 6 年的大学学习中,海克尔曾受教于比较解剖学家和胚胎学家克里克(Albert Kölliker,1817—1905)、动物学家莱丁(Franz Leydig,1821—1908),由此逐渐对比较解剖学和胚胎学的研究,以及对显微镜都产生了浓厚的兴趣。尤其是当德国科学院院士、解剖学和生理学教授弥勒成为他的老师之后,海克尔便决心以这个"公认的权威"作为自己终生的"科学楷模"。

弥勒的教学和科研领域相当广泛,为生命科学许多分支学科的发展都作出过卓著的贡献。当时弥勒主要致力于海洋动物学的研究。在弥勒的指导下,海克尔很快就进入了这一门新兴学科的研究领域。1854 年,海克尔曾陪同弥勒到北海的黑尔戈兰岛一带进行短期旅行,对那里的低等海洋动物作过考察。1857 年,海克尔完成了他的博士论文《论河虾的组织》,并在柏林大学通过了答辩,获得医学博士学位。1858 年 3 月,海克尔在柏林又通过了国家医学考试,取得了行医执照。当时,海克尔打算就此告别医学,继续留在弥勒手下全面地进行比较解剖学和动物学的研究工作。然而令人遗憾的是,1858 年 4 月弥勒逝世了,于是海克尔只能离开柏林,来到维尔茨堡医院,当起了实习医生。显然,这对于海克尔来说是一件极为痛苦的事情。

这年夏天,海克尔去耶拿大学看望了该校动物学教授格根鲍尔(Karl Gegenbaur,1826—1903)。早在 1853 年于维尔茨堡大学结识的这位解剖学家,十分同情海克尔的境遇,他答应要为海克尔在耶拿大学争取一个职位。

1859年1月，海克尔在说服父亲准许他休假一年以后，便赴地中海西西里岛一带进行考察旅行，并继承了弥勒对墨西拿海域放射虫的研究工作。1860年春，海克尔带了144种新发现的放射虫，从意大利返回德国，在柏林一边对它们加以命名与分类，一边为撰写专题论文而准备材料。在这期间，海克尔阅读了当时轰动学界的达尔文名著——《物种起源》，立即接受了达尔文的进化理论。

1861年3月，按照格根鲍尔的建议，海克尔以一篇最新完成的论文《论根足虫纲动物的界限和目》向耶拿大学医学院（当时由创立细胞理论的施莱登教授主持）申请授课资格，并获通过。此后，在格根鲍尔的支持下，海克尔很快就获得了耶拿大学比较解剖学讲师的职位。1861年4月，海克尔登台授课伊始，就向学生郑重声明：作为动物学家，他的教学工作旨在介绍自然科学的研究方法，即介绍如何发现问题和解决问题，而不是搬弄那些枯燥无味的事实材料。学生们很敬佩这位老师。

1862年，海克尔受聘为耶拿大学哲学系动物学副教授，1865年受聘为教授，并担任动物博物馆馆长职务。从此，动物学在德国不再从属于医学，而开始成为一门独立的学科。

在耶拿大学担任教授期间，海克尔曾多次外出旅行，进行科学考察。他先后去过大西洋的加那利群岛（1866—1867）、红海（1873）、印度半岛东南洋面的锡兰岛（今斯里兰卡，1881—1882）、印度尼西亚的爪哇岛（1900—1901）等地。

1902年2月，海克尔从耶拿大学退休，停止了他的教学工作，不过他仍在耶拿的德国种系发生博物馆（第一个宣传生物进化理论的博物馆）继续从事研究工作和进行一系列社会活动。海克尔是一个十分活跃的科学家和社会活动家，他不仅写了大量的科学著作、作了大量的通俗科学演讲，而且还参加过许多科学社团，其中包括许多国际性的科学学会和科学院。海克尔的杰出贡献为他赢得了许多荣誉称号。

1919年8月9日，这位力图用科学之光烛照宇宙之谜的学者，在耶拿的宅邸中结束了一生辛勤的探索，晨曦微茫中匆匆离开了这个纷扰的世界，并给人类留下了珍贵的精神财富。

二、"三界说""原肠祖论"与"生物发生律"

作为一个动物学家,海克尔早期主要研究海洋原生物(如放射虫)、海绵动物、腔肠动物(如水母、管水母)、棘皮动物等,其工作领域包括了形态学、分类学及胚胎学。显然,这里清晰地留存着他的老师弥勒的影响。

海克尔曾先后对近 4000 种较低等的海洋动物的新种作了科学的考察和描述工作,并以此为基础建立了他的分类系统。自从瑞典博物学家林奈在其《自然系统》一书中提出把生物分为"能生长而生活"的植物和"能生长、生活且能运动"的动物这两大界之后,大多数学者在分类中一直接受和采用了这种"二界说"。海克尔酷爱分类,并深受谢林(Friedrich Schelling,1775—1854)、黑格尔(Georg Hegel,1770—1831)、奥肯(Lorenz Oken,1779—1851)等自然哲学家对自然界三分法的影响。因此,在研究海洋单细胞原生动物的过程中,当他发现许多单细胞生物兼有动物和植物的一些特征,就提出了生物分类的"三界说",即在植物界与动物界之间插人一个中间形态的"原生生物界",它包括无细胞核的原核生物(如细菌、蓝藻)、单细胞真核生物(如真菌、原生动物和低等藻类植物等),以及单细胞群体生物(如海绵)。海克尔还提出,每一"界"皆由若干"门"组成。所谓"门",即为某一类由同一祖先遗传下来的、现存的或者已经灭绝了的生物的总和。由此,海克尔进一步认为,生物的自然分类系统,就是它们的自然谱系(即各类生物亲缘关系的图表)。海克尔在《生物体普通形态学》(1866)一书中,首先发表了这样的谱系。该书是海克尔的第一部重要著作,海克尔对形态学进行革新的思想也在其中得到了体现。

海克尔从 1866 年开始从事无脊椎动物的胚胎学研究。早在 19 世纪初,许多年轻的科学家在德国自然哲学的影响下纷纷加入研究胚胎学的行列,并取得了十分可观的成绩,其中之一就是把生物个体发育的过程归纳为"胚层理论"——动物早期胚胎由一些叶状细胞层即胚层构成,每个胚层都有其特定的组织学上的发展趋势,它们经过复杂的发育过程,形成此后各种完全不同的器官。正是在这样一种学术背景中,海克尔对海绵、珊瑚、水母和管水母的胚胎发育进行了研究,并发现这些多细胞的低等动物在其胚胎发育中都有着同样的两个原始胚层结构。于是,海克尔形成了这样的坚定信念:整个动物界的胚胎发育过程从根本上说并无二致。他在《论钙质海绵类》(1872)一书中又进一步提出了"原肠祖论"。这一理论的要点可归纳为:(1)整个动物界分为单细胞的"原生动物"和多细胞的"后生动物",前者终生是一个简单的细胞(很少情况下则为无组织结构的细胞团),后者初始为单细胞,而后则由多细胞组成;(2)这两大类动物的繁殖和发育是根本不同的,原生动物通常通过分裂、芽生或孢子形成来进行无性繁殖,而后生动物则分成雌雄两性并主要通过真正的受精卵来进行有性繁殖,同时在其发育过程中产生胚层和由胚层所构成的组织;(3)后生动物的胚胎发育首先形成"原肠胚",它由内外两层原始胚层构成——在外的"皮层"将发育成外皮和神经系统,在内的"肠层"将发育成肠道系统和所有其他器官;(4)所有的后生动物最初都起源于共同的祖先——原肠胚。此后,在1873—1884年间,海克尔继续撰写了一系列有关论文对"原肠祖论"进一步加以论证。

在胚胎学研究中,海克尔关于"生物发生基本律"(简称"生物发生律""重演律")的工作尤为世人瞩目。生物在其个体发育过程中将重现其祖先的主要发展阶段,对这一现象在海克尔之前已经有人作过某些猜测或若干阐述。海克尔基于自己在动物形态学与胚胎学方面的工作和前人的研究成果,提出了"生物发生基本律",并在《生物体普通形态学》中把生物个体发生与种系发生之间所存在着的因果联系作为一个重要概念提了出来:"生物发展史可以分为两个相互密切联系的部分,即个体发生和种系发生,也就是个体的发生历史与由同一起源所产生的生物群的发展历史。个体发生是种系发生的简单而又迅速的重演。"在这里,海克尔所理解的个体发生,主要是指胚胎期的发育:从受精卵开始到个体出生为止的发育过程。通常,个体发生包括生物个体生存期间所出现的所有发育变化:从卵的受精、细胞分裂、组织分化、器官形成,直到成体外形变化及第二性特征的发育。在一系列"关于个体进化和种系进化的因果关系"的论文中,海克尔对"生物发生基本律"作了进一步的论述。他强调"个体发生就是种系发生的短暂而又迅速的重演,这是由(生物的)遗传(生殖)和适应(营养)的生理功能所决定的"。此外,在《论钙质海绵类》及一系列关于"原肠祖论研究"的论著(1873—1884)中,海克尔还曾经试图阐明"生物发生基本律"的一般效用及其基本意义,并在其间讨论了"重演性发生""新性发生"以及这两者之间的关系。海克尔认为,无论是人类还是高级动、植物,在其种系发生的数百万年间,因受到极大干扰或形成新性发生,重演性发生或"历史缩影"的原有的纯粹图景显得模糊和有所改变。由于稳定遗传的作用,其原有的重演性发生保持越多,则其持续而简略的重演就越完全;反之,由于交互适应的结果,后天的新性发生越多,则其重演就越不完全。

如果说,"生物发生基本律"最初只是基于对动物胚胎发育过程的考察所概括出来的一种经验性原则,带有十分强烈的唯象色彩,那么,值得注意的是,海克尔很快就已经越出了胚胎学的范围而把它上升为一切生物发生研究的最高规律,一如他在《生物体普通形态学》一书中所描述的那样。海克尔曾经强调"生物发生基本律""对形态学和心理学都是普遍适用的",后来甚至还把这一规律外推到研究意识的发生、文化的发生等工作中去。

三、达尔文主义的皈依者

海克尔主要活跃于 19 世纪下半叶和 20 世纪最初的十几年。自 19 世纪上半叶开始,人类对自然界的认识已有了较为全面的进展,而此后达尔文所奠立的生物进化理论(1859)则冲击了包括生命科学在内的几乎所有的实证科学,科学研究的思想方法也由此发生了一次根本性的改造。如果说,进化观念是 19 世纪下半叶学术思想的主要潮流,那么,海克尔则深切地感受并积极地投身于这一科学思潮。海克尔不仅始终是在达尔文进化理论的影响下展开自己在动物学方面的科学工作,而且还以不懈的努力为坚持与传播达尔文主义作出了甚为广泛和颇有成效的贡献,在德国以至整个欧洲都具有相当大的影响。

早在 1862 年,海克尔就开始运用达尔文生物进化理论来进行自己的研究工作了。在《论放射虫》(1862)这篇专题论文中,海克尔高度地评价了达尔文的成就。海克尔强调,达尔文的严肃的科学工作是以一个伟大的统一的观点去说明有机界所有现象的首次尝试,在这里,那些难以理解的自然奇迹都已经为可以理解的自然规律所替代了。对于达尔文的生物进化理论,海克尔还作了这样的分析:"每一种伟大的改革,每一种巨大的进步,越是毫无顾忌地推翻根深蒂固的成见,越是同传统的教条作斗争,它所遇到的抵抗也就越强烈,唯其如此,达尔文的天才理论至今所得到的几乎全是攻击和反对,而不是应有的拥护和赞扬,这也就不足为怪了。"正是在这里,海克尔第一次强烈地表明他已经成为达尔文主义的皈依者。

海克尔并不满足于仅仅解释达尔文进化理论,或者仅仅以自己的工作为其增添若干证据。海克尔深信,进化理论不仅要改变整个生物科学,而且也必将为整个世界图景奠之以科学的基石。因此,在详细研究达尔文生物进化理论,并利用大学讲台和其他社会学术活动积极宣传达尔文主义的同时,海克尔还致力于进一步发展这一学说,其中关于种系发生学、人类学与人类起源、遗传理论以及生命起源等的一些工作,都是令人注目的。

如果说,达尔文的生物进化理论已经阐明了动植物的无数物种不是由超自然的奇迹"创造"出来的,而是通过自然选择下的变异而逐渐"进化"的结果,那么海克尔由此进一步强调,这些动植物物种的"自然系统"就是它们的谱系。1866 年,海克尔在《生物体普通形态学》一书中首先从这一意义上对生物的种系发展史加以考察,建立了种系发生学的概念,并创立了生物进化的谱系树。基于自己在胚胎学方面的有关工作(主要是个体发生方面),海克尔特别强调个体发生是与种系发生相对立,但又与之并驾齐驱和密切相关的。海克尔依据当时在古生物学、个体发生学及形态学这三方面的知识,先后写了一系列关于种系发生的著作,其中三大卷的《种系发生(以种系发生为基础的生物自然系统大纲)》一书,对种系发生作了较为详尽的论述,并包括了植物、原生动物、动物(无脊椎动物和脊椎动物)大小种类的谱系。

从达尔文进化理论出发,海克尔还强调人类学是动物学的分支,因为人和动物之间的不同仅仅是量的而不是质的差别。海克尔还利用了赫胥黎、福格特(Karl Vogt,1817—1895)、赖尔(Charles Lyell,1797—1875)等学者早期著作中有关"人猿同祖"的材料,对人类起源问题进行了探讨。在《自然创造史》(1868)一书中,海克尔把人类出现以前的动物划分为若干"祖先级",从而建立了人类起源的谱系树。在《人类起源或曰人的发展史、胚胎史和种族史》(1874)一书中,他还试图通过人类的整个祖先系列(一直到太古时代的所谓无生源的原虫)来追溯人类的起源(该书 1910 年第六次修订版还包括了对人类进化史的论述),这在生物学史上是第一次。1898 年 8 月,在英国剑桥举行的第四届国际动物学家会议上,海克尔还把人类种系发生的过程划分成 30 个主要阶段和 6 个大环节。此外,海克尔还曾提出过在从猿到人的进化长链中应有一个中间环节——"直立猿人"。这一推断后来为爪哇猿人化石的发现(1891)所证实。

达尔文曾经以"暂定的泛生论"来解释生物的遗传和变异现象。对此,海克尔并不满意。他提出了一系列遗传法则来加以补充。当然,这只是对既有资料的整理和解释,大多带有推测性质,缺乏应有的实验基础。海克尔坚信"获得性状遗传",认为适应是引起变异的方面,遗传是保存物种的方面。遗传是原生质运动的传播,原生质是一种含蛋白质颗粒的黏质结构,是生命物质的基础,生物发生过程的动因即在原生质的运动之中——原生质有似波状运动着的许多支流,它们在种系发生水平上造成了有机界的分化,而在个体发生水平上则造成了各种生物在胚胎发育中的重演。

海克尔还认为,达尔文生物进化理论也适用于生命的最初发生阶段。海克尔把"生物发生开端"划分成两个主要时期,即自然发生与原生质发生,前者是指最简单的原生质体在一种无机生成液中的发生,后者则指从原生质化合物中出现最原始的似原虫形态的有机个体的分化。海克尔认为,有机发展的最初形态是无定形的原生质团块,即"无核原生体",再经过类似于达尔文自然选择的途径,由一个或数个"无核原生体"逐步演化出整个有机界的谱系树。

在海克尔所提出的"生态学"和"生物地理学"中,也明显地强调了达尔文主义的理论。海克尔认为,生态学是一门关于生物与环境之间相互关系的综合性学科,而生物地理学则是一门关于生物空间分布的单一性学科,但"生物与环境"都是它们的旨趣所在。此外,由于过分强调人与动物之间没有质的差别,更由于对达尔文学说的虔诚,海克尔还把自然选择学说错误地从生物界推广到社会生活中去,因而成为社会达尔文主义的创始人和思想家之一。

四、"一元论"哲学的创始人

在德国强烈的自然哲学氛围中,海克尔以其生物学的有关理论为基础,同时结合自己对 19 世纪自然科学其他各门学科的一些最新成就的总结,建立了他的"一元论"哲学,并借以研究"宇宙之谜"。对此,海克尔曾作过一些说明。他指出,在"自然科学世纪"的 19 世纪中,人们对自然界的认识已经取得了巨大进步,并同超自然"启示"的学术传统产生了不可调和的矛盾。同时,人们探究无数新事物底蕴的理性欲望也日益高涨起来,但是在理论上却远未能作出相应的说明。这样,对于"宇宙之谜"问题,无论是传统"哲学",还是"精密的自然科学",都难以解决。因为前者把自然科学所提供的认识财富拒于千里之外,始终徘徊在抽象的形而上学的框架中,而后者则又往往束缚于专业的狭小天地,未能对各种自然现象进行更为广泛与深入的思考。正是从这一立场出发,海克尔决心建立他的"一元论"哲学,以期能对解决"宇宙之谜"问题有所帮助。

海克尔"一元论"哲学的基本信念是:宇宙中只有一个唯一的实体,上帝和自然是同一事物,物质与精神(或"能")只不过是实体不可分割的两个属性。"一元论"哲学既不同于否定精神,把世界看作只是一堆僵死的原子的唯物主义,也不同于否定物质,把世界看作只是在空间中排列有序的能的组合(或是非物质的自然力)的唯心主义。从"物质守恒定律"(1789 年由法国化学家拉瓦锡发现)和"力(能量)守恒定律"(1842 年由德国物理学家迈尔等人发现)这两个被海克尔认为是自然界最高的普遍定律的统一性出发,海克尔将它们进一步概括为"实体定律",并坚信它是一个至高无上、包罗万象、普遍适用的自然规律,也是真正的和唯一的宇宙基本规律。海克尔强调,"实体定律"不仅证明了宇宙的根本统一性以及认识现象的因果联系,而且彻底推翻了旧形而上学的三大中心教条——人格化的上帝、意志自由和灵魂不灭。在这里,"实体定律"所蕴含着的核心是"实体"这一概念,一如海克尔所声称的那样:它来自于斯宾诺莎(Baruch de Spinoza,1632—1677)的"实体",同时又与歌德(Johann Wolfgang von Goethe,1749—1832)的"上帝-自然"合而为一。

海克尔认为,"实体"是一切现象的源泉,它含有力和材料、精神和物质,它既不能被创造也不能被毁灭,世界上所能认识的一切个别对象,世界上存在的所有个体形态,都只不过是"实体"的特殊与暂时的形态。

海克尔曾把他"一元论"哲学同旧哲学的对立归纳为如下 8 个基本方面:(1)一元论(统一的世界观),而不是二元论;(2)泛神论(和无神论)、上帝在世界之内,而不是有神论(和自然神论)、上帝在世界之外;(3)发生论、进化学说,而不是创造论、创世学说;(4)自然主义(和唯理论),而不是超自然主义和神秘主义;(5)坚信实体定律,而不是信仰幽灵;(6)机械论和万物有生论,而不是活力论和目的论;(7)主张以解剖学和生物发生学为依据的心理学,而不是心理神秘主义;(8)灵魂是大脑功能的复合,而不是独立的不死的东西。海克尔"一元论"哲学的有关观点,主要见于他的《生物体普通形态学》(1866)、《自然创造史》(1868)、《作为宗教与自然科学之间纽带的一元论》(1892)、《宇宙之谜》(1899)、《生命的奇迹》(1904)等著作。1905 年秋,海克尔还在耶拿发起成立了"德国一元论者学会"。该学会积极开展通俗演讲和发行宣传读物,致力于广泛传播"一元论"哲学,同基督教和旧哲学进行斗争。

应该看到,尽管海克尔否认上帝是万能的这一宗教观念,一贯同教会的蒙昧主义作斗争,甚至在 1910 年公开发表了放弃官方宗教的声明,然而由于他那实体与上帝同一的泛神论立场,以及"愿意考虑那些流行的反唯物主义的庸俗偏见"[①],最终他只是把自己的"一元论"哲学作为宗教与自然科学之间的纽带来加以发展,甚至还创立了"一元论宗教"。在所谓的"一元论宗教"中,海克尔积极宣扬以"一元论"的科学理性活动与"现世"的精神生活去否定基督教的愚昧迷信及对"来世"的虚幻追求,力图以"一元论"哲学及对真善美的信仰与追求去改革宗教的精神生活,进而取代基督教。

对于海克尔的"一元论"哲学,列宁曾经发表过这样的意见:"这位自然科学家无疑地表达了 19 世纪末和 20 世纪初绝大多数自然科学家的虽没有定型然而是最坚定的意见、心情和倾向。他轻而易举地一下子就揭示了教授哲学所力图向公众和自己隐瞒的事实,即:有一块变得愈来愈巨大和坚固的磐石,它把哲学唯心主义、实证论、实在论、经验批判主义和其他丢人学说的无

---

① 列宁.列宁全集(第 18 卷)[M].北京:人民出版社,1988:367.

数支派的一片苦心碰得粉碎。这块磐石就是自然科学的唯物主义。"①

海克尔是德国 19 世纪杰出的人物之一。他的一生"长年累月,真诚勤奋,不断探索,不断创新"②,充满了激进的自由色彩,既热烈又奇特。作为一个自然科学家,海克尔曾经留下了不少科学著作。然而,无论是刻意求创的《生物体普通形态学》,抑或是集大成的《种系发生》,在当时学术界都没有能够得到海克尔所期望的那种成功(甚至连赫胥黎和达尔文也对《生物体普通形态学》不甚满意)。但作为一个达尔文学说的热情传播者和"一元论"哲学的鼓吹者,海克尔曾经撰写了许多通俗的科学读物和大众演讲材料,它们在当时社会上却产生了极其强烈的反响,并因此而意外地提高了海克尔的声誉。

海克尔十分推崇达尔文,然而他所提倡和宣传的达尔文主义却与达尔文学说并不完全一致。因此对于达尔文与海克尔,与其注意他们科学思想的相同之处,毋宁去考察两者方法和推论上的相异之点。如果说,达尔文是一个比较谨慎、冷静的观察者和思索者,具有一种典型的英国色彩,那么,海克尔却更具有德国式的浪漫的艺术家气质。他从小就喜爱对大自然进行生动的描写。他曾经创作 1000 多幅风景画,编辑《自然界的艺术形态》(1899—1904)一书,以实现自己的夙愿。更难能可贵的是,海克尔通过自己出色的科学工作去总结和探索"宇宙之谜",并在此基础上,力图对整个自然界作出一个带有"一元论"哲学强烈色调的全景式的描绘。实际上,无论是他的科学生涯和工作方法,还是他始终如一地追求目标的秉性,海克尔与差不多早于他一个世纪的法国生物学家拉马克(Jean-Baptiste Lamarck,1744—1829)倒有更多的相近之处:他们都是自小从植物分类起步,而后才跨入动物学领域的,同时又都成为无脊椎动物分类方面的专家;他们都力图以动物分类的"自然系统"来证明各种动物的系统发育之间的联系,他们又都一样地热情宣传生物进化思想,坚信"获得性状遗传",并全神贯注于阐发生物进化理论在宗教方面和哲学方面的重大意义。

如果说,早在 1866 年的《生物体普通形态学》一书中,海克尔就已经较为清晰地展示了他一生所追求的事业框架,即力求给出世界图景的科学基础,

① 列宁.列宁全集(第 18 卷)[M].北京:人民出版社,1988:367.
② 这是海克尔曾经引述过的歌德的诗句。——本文作者注

并进一步以此去革新哲学的、政治(社会)的、宗教的诸多课题,那么,还必须看到,海克尔在科学史上的地位或许主要并不在于他曾经提出了什么或者解决了什么。海克尔至今不可忽视的贡献正是在于他曾以他的工作引起了一场深刻而又持久的社会大争论,而在这一争论中,一代年轻的科学工作者在他的鼓舞下选择了他所选择的道路,即积极地把自己的有关工作(主要是实验动物学方面),融合到达尔文主义的体系中去,促使进化论思想进一步发展,同时努力地建立起相关的生物学理论。作为一个"宇宙之谜"的探索者,海克尔虽然终其一生并没有能够完满地解开"宇宙之谜",但是他毕竟以自己的工作较为清晰地刻画了人类当时在解决"宇宙之谜"上已经达到的程度,同时也力图为人们给出进一步解决"宇宙之谜"问题的科学手段和正确途径。正是在上述意义上,德国著名历史学家梅林(Franz Mehring,1846—1919)曾经对海克尔作了这样的评价:"虽然海克尔并不富有,但是他一直在葡萄园里挖地,他清除了许多杂草,同时种植了许多茁壮的葡萄树。"

（本文曾载《自然杂志》1989 年第 11 期）

导　读　二

新文化运动中海克尔学说在中国的传播

欧阳军喜

（清华大学）

• *Introduction to Chinese Version* Ⅱ •

　　作为一个科学家,海克尔对进化论作出了巨大贡献。他在把进化论系统化以及把进化论确立为近代生物学的中心思想方面起了重要作用。不过,海克尔对中国的影响主要不是来自他在科学上的成就,而是来自他的哲学思想。他是德国达尔文主义的发言人,他在达尔文进化论的基础上"建立了一种完备而不调和的一元论哲学"。

海克尔是 19 世纪末、20 世纪初最重要的生物学家之一，也是同时代最具影响力的思想家、哲学家之一。新文化运动期间，海克尔的许多著作被译成中文，他的思想和学说曾一度被当作"科学"与"理性"的化身在中国得到广泛的宣传。下面拟对新文化运动期间中国思想界对海克尔学说的译介和评论作一初步梳理，重点分析海克尔是如何被中国知识分子所认识、理解和接受的。

一

海克尔 1834 年生于德国，早年曾习医学，但其主要志趣是研究动物学。1862 至 1902 年间在耶拿大学担任动物学教授，1919 年 8 月去世。海克尔既是科学家，又是哲学家。作为一个科学家，海克尔对进化论作出了巨大贡献。他提出的"物种起源史""原始生殖说"及"生物发生基本律"被认为是进一步丰富和发展了达尔文的进化论。他在把进化论系统化以及把进化论确立为近代生物学的中心思想方面起了重要作用。时论指出："使生物学界无达氏，则进化论绝对不能成立，上帝创造世界说更不能推翻。然无赫氏[①]，则达氏之说不张，进化论之灌输人心决不能如此之易。"[②]

不过，海克尔对中国的影响主要不是来自他在科学上的成就，而是来自他的哲学思想。他是德国达尔文主义的发言人，他在达尔文进化论的基础上"建立了一种完备而不调和的一元论哲学"[③]。他认为整个宇宙是一个巨大的整体，物质世界和精神世界构成一个单一的不可分割的实体世界。世界上不存在任何没有精神的物质，也不存在任何没有物质的精神。这种一元论思想

◀海克尔

---

① 在新文化运动前后，海克尔的名字常被译为赫克尔、赫凯尔等。——本书编辑注
② 胡嘉.赫克尔对于进化论上之贡献[J].民铎杂志，第 3 卷第 4 号，1922-4-1.
③ W.C.丹皮尔.科学史及其与哲学和宗教的关系[M].李珩，译.桂林：广西师范大学出版社，2001：303.

显然是与那种把上帝与自然、灵魂与肉体、精神与物质分离开来的二元论相对立的。他还联合同志，创立了一元论者学会，并试图以此代替宗教。到1915年，该学会会员达六千余人，分会达45处。①

海克尔的著述很多，除了大量的专门性的动物学著作外，他还写了许多宣传一元论哲学的通俗性著作。其中影响较大的有《自然创造史》《宇宙之谜》和《生命的奇迹》（又名《生命之不可思议》）。《自然创造史》初版于1868年，不久即再版10次，并出现12国译本。其第11版"乃代表赫克尔最后科学造诣之立足点"。海克尔本人也十分重视这一著作，晚年他仍委托他的学生施密特（Heinrich Schmidt）将该书加以改订再版。在海克尔逝世后第二年，该书出版了第12版。海克尔写作该书的原意，是想通过这本书，把进化论的重要原理"输入于更广各界"②。《宇宙之谜》又名《一元哲学》，初版于1899年。该书是海克尔在此前一系列的著述和演讲的基础上编写而成的。尽管"内容殊不齐整，且叙述也每多重复"③，但却流传甚广，到1908年已有15种各国译本。④ 该书被认为是海克尔个人最重要的著作，它一出版，立即"在一切文明国家中掀起了一场大风波"⑤。《生命的奇迹》初版于1904年，是一部讲解生物、生命产生进化的通俗性著作，也是海克尔另一重要哲学著作。海克尔本人把它视为是《宇宙之谜》"一个必要的补篇"，他本人"最后的哲学上著作"。⑥ 这三种著作在新文化运动期间都曾有人译介过。

其实，海克尔及其著作在清末时已有人撰文介绍过。鲁迅写于1907年的文章《人之历史——德国黑格尔氏种族发生学之一元研究诠解》实际上就是对海克尔《宇宙之谜》第五章的编译。文中鲁迅把海克尔与赫胥黎相提并论，称之为"近世达尔文说之讴歌者"，称其学为"近日生物学之峰极"。⑦ 不过

① 胡嘉.关于一元学会之报告[J].学灯，第7册，1922-8-9.
② 赫克尔.自然创造史（一）[M].马君武，译.上海：商务印书馆，1935：3.
③ 赫克尔.赫克尔一元哲学[M].马君武，译.上海：中华书局，1920：4.
④ 另一种说法是，该书在1908年时已有18种不同文字的译本，到1918年增加到24种。——本文作者注.参见：上海外国自然科学哲学著作编译组.关于海克尔和他的《宇宙之谜》[M].//恩斯特·海克尔.宇宙之谜.上海外国自然科学哲学著作编译组，译.上海：上海人民出版社，1974：1.
⑤ 列宁.列宁全集（第18卷）[M].北京：人民出版社，1988：365.
⑥ 赫凯尔.生命之不可思议[M].刘文典，译.上海：商务印书馆，1922：473—474.
⑦ 鲁迅.人之历史——德国黑格尔氏种族发生学之一元研究诠解[M].//鲁迅.鲁迅全集（第1卷）.北京：人民出版社，2005：8.

在清末,对海克尔的译介仍是零星的、不成系统的。到新文化运动时期,海克尔成了思想界争相译介的对象。参与译介的有马君武、刘文典、胡嘉、陈独秀、杨人杞、吴康、古应芬等。

马君武 1881 年生于广西,早年参加同盟会,先后留学日本、德国。辛亥革命成功后曾出任实业部次长,在政治上一直追随孙中山。他在留日期间就曾发愿要"尽译世界名著于中国"①,并先后翻译了达尔文的《物种由来》、穆勒的《自由原理》和卢梭的《民约论》等。自 1916 年起,马君武开始为《新青年》翻译海克尔的《宇宙之谜》一书。马君武先译出该书的前三章,分别发表在《新青年》第 2 卷第 3、4、5 号上。1917 年 3 月,陈独秀在《新青年》上发表《对德外交》一文,为段祺瑞、梁启超的对德主张辩护。马君武坚决反对对德绝交,曾两次领衔国会议员通电各省反对与德绝交加入协约国。马君武认为陈独秀是故意"媚梁、段",因此中断了与《新青年》的稿约。之后他随孙中山南下护法,并在广州投身化学工业,翻译工作一度中断,直到 1919 年 7 月才继续翻译海克尔的《宇宙之谜》,并将之前发表在《新青年》上的前三章中的脱漏之处加以补正。此次续译,马君武依据的是 1908 年的德文版。马君武本人对此自视极高,他说:"吾译此书,吾甚期望吾国思想界之有大进化也。"②到 1920年 4 月全书译毕,同年 8 月以《赫克尔一元哲学》为题由上海中华书局出版。此一译本是海克尔《宇宙之谜》一书第一个完整的中文译本。

刘文典早年也曾留学日本,参加过同盟会和中华革命党,1916 年受聘到北京大学任教。刘文典在诸子学方面有很深的造诣,同时又是个"译书的天才"③(蒋百里语)。1919 年初,他开始翻译海克尔的作品。最初是节译了海克尔《生命的奇迹》中的第三章,发表在《新青年》上。刘文典认为当时的中国与欧洲的中古时代差不多,"除了唯物的一元论,别无对症良药"。所以,他发愤要把海克尔的《生命的奇迹》和《宇宙之谜》两本书翻译成中文。④ 1920 年夏,他住进北京香山碧云寺,开始全面翻译《生命的奇迹》一书,并一边在《新中国》杂志上分期发表其中的十章。全书译完之后又应蒋百里之请,列入"共学

① 马君武.《卢骚民约论》序[M].//曾德珪.马君武文选.桂林:广西师范大学出版社,2000:53.

② 赫克尔.赫克尔一元哲学[M].马君武,译.上海:中华书局,1920:1.

③ 刘文典.刘文典致胡适[M].//刘文典.刘文典全集(第 3 卷).合肥、昆明:安徽大学出版社、云南大学出版社,1999:828.

④ 赫凯尔.灵异论[J].刘叔雅,译.新青年,第 6 卷第 2 号,1919-2-15.

社"丛书出版。① 与此同时,他又应《新中国》杂志之请,翻译海克尔的《宇宙之谜》,并将其所译的部分章节,分期发表在《新中国》上。刘文典所译《宇宙之谜》依据的是日本栗原古城的日文本,而日文本所依据的又是麦凯布(Mc-Cabe)的英译本,所以马君武批评刘文典的译本犯了"第三重之错误"。② 尽管如此,刘文典的这一译本在宣传海克尔学说方面仍然起了重要作用。

　　胡嘉生平不详。他自称十分喜欢海克尔,并在朋友的鼓励下翻译海克尔的著作。③ 他翻译了海克尔《自然创造史》的第一章,分期发表在《学灯》上。海克尔在这一章中介绍了达尔文的进化学说和一元论与二元论的区别。胡嘉认为这部分是海克尔"重要思想之所在"。此外另有一文,介绍海克尔的"原始生殖说"。他认为达尔文提出了进化论,解决了生物不是上帝创造的,而是进化而来的问题,海克尔则进一步解决了人类是如何从原始动物进化而来的问题。在该文的最后,胡嘉还说明了他介绍海克尔的原因。他说:"我近来根据一种自信,觉得为求学问而求学问和为社会而求学问都是很要紧的,非同时双方并进不行。所以我除去哲学以外,并想做一番研究赫克尔的工夫。我觉得介绍他至少有提倡科学和破除迷信二种好处。这二种为中国之病根与否,已成定论。刘叔雅先生说得好,要除中国的病根,非多介绍唯物的一元论不行。我仅根据这句话竭力鼓动我的意志,作不断的介绍。"④

　　除了马君武、刘文典、胡嘉外,陈独秀、杨人杞、吴康、古应芬也翻译过海克尔的著作。陈独秀翻译了海克尔《宇宙之谜》中的第十七章,发表在《新青年》上。杨人杞翻译了《生命的奇迹》的部分章节发表在《学灯》上。吴康也翻译了《生命的奇迹》第一章发表在《新潮》上。古应芬则翻译了《宇宙之谜》的第十一章,发表在《建设》上。⑤ 这些人的政治立场大多比较激进,属于通常所说的新派人物。如此众多的新派人物争相译介海克尔,主要是由于海克尔的学说迎合了当时中国的需要。民国建立后,先有孔教会的活动,继而又有灵学会一类的组织出现,人们迫切需要寻找一种思想武器,来宣传科学,破除迷信。海克尔的思想就这样以"科学"与"理性"的名义进入了中国人的视野。

---

① 赫凯尔.生命之不可思议[M].刘文典,译.上海:商务印书馆,1922:1—2.
② 赫凯尔.赫克尔一元哲学[M].马君武,译.上海:中华书局,1921:1.
③ 赫凯尔.起原史之内容及其意义(四)[J].胡嘉,译.学灯,第7册,1922-8-13.
④ 胡嘉.赫克尔之原始生殖说[J].学灯,第3册,1922-4-7.
⑤ 赫凯尔.精神不灭论[J].古湘芹,抄译.建设,第1卷第2号.北京:人民出版社,1980.

二

译介并不是目的,真正的目的是要借此来宣传自己的理想与主张。新派人物在译介海克尔著作的同时,又用海克尔的学说来进行思想启蒙和思想斗争,海克尔学说由此成为新文化运动中新派人物一个重要的思想武器。

首先,新派人物用海克尔的学说来宣扬科学与理性。"科学"是新文化运动的一面旗帜。当时普遍的看法是,科学是解决中国问题的最好药方。陈独秀曾说过,要想根治中国人头脑中那些"无常识之思维,无理由之信仰",只有科学。[①] 胡嘉也有类似的说法,他说:"我们向各方细心观察,觉得中国紊乱最大的原因,就是玄谈和虚浮。虽然不是全体的,但至少有大部分可言。我们虽然不一定主张科学万能,但不想打破道德上、习惯上种种玄谈和迷信则已,要想打破,那只有科学足以当之无愧。"[②]科学由此获得了无上的地位。在时人的眼中,科学主要是指科学的原理、科学的思想和科学的方法。在这个问题上,新派人物明显受到了海克尔的影响。海克尔曾说过,大多数的人,对于科学,只注意到它在实际生活中的应用,比如机器的发明、工业的进步等等,并不关心科学原理的进步,而真正重要的是自然科学在学理上的进步。[③] 据此,胡嘉在直接引述了海克尔的话后指出:"我以为提倡科学,一定要提倡纯粹科学,决不能以振兴实业就算了事。因为工业终究是科学的附属品,没有科学就绝对没有工业可言,要是没有工业,科学绝对不会绝迹。工业是科学的产儿,科学是工业的本质,工业不过是引科学入于应用方面。要是我们专以提倡科学工业为事,其结果在民族表面上有所变更,其未受真正科学之洗礼则同。……所以当作科学是技艺这一种观念不去,决对不会认得真正的科学。"[④]这种看法在当时具有相当的普遍性。任鸿隽也说过:"今之所谓物质文明者,皆科学之枝叶,而非科学之本根……特今之言科学者,多注重于其枝叶

①　陈独秀.敬告青年[J].青年杂志,第1卷第1期,1915-9-15.
②　胡嘉.赫克尔主义与中国(上)[J].学灯,第7册,1922-8-9.
③　赫克尔.起原史之内容及其意义(一)[J].胡嘉,译.学灯,第7册,1922-8-9.
④　胡嘉.赫克尔主义与中国(下)[J].学灯,第7册,1922-8-10.

之应用,而于其根本之效用,忽焉不察。兹吾所大惑不解者也。"①

　　与"科学"相连的另一个重要观念就是"理性"。在海克尔那里,科学与理性常常是相提并论的,他把二者称之为"人类之至友"。② 海克尔所说的理性是一种人类独有的认识真理和发现真理的理智力量。他认为只有理性是认识真理的唯一途径,"兴会"(Gemut)与"彻悟"(Offenbarung)与真理认识无关。③ 可见海克尔所说的理性是排斥情感的,具有鲜明的启蒙理性的特征。新文化运动也具有鲜明的启蒙理性特征,这就是他们特别强调不盲从、反迷信的态度。陈独秀指出,如果事事诉诸科学法则、本诸理性,那么"迷信斩焉,而无知妄作之风息焉"④。值得注意的是,新派人物一方面接受海克尔关于理性是认识真理的唯一途径的主张,强调事事都要诉诸科学法则、本诸理性,另一方面又强调理性与感情的统一。陈独秀说:"感情与理性,都是人类心灵重要的部分……人类行为,自然是感情冲动的结果。我以为若是用理性做感情冲动的基础,那感情才能够始终热烈坚固不可动摇。"⑤又说:"知识理性的冲动我们固然不可看轻,但感情的冲动我们更当看重。我近来觉得对于没有感情的人,任你如何给他爱父母、爱乡里、爱国家、爱人类的伦理知识,总没有力量叫他向前行动。"⑥从这点看,陈独秀对理性的认识与海克尔的观点有同也有异。

　　其次,新派人物用海克尔的思想来反对孔教与迷信,特别是海克尔的一元论思想及其对基督教的批评,直接成了他们的思想武器。海克尔对基督教的批评主要集中在基督教教义与自然科学相冲突这一点上,他用生物进化和人类起源的学说证明基督教"上帝造人说"不能成立,认定基督教"所主张之神论、世界论、人类论、生活论,皆与真理相反"⑦。在海克尔看来,基督教是反科学、反理性的,自然科学的发展注定了基督教将会灭亡,因此主张以一元论取代宗教。海克尔的这些看法,直接成了新派人物反对"定孔教为国教"及

①　任鸿隽.科学基本概念之应用[J].建设,第2卷第1号.北京:人民出版社,1980:14.
②　赫凯尔.灵异论[J].刘叔雅,译.新青年,第6卷第2号,1919-2-15.
③　赫克尔.赫克尔之一元哲学(续)[J].马君武,译.新青年,第2卷第3号,1916-11-1.
④　陈独秀.敬告青年[J].青年杂志,第1卷第1期,1915-9-15.
⑤　陈独秀.我们究竟应当不应当爱国[M].//陈独秀.独秀文存.合肥:安徽人民出版社,1987:430.
⑥　陈独秀.基督教与中国人[J].新青年,第7卷第3期,1920-2-1.
⑦　赫克尔.赫克尔之一元哲学[J].马君武,译.新青年,第2卷第2号,1916-10-1.

"以孔子之道为修身大本"的理论依据。陈独秀指出,孔教绝无宗教性质,是教化之教,非宗教之教,且宗教在世界范围内已处于受批判的地位,把孔教视为宗教,且尊为国教,实与世界潮流相背。他说:"欧洲'无神论'之哲学,由来已久,多数科学家皆指斥宗教之虚诞,况教主耶。今德国硕学赫克尔,其代表也。'非宗教'之声,已耸动法兰西全国,即尊教信神之唯一神派,亦于旧时教义,多所吐弃。"①又说,海克尔一元哲学的流行,表明"一切宗教的迷信,虚幻的理想,更是抛在九霄之外"②。换言之,定孔教为国教及在教育方针中规定以孔子之道为修身大本都是违背世界潮流的。

新派人物把海克尔当作是反宗教的科学家,实际上是对海克尔的误解。海克尔并不反对宗教,他反对的是那种以"神示"为基础的不合理的信仰。他主张宗教应建立在科学与理性的基础之上。他把上帝描述成一种"世界的包罗万象的本质,并且是一种……具有充盈于空间的质料的本质"③,这样上帝就不是在世界之外,而是与世界一起成了一个巨大的实体。所以海克尔并不是要反宗教,他本质上是要建立一种新宗教,或者是要"变更宗教的面目"④。对于基督教,海克尔也并未全盘否定。相反,他对基督教伦理给予了充分的肯定。他认为基督教所强调的人道、黄金律、宽容、博爱等,都是"信而可存的",并且可以成为他的一元论宗教的核心要素。⑤ 受海克尔的影响,陈独秀也主张"把耶稣崇高的、伟大的人格,和热烈的深厚的情感,培养在我们的血里"⑥。与海克尔不同的是,陈独秀是要用科学来取代宗教,而海克尔则是要用科学来改变宗教。

新派人物还用海克尔的一元论宇宙观来反对当时的各种迷信活动。⑦ 海克尔反迷信的立场是十分坚决的。他说:"迷信与非理,是人类的大敌;科学与理性,是人类的至友。所以要为人群谋幸福,见着灵异的迷信,就要攻击。这是我们的事业,也是我们的义务。我们能证明凡是人所能达到的现象界的

① 陈独秀.驳康有为致总统总理书[J].新青年,第 2 卷第 2 号,1916-10-1.
② 陈独秀.近代西洋教育[J].新青年,第 3 卷第 5 号,1917-7-1.
③ 约翰·巴斯摩尔.哲学百年·新近哲学家[M].洪汉鼎等,译.北京:商务印书馆,1996.
④ 梁漱溟先生的讲演[J].少年中国,第 2 卷第 8 期,1921-2.
⑤ 赫克尔.科学与基督教(续)[J].陈独秀,译.新青年,第 4 卷第 1 号,1918-1-15.
⑥ 陈独秀.基督教与中国人[J].新青年,第 7 卷第 3 期,1920-2-1.
⑦ 1917 年秋,俞复、陆费逵与杨光熙等人在上海成立"灵学会",开设"盛德坛",并出版《灵学丛志》。随后全国各地相继出现了一些乩坛一类的迷信组织,如北京的同善社、无锡的演化坛等。——本文作者注

全境,都属于自然法的版图。"又说:"近世的学术,洞见自然界现象的整齐规律、因果关系,又知道实质法则包罗宇宙间一切现象,所以绝不能信那有人格的神和灵魂不灭、意志自由。"①海克尔的这些话在新文化运动期间被新派人物反复引用,用来作为破除迷信的思想依据。古应芬直言他翻译海克尔的著作是因为"吾国科学未盛迷信尚存"②。朱执信在谈及古应芬的译文时说:"现在有一班人,想把神秘主义的东西来掺在知识里头,把世间有为的事神的现象,来跟随他的思维,那就不敢赞成。……拿海凯尔的话来对付他,已经是全力搏兔了。"③胡汉民在给马君武的信中说:"进化论的学说的第一个好处,就是能够实实在在打破世人的糊涂思想。这两年中国人才稍稍有知识欲的要求,而那些灵学鬼学,还乘着向来社会生理的弱点——病的心理——在那里胡闹,真是思想界的一个障碍物,非把他推陷廓清不可。我前次的信请把达[尔]文赫克尔两人的书拣些介绍到杂志上,就是为此。"④

　　海克尔之所以被新派人物拿来作为反对灵学和迷信的思想武器,除了因为海克尔本身的反迷信立场外,主要是因为当时中国思想界把海克尔的一元论哲学当作了唯物主义哲学。比如胡嘉认为:"十九世纪为自然科学最发达之时代,赫克尔氏实为唯物论中之第一人物。"⑤范寿康也认为海克尔"将唯物论的哲学集了大成,他著了《世界之谜》,他解释世界的谜都用唯物论的见解"⑥。不过把海克尔当作唯物主义者,实际上也是对海克尔的误解。唯物主义者否认物质具有感觉性,而海克尔则承认物质具有感觉性。当1908年《宇宙之谜》再版时,海克尔曾对此有过说明。他说:"人有疑一元主义为唯物主义者,是就予所持普遍物质与力不能分离说,固属不误。惟予不认有死物质,不认物质不具感觉。最单简之化学现象如亲和力,最单简之物理现象如吸引力,非假定物质有感觉和运动能力不能解释。充塞空间之物体及以太皆如是。若依开明神学之说,上帝为一切工力之和,则予之一元主义,固与最纯粹

① 赫凯尔.灵异论[J].刘叔雅,译.新青年,第6卷第2号,1919-2-15.
② 赫凯尔.精神不灭论[J].古湘芹,抄译.建设,第1卷第2号.北京:人民出版社,1980:333.
③ 通信[J].建设,第1卷第4号.北京:人民出版社,1980:840.
④ 通信[J].建设,第1卷第4号.北京:人民出版社,1980:836.
⑤ 胡嘉.赫克尔主义与中国(上)[J].学灯,第7册,1922-8-9.
⑥ 范寿康.最近哲学的趋势[J].民铎杂志,第2卷第3号,1920-10-15.

之一神论相合也。"①可见海克尔并不是唯物主义者,他所说的物质实际上是具有灵魂的物质。这也正是海克尔用"一元论"而不是用"唯物论"来概括自己哲学的原因。

综上我们可以看出,海克尔学说在传入中国后,一方面成为新派人物宣传科学与理性的重要思想武器,另一方面又被新派人物所误解。新派人物正是用一种被"误解"了的海克尔的学说来进行思想启蒙和思想斗争的。

<h2 style="text-align:center">三</h2>

当中国思想界大谈海克尔时,海克尔其人其学在西方实际上已处于受批判的地位。《宇宙之谜》出版后,在西方世界曾一度招致许多异常尖锐的攻击。当时反对海克尔的主要是三类人。第一类是宗教家。因为海克尔不承认"上帝造人说",也不承认基督教"三位一体说",因而从根本上否定了基督教的教义和信条。自然,基督教对海克尔的批评也就极为激烈。第二类是唯心主义哲学家,特别是新康德主义者。他们因为反对自然科学的"形而上学"、反对"独断主义"、反对"夸大自然科学的价值和意义"而反对海克尔。②第三类就是生物学家。海克尔学说中确有一些结论是"大胆"和"轻率的",③这为批评者提供了口实。1911年英国学者华莱士(Alfred R. Wallace,1823—1913)出版了《生命之世界》(*World of Life*)一书,对海克尔的学说进行了全面的批评。④

在新文化运动初期,海克尔在西方所受到的质疑和批评几乎无人提及。第一次世界大战结束以后,中国思想界也开始出现批评海克尔的声音,甚至一些之前特别服膺海克尔学说的人也开始批评起海克尔来了。这种批评主要集中在三个方面。首先是对海克尔"生物发生基本律"的批评。海克尔认

---

① 赫克尔.赫克尔一元哲学[M].马君武,译.上海:中华书局,1921:3—4.
② 列宁.列宁全集(第18卷)[M].北京:人民出版社,1988:366.
③ 达尔文.达尔文致赫克尔的信(1868-11-19)[M].//法兰士·达尔文编.达尔文生平及其书信集(第2卷)[M].孟光裕,等译.北京:商务印书馆,1963:309.
④ 该书曾由尚志学会翻译出版,题为《生物之世界》,上海商务印书馆1920年初版,1927年发行至第4版。——本文作者注

为，个体的发生实际上是种族发生的重演。[1] 论者认为，海克尔这种“重演说”在物理上是不可能的。“若按赫克尔之意见，则进化之历史，在发生期中须有极简单之缩短。如鸟类在亿万年中，由无脊椎动物，经过鱼类、两栖类、爬虫类，以至于鸟类，变化极为繁杂。在个体发生上观之，竟于三星期内，由微小之原形质块，而变为能行动、能饮食之鸟。若谓个体发生能将种族进化之各种状态一一复演之，按物理上观察，实为不可能之事。”[2]此类批评，纯从生物学上立论，所依据的是生物学界之最新发现及成果。其次是对海克尔进化观念的批评。海克尔坚持达尔文的进化论，强调生存竞争与自然淘汰在生物进化中的作用。论者则引克鲁泡特金的互助论批评海克尔进化观念之狭隘，[3]同时对于海克尔把生存竞争原理运用于观察人类社会的做法也不以为然，认定人类的选择决不会像海克尔所推论的那样。[4] 值得注意的是，时人所反对的是那种强调生存竞争与自然淘汰的达尔文主义，而不是反对进化论。再次是对海克尔一元主义哲学观的批评。时论指出，海克尔的哲学观“陷于空想近于独断”，并且将“事实问题”与“价值问题”混为一谈，“故其所谓一元论，终于为世界之谜而已矣”。[5]

中国思想界对海克尔态度的转变，主要是受了第一次世界大战后世界思潮转换的影响。大战给中国思想界带来的第一个变化就是动摇了人们对科学与理性的信心。有人认为大战正是“极端物质文明”的结果。[6] 人们开始重新思考科学与哲学及人生的关系。梁启超指出，自从孔德(Auguste Comte，1798—1857)的实证哲学和达尔文的进化论出现之后，“哲学家是投降到科学家的旗下了。……这些唯物派的哲学家托庇科学宇下建立一种纯物质的机械的人生观，把一切内部生活都归到物质运动的必然法则之下”。他问道：“在这样的人生观下，人生还有一毫意味，人类还有一毫价值吗?”[7]从此人类普遍的精神生活重新唤起人们的注意，那些强调精神生活的学说开始流行。

---

① 赫克尔.起原史之内容及其意义(二)[J].胡嘉，译.学灯，第7册，1922-8-10.
② 陈震飞.赫克尔学说概要[J].东方杂志，第20卷第19号，1923-10-10：90.
③ 费鸿年.非达尔文主义(上)[J].学灯，第8册，1922-9-20.
④ 周建人.达尔文主义[J].新青年，第8卷第5号，1921-1-1.
⑤ 心瞑.海克尔学说一斑[J].东方杂志，第17卷第1号，1920-1：79—80.
⑥ 罗家伦.近代西洋思想自由的进化[J].新潮，第2卷第2号，1919-12-1.
⑦ 梁启超.欧游心影录节录[M].//梁启超.饮冰室合集(专集之二十三).北京：中华书局，1989：11—20.

另一方面,大战后理性主义信誉扫地,代之而起的是一种非理性主义思潮。非理性主义者竭力突出人作为主体的个别性和不可重复性,把人的心理因素中的非理性成分,如意志、情绪、直觉、本能等提到首位,并强调非理性的心理因素对人的认识活动和行为的决定作用。新派人物面对着这种世界范围的非理性主义思潮,又亲眼目睹了第一次世界大战的惨痛现实,认定一任理性的生活只能造成机械的生活,因而便导致了对强调理性的海克尔学说的怀疑。

陈独秀的思想转变是有典型意义的。陈独秀曾是海克尔学说的热心提倡者和宣传者。但从 1920 年起,陈独秀也开始批评起德国思想来了。他认为德国思想走上了一条歧路。他说:"像那德国式的歧形思想,一部分人极端的盲目崇拜自然科学万能,赞成一种唯物派底机械的人生观,一部分人极端的盲目崇拜非科学的超实际的形而上的哲学,赞成一种离开人生实用的幻想,这都是思想界过去的流弊,我们应该加以补救才对。"[①]不仅如此,陈独秀还提出新文化运动的内容和方向都应该有所改变。他认为宗教、美术、音乐都应该是新文化运动的组成部分。他批评那些主张新文化运动的人,"既不注意美术、音乐,又要反对宗教,不知道要把人类生活弄成一种什么机械的状况"。又说:"这是完全不了解我们生活活动的本质,这是一桩大错,我是首先认错的一个人。"[②]至此,陈独秀也已放弃了此前那种海克尔式的机械主义人生观,而转向了一种注重精神生活的新人生观。

大战给中国思想界带来的另一个变化,就是互助论的流行。在大战之前,"生存竞争"的观念曾是激励中国知识分子为创建现代民族国家而努力奋斗的一个重要的思想动力。但是,第一次世界大战之后,许多人把战争的思想原因归之于进化论,认为"生存竞争、优胜劣败"的观念被政府用来扩张军备,被野心家用来制造战争,终于演成此次世界大战。从此竞争进化的观念开始受到批判,互助进化的观念开始深入人心。蔡元培说:"互助主义,是进化论的一条公例。……克氏的互助论,主张联合众弱,抵抗强权,叫强的永不能凌弱的。不但人与人如是,即国与国亦如是了。现今欧战的结果,就给互

---

① 陈独秀.告上海新文化运动诸同志[N].时事新报·学灯,1920-1-1.
② 陈独秀.新文化运动是什么?[J].新青年,第 7 卷第 5 号,1920-4-1.

助主义增了最大的证据。"①在这种背景下，主张"竞争进化"，特别是极力主战并为德国政府辩护的海克尔及其学说，②逐渐退出了中国人的视野，甚至被推上了思想的审判台。

1922年8月9日是海克尔三周年忌辰纪念，《学灯》出版纪念专号。胡嘉撰《赫克尔主义与中国》一文，称海克尔是"反对宗教迷信的健将，提倡极端科学万能主义者"。又说："他的思想，虽不至为中国现今最良之药，但是提倡科学和破除迷信是现在最紧要的事情，在这个时候，介绍彼个人的思想，与国内所要求者引证一下，也是很紧要的问题。"③这大概是海克尔在中国最后一次被正面系统地介绍了，而此时，反海克尔的声音也越来越多。同年，申报馆成立50周年纪念，出版《最近之五十年》，其中有胡适著《五十年来之世界哲学》、张君劢著《严氏复输入之四大哲学家学说及西洋哲学界最近之变迁》、蔡元培著《五十年来中国之哲学》、任鸿隽著《五十年来之世界科学》。除胡适在文中有一处提及海克尔及其《自然创造史》外，其他各文都未提及海克尔。此时，新文化运动已近尾声，而海克尔这位曾在新文化运动初期被新派人物反复译介的人物，就这样退出了中国的思想舞台。

从盛极一时到饱受讥评，这就是海克尔及其学说在中国的思想经历。海克尔并没有变，他的学说也没有变，变化的是中国思想界对他的认识和理解。从思想史的角度看，海克尔及其学说在中国的遭遇，反映了新文化运动在"输入学理"上所存在的实用主义态度，也反映了新文化运动前后两个阶段在思想取向上的不同之处。

---

① 蔡元培.欧战与哲学[J].新青年,第5卷第5号,1918-10-15.

② 海克尔是战争开始初倡主战论最热心的科学家,由科学家联名提交给政府的主战意见书也是由他起草的。——本文作者注。参见:小栗庆太郎.进化思想十二讲[M].胡行之,译.上海:开明书店,1933:36.

③ 胡嘉.赫克尔主义与中国(上)[J].学灯,第7册,1922-8-9.

译 者 序

• *Translator's Note* •

　　我着手译这部书，是在三年以前，正当那《灵学丛志》初出版，许多"白日见鬼"的人闹得乌烟瘴气的时候。我目睹那些人那个中风狂走的惨象，心里着实难受，就发愿要译几部通俗的科学书来救济他们，并且防止别人再去陷溺。

——刘文典

　　我着手译这部书，是在三年以前，正当那《灵学丛志》初出版，许多"白日见鬼"的人闹得乌烟瘴气的时候。我目睹那些人那个中风狂走的惨象，心里着实难受，就发愿要译几部通俗的科学书来救济他们，并且防止别人再去陷溺。至于我自己外国文的浅陋、科学知识的缺乏、译笔的拙劣，都顾不得了。经了几次的选择，就拣定了赫凯尔（Haeckel）①博士的两部书，一部是《宇宙之谜》，一部就是这个《生命的奇迹》。

　　这类的书，我的行箧里既没有，北京又无处可买，幸亏承陈百年先生的厚意，把他从前在学校里读过的原本和英国凯布（Cabe）氏的译本都借给我。民国八年夏天，我住在京西香山碧云寺里，昼长无事，就在半山腰上，大松树下的一座亭子里译起来，这部书的三分之二，都是在那座亭子里译成的，并且我也就在那座亭子里得着赫凯尔先生逝世的消息，是罗志希先生在般若堂里看见了报，跑到山腰上告诉我的。译完了之后，在一个杂志上登过十来章，剩下的稿子都弃置在字纸堆里，现在又承蒋百里先生的盛情，把他收到"共学社"的丛书里来。②

　　我译这部书，是用英文译本做蓝本的，至于里面的科学名词，因为中国没有一定的译文，不得已采用日本的。③

民国十年十月二十四日　译者识

◀任清华大学中国文学系教授兼主任时期的刘文典（1929年左右）

---

　　①　本译著中所涉人物、地点的中文译名多有与现今通行译名不一致之处。为尊重译著原风貌，不擅加改动。读者可由附录中对照表加以追索。——本书编辑注
　　②　本译著最初于1922年由商务印书馆出版，收入蒋百里主编的"共学社"丛书中。——本书编辑注
　　③　为尊重译著原貌，对其中与现今通译名不一致的科学名词，以脚注进行说明。对译著中漏译的科学名词，则尽量补译出，以便读者理解。——本书编辑注

第一章 真　理

· *Chapter* I *Truth* ·

哲学是要把真理所戴的面具剥下，不怀成心，也不恐怖，仔细端详他一番的。照这样的真哲学，足称得起"科学之王"。

哲学既以高尚意味研求真理，把我们各人单独的发见聚拢来组织成一个世界系统，就留下了几件根本问题，研究者的教育程度和见地不同，所以对这根本问题所下的答解也就不一样了。

(真理是什么)[①]真理是什么？几千年来大思想家的心力，都用在这个大问题上，所有的答解，千差万别，也有对的，也有不对的。每一部哲学史都是思想家要想了解世界和他们自己所费无限心血的记录。就是所谓世界知识或就本义言的哲学，也不过是把此等研究、观察、反省、思索的结果，合拢来聚集在一个焦点上。哲学是要把真理所戴的面具剥下，不怀成心，也不恐怖，仔细端详他一番的。照这样的真哲学，足称得起"科学之王"。

(真理和宇宙之谜)哲学既以高尚意味研求真理，把我们各人单独的发见聚拢来组织成一个世界系统，就留下了几件根本问题，研究者的教育程度和见地不同，所以对这根本问题所下的答解也就不一样了。这些科学的最后最高目的，就名叫"宇宙之谜"，我 1899 年出了一部书，就叫作《宇宙之谜》，来解决这些问题，使世人明白。这书的第一章里，我曾略述所谓"宇宙间七大不可思议"，第十二章里我曾道这些不可思议都可归之一个"实质问题"，一个大"宇宙之谜"。这实质问题是两个大宇宙的法则合成的，一个就是 1789 年拉瓦吉尔（Lavoisier）所发见，物质不灭的化学法则，一个就是 1842 年罗伯特·迈尔（Robert Mayer）所发见，能量不灭的物理法则。把这两个根本法则连成个一元的结合，建立统一的实质法则，是颇为大家所赞同的，就有反对的却也不多，至于我那一元的智识论和我解决"宇宙之谜"的方法，那就攻击的十分猛烈了。我所认为合用的方法，只有经验、思想并用法，即是并用实验的知识和思索。我曾说过唯有这两种方法互相补助，由理性的指导，才能够达到真理，我一面又排斥从来惯用的，想直达深邃知识的两种方法，一种是用感情的法子，一种是用天启的，这两种方法都是一定要信什么奇迹的，所以都不合理性。

(科学)凡称得起真科学的，都是许多经验聚在一起，都是把这许多经验作一合理的联结而得的结论所构成的。康德（Kant）说的好，"只有经验里头有真理"。外界事物达于人类的感觉器官，印在脑皮层里内部感觉中枢上的

◀赴锡兰岛（现斯里兰卡）科学考察途中的海克尔（1881—1882）

---

① 本书正文段前括号内为本段或几段内容概要。——本书编辑注

这些印象变成了主观的表象。思想中枢或名联合中枢的（无论把他与感觉中枢分别不分别）是真正心的器官，就是他把这些表象造成结论。构成这种结论的两个方法——演绎和归纳，即论证和概念，思想和意识——合成一称头脑的机能，就是我们所谓理性。这些浅近的根本原理，我38年来频频倡导，认为解决生命之谜的第一条件，然而世人却未肯相信。不但不信，反被科学上的两个极端派所攻击呢。一方面是经验派，就是叙述派，他是把一切都归之经验，一点不要哲学的；一方面是思想哲学派，把经验抹杀，单要用纯粹思想去造成他的世界观的。

（**实验科学**）实验科学派的代表因为一切科学本都从经验而来，就主张他们的事业只在事实的精确观察、分类、叙述，至于哲学不过是没事做的人拿观念当把戏要。这种一偏的感觉派，像康的亚克（Condillac）、侯姆（Hume）一班人，主张心的作用全在安排感觉的印象。这狭隘的实验派在19世纪，乘着科学大进步，风行一时，在19世纪后半期流行更广；也是事必分业、学贵专门的缘故。大多数科学家仍旧主张他们的事业限于事实的精密观察和记载。要是出乎此外，从他们各人所观察的引到一个高速的哲学结论，他们看着就奇怪了。卢德夫·蔚萧（Rudolph Virchow）十年前就是这狭隘经验派的代表。他在柏林大学演说什么"由哲学时代到科学时代"，说科学的唯一目的就是"知道事实，即自然现象的精密客观研究"。他却忘了40年前他自己在魏尔次堡（Würtzburg）有一场演说，同这次意见正相反的，他说他的细胞病理学是从哲学得来的，这"疾病的新的完善的学说"，是总合无数的观察，从其中抽出来的结论。

（**记载的科学**）无论哪种科学总没有专是记载事实的。所以照现在大家这样把生物学硬派在记载的科学里面，把物理学分在说明的科学当中，我们看了只觉得其矛盾的可怜罢了。不晓得在这两方面，我们记载事实之外，都是还要用合理的推论法去探求他们的原因，说明他们的。不幸德国一位最大的科学家葛斯塔夫·奇尔希和夫（Gustav Kirchhoff）也还说科学的最后最高事业就是记载。这位大名鼎鼎的分光分析法发明家的《数学的物理学和机械学讲义》（1877）里说道："科学的任务在以最完全、最简洁的方法记载自然界所知得的运动。"我们若不把这记载二字下一别解，包含说明的意义在内，那他的话就毫无意义了。因为几千年来真科学不是单要记载一件件事实的，是要探求他们的原因来说明他们的。不错,我们关于这些原因的知识是常常欠缺,离不了假说的,然而事实的记载又何尝不是一样呢。奇尔希和夫的话,同他自己的分光分析法大发明全然矛盾,因为这个大发明的意味不在发见分光学的奇怪和每个分光景的完全记载,乃在其合理的配列和解释。他由此而得的深妙结论,为物理学化学开了个新生面。由此看来,奇尔希和夫同蔚萧一样,他组织这样的个理论真是可怜呵。这两位大科学家的学说弊害无穷,科学哲学的界限经他们这一说,成了个不可泯的鸿沟。不过经这一说,许多智虑短浅的记载派科学家不想再去说明事理,也算一点益处。至于科学界的真才是不甘专去搜罗死材料,一定要加以合理的安排,去研求他的原因的。

(观察和实验)明确的观察,加以细密的实验,真是近代科学所以能凌驾前代,接近真理的原因。要说古典时代的大思想家,他们的判断力,推理力,和那种敏锐的思路,实在比近代大科学家哲学家还要高些,然而他们终是皮相的浮泛的观察者,毫没一点实验的。在中世时代教权极盛,只要信仰和相信什么天启,不注重观察的,所以科学就衰微了。一直到培根(Bacon)方才晓得观察是真智识的根本,非常重要的,他在 1620 年著的《新理》(*Novum Organum*)一书,树立了科学知识的根基,反对亚理斯多德(Aristotle)以来的烦琐哲学。培根之为近世实验学派鼻祖,不单是因为他说现象之精密的观察为一切哲学的根基,是因为他又说必定要用实验来补助这观察。他所说的实验是叫"自然"答应"自然"自己的问题,实在是一个精密的观察法。

(观察)这种发明不到 300 年的严正观察法,受了两个大发明的补益,更为发达,这两个发明使人的眼睛能把极远的所在、极小的物体,看得清楚透彻,就是千里镜和显微镜呵。19 世纪时候这种器具的大进步,再加上别种发明的补助,直教这个"科学世纪"的观察法,成就了出乎望外的奇功。但是这观察术的进步也是一利必有一弊,生出许多弊害来,因为一心只顾去求客观观察的洞彻精微,自然就把观察者自己主观的精神作用不甚注意了,只顾求视觉的明快,就把自己的判断和理性都看轻了。所以常要把求知识的方法手段颠倒来误认作智识的目的。表示观察来的事实的时候,把那种各部分照得一样清楚的客观照片,看得比那削繁取精的主观图样还珍重些,其实后者有许多处(例如在组织学的观察上)比了前者还要重要,还更精确呢。还有一个大谬,就是许多号称严正观察家的,对于所观察的现象,绝不加以省察和判断,往往弄得对于同一个现象许多观察家的意见相反,各人夸各人的观察精密。

(**实验**)近年来实验也和观察一样,有异常的进步。用这个法子的实验科学,像实验物理学、化学、生理学、病理学等等,进步真令人可惊,但是行这种实验——或人工状态下的观察法——也和观察一样,都是少不了要下一个健全明确的判断的。因为你就是提出一个明晰的质问,那"自然"的回答虽然是正确的,却不甚明了。实验家虽然痴想得点什么效果,他的实验却常常会变成一场无意义的徒劳。近代实验发生学或是机械的发生学,就是被这种无用的坏实验阻住了进步。又有许多生物学家要想把宜于生理学的实验用到解剖学上去,他们这种愚蠢的做法,也就和那些发生学家差不多了。近世进化论当中的争论极多,就有人时时要想用实验法去证明种的起源,或是用这法子去驳倒他。全不晓得"种"的观念不过是相对的,无论什么样的科学家也都不能下绝对定义的。又有想把实验法用到历史的问题上去的,不晓这上面应用的条件是全然没有,这都是一样的荒谬。

(**历史和传说**)我们从观察实验直接得来的知识,只限于现在的事。过去的事,像历史和传说,是变个方法去研究的,这是不大容易。这一科的学问,已有几千年是研究人类的历史、文明史、民族、国家和他们的风俗、法律、言语、迁徙的。这里面有许多历代口传笔录的传说,和古碑、文书、武器等类可供研究,实验材料很丰富,加以批评的判断是可以由这里面引出些结论来的。但是这些记载简册总是不大完全,极容易差错,主观的解释同客观的事实常常是不对的。

自然历史,就是研究宇宙、地球和这上面有机物的起源历史的一种学问,是新近起的,比人类历史是迟得多了。康德在 1755 年著了部《天体之一般自然史》,才立下了机械宇宙论的基础,到 1796 年拉卜拉斯(Laplace)才把康德的思想用数学证实了。地质学,就是地球进化的历史,是到 18 世纪初年才得成立,到何夫(Hoff)和李尔(Lyell)的时候才成个一定的形的。至于有机进化的科学那就更迟,是到达尔文(Darwin)倡导"淘汰说"(theory of selection),给了 50 年前拉马克(Lamarck)所倡的"成来说"(theory of descent)一个稳固的根基,这个科学才得成立。

(**哲学的科学**)现今大多数科学家所喜欢的纯经验法之外,又有一个哲学先生们的思索派和他相对。康德在 19 世纪得大名的批评哲学,近来哲学世界更加崇拜了。这是你们晓得的,康德他是说人的知识只有一部分是后天的,就是从经验来的,其余的知识(像数学的公理之类)都是先天的,就是撇开经验专由纯理性的演绎来的,由这个谬见就生更谬的话来,说科学的基础是形而上学的,又说我们人虽是能用空间时间的生来形式略晓得现象,但是现象背后还藏着个"物如"(thing in itself),这个我们是万不得而知的。从他这先天主义兴起来的那纯思索派哲学,像那极端派的海格尔(Hegel),到后来竟把经验法一笔抹杀尽了,说一切知识全是由纯粹理性来的,经验是一点都不要的。

康德的这个大谬,后世的哲学受害无穷,都是因为他的知识论里全没有生理学和系统发生学的基础,这是他死后 60 年,等到达尔文改造进化学,脑生理学家有许多发明,然后才能有的。康德认为人的理性一起初就是完完全全的,却没有去考究他的历史的发达。所以他以为灵魂不灭是个实际的假定,无须证明的,至于人类灵魂是从近乎人的动物进化来的,他却没有想到。他所主张的那先天的智识,其实是从人类的祖先有脊椎动物由适应和经验渐次造成,遗传在头脑组织上的一点效果,所以毕竟也是个后天的智识。就是数学和物理学的绝对真理,康德说是先天总合判断的,原来也是由判断的进化而来,先天的智识究竟出于许多重的经验。康德认为先天智识之特质的"必然性",我们只要全明白了现象和他的条件,也可以下得别解的。

(**生物学的认识论**)德国和别处的哲学先生们,骂我《宇宙之谜》的话,其中最重的恐怕就是说我全不懂知识论。骂的也不错,照现在流行的那种二元的智识论,根据康德的哲学的,我本不懂。我不懂他们那内观心理法,不要一些生理学的、组织学的、系统发生学的基础,怎样能应纯粹理性的要求呢?我的一元的智识论和他们的全然不同。我这个是全然确实根据近世生理学、组织学、发生学的大进步的,根据近 40 年实验科学所得的效果的,这些科学效果是现行的哲学系统所不知道的。《宇宙之谜》第二篇第六、第十一两章所说的我对于人心性质的见解,就是根据这些经验。其纲要如下方。

(一)人的灵魂,从客观看来,是和一切脊椎动物的大略相同,是头脑的一种生理作用,即是机能。

(二)头脑的机能,也和别的器官一样,要受组成这器官的细胞的影响。

（三）这些"脑细胞"又叫"灵魂细胞""神经节细胞""纽浓"（neuron）①的，是真的有核细胞，构造极其精细。

（四）这些精神细胞，人类和别的哺乳类的脑里总有几百万，配列整然，有一定的法则的。最高等脊椎动物的还有几个特质，由这些特质看起来，哺乳动物和别的原始哺乳动物[就是三叠纪（Triassic Period）的"拟哺乳动物"]是同出一个根源的。

（五）这些专司高等心理作用的"精神细胞群"，根源是在前脑，就是五个胚胎脑泡中发达最早的一个。这都是限于前脑表皮的一部分，就是解剖学家所谓"脑皮"或"灰白质"上头的。

（六）这脑皮里有几个各样心理作用的部位，各司其事的，这部位要是破坏，他的机能也就消灭了。

（七）脑皮里这些部分是分配开的，一部部都同感觉器官直接联合感受其印象的。这就是"内感觉中枢"，又叫"感受中枢"。

（八）在这些中央感觉器官里，夹着有心智思想的器官，就是表象、思想、判断、良心、智灵、理性的器具，这叫作"思想中枢"，又叫"联合中枢"，因为从感觉中枢所受的各种印象，都是他来联结成调和思想的。思想中枢和感觉中枢的关系详见《宇宙之谜》第十章。

（**感觉中枢和思想中枢**）据我看来，这对立的内感觉中枢和思想中枢（或联合中枢）在脑皮层里的解剖学上的区别是顶重要的。有几个生理学者也早想到这个区别，但是解剖学上的明证却是近十年才有的。1894年佛理希锡希（Flechsig）说脑的灰白质里有四个感觉的中枢[就是"内感觉区"或叫"爱斯塞他"（aestheta）]，又有四个思想中枢[就是"联合中枢"或叫"佛罗内他"（phroneta）]。从心理学见地看起来，思想中枢里最重要的就是那"主脑"又叫作"大后颅颞颥部之联合中枢"。佛理希锡希所介绍的这两种心的器官的解剖学上特质，后来他自己和别的学者又着实修改了一番。爱丁格尔（Edinger）、外格尔特（Weigert）、希奇希（Hitzig）和其他的学者的学说都各有些不同。但是在我们现在所谈的这心的活动，这认识作用的大概，就是没有那种精确知识，也不大要紧，还是可以理解得的。这两个重要心神器官在解剖学上的区别，我们现

---

① "纽浓"即神经元。——本书编辑注

在所晓得的,就是这两个器官在组织学上微细的构造上都不同,并且在发生学上也不起于一个根源,就在化学上关于色素上也能看得出差异来。由此看来,组成这两个器官的神经细胞在极微的构造上都不一样,我们现在这种粗糙的研究法,虽是没有能看出什么区别,然而那复杂小纤维质上恐怕有什么差异一直及于这两个器官的细胞质上。要把这两种"纽浓"下一个适当的区别,我想把这感觉中枢名为"感觉细胞",把思想中枢名为"思想细胞"。这感觉细胞,从解剖学上、生理学上看起来,就是外面感觉器官和内面思想器官中间的媒介。

(**内感觉中枢和思想器官**)脑皮里内感觉中枢和思想器官解剖学上的区别是和生理的分化一致的。感觉中枢把外感觉器官和感觉神经的特种能力所搬运的外感觉印象造成;感觉细胞,就是构成感觉中枢的中央感官,预备那做真正思想判断的感觉印象。这纯粹理性的动作,是思想中枢里思想细胞,就是神经细胞所管的,其组织的要素——思想细胞就管联结预备了的印象。因这个重要的区别,我们可以晓得侯姆、康的亚克等所主张旧感觉论的谬误,他们说一切智识是全靠感觉的活动的。感觉实在是一切智识的本源。但是要想得着真智识真思想,一定要理性的特别作用,感觉器官、神经、感觉中枢等由外界所受的印象,是要由联合中枢去结合,又要经意识的思想中枢去铸炼一番的。所以有一件极重要然而人又极易轻轻看过的事,就是文明人种思想细胞的发达里有遗传的高贵精神作用,此乃是由许多代感觉细胞的感觉而生的。

把各种科学大家的脑筋作用加以公平的批评的研究,就可以晓得这些最高精神力的里面,通例有两个相反的倾向。那些经验派科学家、专心于物理的研究的人,他们的感觉中枢是异常发达,这可见他们详细观察现象的本领是很大的。至于那些所谓精神科学家、哲学家,专研究形而上学的,他们的思想中枢是极其发达,可见他们的所长是偏重于特别事实里的普遍法则。所以形而上学家常常轻视物质的科学家和观察者,这些物质的科学家说形而上学家的"观念的游戏"是非科学的空想的一种把戏。这种生理学上的相反,是由于他们两方面一个感觉细胞发达,一个思想细胞发达的缘故。只有那第一等的自然哲学家,像柯卜尼加斯(Copernicus)、牛顿(Newton)、拉马克、达尔文、约翰尼斯·缪来尔(Johannes Müller)等,这两样都发达,能得其调和,所以各人能成精神上的伟业。

（心灵的座位）灵魂这个暧昧的名词，我们要把他当作狭义的"高等精神力"解，他在人类和哺乳动物身体里的座位，就是那思想细胞所构成的脑皮层的之一部，老实说，就是思想中枢。照我们的一元论讲，思想中枢就是思想的器官，眼睛就是视觉的器官，心脏就是血液循环的中央器官。这器官要是损坏，那机能也就消灭。现在通行的那形而上学的心理学，反对这根据实验的生物学的学说，他们虽说头脑是灵魂的座位，意义却另是一样的。他们抱一种真正的二元思想，说灵魂另是一物，不过一时住在头脑里，像蜗牛在壳里一样。头脑就是死了，那灵魂还是存在，永远不会消灭的。照他们的说法［卜拉图(Plato)以来就是这样］，这不灭的灵魂，是个非物质的实在，独自会感觉、思想、动作，不过用这物质的身体，做个暂时的器械。那有名的"洋琴说"，把灵魂比作个音乐家，用肉体做乐器，弹个有趣的调子，调子弹完了就走了，回去永远住在他自己的家里。狄卡儿(Descartes)是祖述卜拉图之二元神秘论的，据他说，头脑里灵魂的住所，音乐室，就是中脑后部的松果腺，胎生学上的第二脑小胞。谁知这有名的松果腺，经近来比较解剖学家研究，认作视觉器官的根本。松果腺，连一种爬虫都有的。更有许多心理学家，学着卜拉图要从身体上别的部分去寻个灵魂的座位，造出来一种身心相关说，和心身动的妙论。我们一元论对这问题的答解，是很简单的，并且很合经验的。因为这件事极关重要，所以先要把思想中枢稍加解剖学的、生理学的、个体发生学的、系统发生学的研究。

（思想中枢的解剖）我们既然把思想中枢认作本义的"灵魂器官"，说他是思想、知识、理性、意识的中央器官，这里面自然要有个解剖学上的统一，和生理学上的相对，思想和意识自然也要统一。这思想中枢的解剖学上构造是顶精微的，所以我们可以称他为"灵魂的有机器官"，好像叫眼睛做"视觉的特备器官"一样。我们对于思想中枢的精细解剖，不过刚才着手，尚没有能把他和感觉中枢、运动中枢的界限划分清楚。我们用最完全的显微镜、着色法等最进步的近世组织学研究法，才研究到神经细胞的那神奇的构造、复杂的配列。但是我们可以晓得，这是最完全的细胞组织，这是有机进化的最高结果。几百万各样神经细胞，集合起来，构成他这电报局，几万万极细的神经纤维做电线，连接这些电报局，一面接连感觉中枢，一面又接连运动中枢。我们从比较解剖学上,又晓得这思想中枢的组织,是经了许多年渐渐发达来的,从两栖类爬虫类,进化到鸟类哺乳类,再从哺乳类的单孔类、有袋类,进化到猿猴和人类的。今日看起来,人类头脑要算是几百万年来那活实质所产出的最大奇迹了。

近 20 年关于头脑的解剖组织研究,虽是非常进步,但是还没有能把思想中枢和脑皮层里感觉中枢、运动中枢的关系划分清楚,这是实在的。在下等脊椎动物,这是没有显明的区别的,在更下一层的动物,就全然没甚分别了。就是现在,感觉细胞和思想细胞中间,还有些媒介物呢。但是我们确信头脑比较解剖学将来更发达,借着胎生学的助力,总可以把这些复杂的构造渐渐阐明的。无论如何,这根本事实是由实验出来了思想中枢,就是灵魂的真器官,是脑皮层里一定的一部分,要是没有这思想中枢,那理性、精神、思想、智识都是不会有的。

(思想中枢的生理学)我们把心理学看作生理学的一个分科,把所有精神生活的现象,看得和别的生活机能一样,都从一个一元论的见地去视察他,所以自然把智识和理性也一样看待了。关于这个,我们和现今通行的心理学意见正相反的,他们把心理学不当做自然科学,说是什么精神科学。看到次一章,你们就晓得他们的话是不对了。不幸许多有名的近世生理学家,虽然也采纳一元论,但是对于这件事,他们又带着二元论的态度,学着狄卡儿的话,说灵魂是个超自然的实在。狄卡儿是耶稣会教士的弟子,他只说人是这样,至于动物不过是无灵魂的自动机械。他这种思想在近世生理学家看起来是荒谬绝伦,人类精神器官的头脑是和哺乳动物的头脑做一样的事的,和那大猿类的更相似了,这是经无数观察和实验研究出来的。几位近世生理学家的这种奇僻的二元论,一半是误于康德、海格尔辈的那种知识论,一部分是由于相信灵魂不灭,又怕抛却二元论人就要骂他们是唯物派。我是不相信这些的,所以我公公正正的考究思想细胞的生理,和考究感觉器官筋肉是一样。我以为两个一样,都是服从实质法则的。所以我们是一定要认脑皮层神经细胞的化学作用为知识和一切精神作用的真因。神经原形质的化学变化是可以左右神经细胞的生活机能的。其更完全更奇怪的机能(就是意识)也是这样。纵然这个生命的最大奇迹,是只有用内省法或是智识和智识的照应,可以直接了解,但是心理学用比较法又教我们相信那人类的高尚自觉,和猿、狗、马以及别种高等哺乳动物的自觉,只有程度的差异,并非种类的不同。

(思想中枢的病理)我们对于灵魂的性质座位的一元见解,又经精神病学切实证明了。好像那句古话,说"疾病说明康健"(Pathologia physiologiam illustrat),疾病的科学实在足以说明健全的有机体。这句古话在精神病学尤其对劲,因为那些精神病的原因都是头脑里平时发挥一定机能的部分起了变状。神经中枢的哪一部分有了病,那一部分平日所有的精神机能就衰减,或竟消灭了。前颅部第三回转部言语中枢有了病,人就不大能说话了。后颅回转部里的视觉中枢要是破坏,人就看不见了。颞颥的回转部是听觉中枢,要是这里有了毛病,人就聋了。生理学家所不大明白的,天然自己会细细的实验给他们看。我们由这法子,仅晓得一种精神作用是出于一部分脑髓的机能,然而今日明白的医生也都相信别的部分也是这样的。每一种特殊精神作用,是起于头脑那一部分的构造,就是起于思想中枢的一部分。在那些傻子和小头的人里,就有许多显著的例证,这些可怜的人的脑髓发育不完满,所以他们一生精神力都很低微。他们要是能自觉其可怜,那就更加可惨了,幸而他们是不能的。他们好似被实验家剜去了脑髓的脊椎动物一般,也能长远活着,用人工法养着,仅能有自动的反射的运动,间或有点有意的运动,不见他们有点意识、理性或别的精神机能。

(思想中枢的个体发生)儿童的精神发达,是几千年来人所共晓的,留心的父母和教习对于这事都很有兴趣,但是这惹人注意的重要现象,直到 20 年前才有精确的科学研究。1884 年,克斯毫尔(Kussmaul)刊行他的《婴儿精神之研究》(*Untersuchungen über das Seelenleben des neugeborenen Menschen*)一书,1882 年,卜理埃尔(Preyer)刊行他的《童心》(*Mind of the Child*)一书,从这些学者的著作,以及别的观察家的研究,我们才晓得初生的婴儿,不但没有理性和意识,并且是聋子,就是感觉中枢、思想中枢,也还在那里慢慢的发育。直到和外界渐渐接触,那言笑的机能才得出现,最后才有联想力,才能构造概念和语句。最近解剖学的研究同这些生理的事实是完全相符的。总而言之,我们可以断言,初生婴儿的思想中枢是没有发育的,所以没有"灵魂的座位",也没有思想、智识、意识的中枢。照发生学法则看起来,发生的全经过,是个种类史的反复,所以精神的发生(就是灵魂和其器官思想中枢)也是这样。

(思想中枢的系统发生)要用作研究灵魂系统史的方法,胎生学之外,算比较生理学最为重要。现今我们在脊椎动物级里,发见个极长的进化阶级,从极低的"无颅骨类"和"圆口类"进为鱼类、"肺鱼类",更进为两栖类,更进为"有羊膜类"。从这"有羊膜类"里,一边进化成爬虫类和鸟类,一边进化成哺乳类。我们看了这些,可知高等精神力是怎样一步一步进化上来的了。头脑比较解剖学表明的形态学阶级,是恰合这生理学阶级的。其中最有趣最重要的即关于最发达的哺乳动物的那一部分,在这一级里我们发见了同样的发达阶级,最高的是猿类(人类、猿、猩猩),其次是肉食类、有蹄类的一部,再次是"有胎盘类"。这些有知识的哺乳类,和那下等"有胎盘类""有袋类""单孔类"中间隔的似乎很远。后者的里面,是寻不出像前者那样的思想中枢质和量的高等发达来,两者间是有许多阶级的。脑髓里最为重要的思想中枢的发达,起于第三纪时代,据近代许多地质学家计算,这时期的年数,约有 1200 万至1500 万年,至少也有三五百万年。我在《宇宙之谜》的第六章到第九章,已把近世学者研究头脑的结果,和这种研究在心理学知识论上的重要,说得很详尽了,在这里可不用再说。但是一件,许多批评家对我攻击的非常猛烈,所以不能不说一说。我曾把英国动物学名家罗曼内斯(Romanes)的著作引了许多,这位罗曼内斯曾把人类和动物精神发达加以精细的研究,继续达尔文的事业。他下世的前些时,抛弃了一元的信仰,又抱了神秘的宗教意见。他的这种改变,是据他的一个朋友,一位笃信宗教的神学家戈尔(Gore)博士说的,所以这话自然要打折的。他这件事恐怕也和那老贝尔(Baer)[①]一样,犯了我《宇宙之谜》第六章所说的"心理变状"。罗曼内斯晚年,因身体多病,朋友凋零,老境很难受的。他因为忧郁不堪,意气非常消沉,所以把那超自然的信仰来聊以自慰。公平的读者诸君,一定可以知道他这改变是无损于他早岁的一元见解,不用我多说。像这等事是那心绪的不宁,经验的痛苦,夹着热烈的希望心,遮掩住了判断力,所以我们仍当主张那达到真理的方法,仍是他从前一元的论,决不是感情或是什么超自然的天启。然而要想得着真理,必须要心的器官思想中枢是很健全的。生命的许多奇迹里,意识要算最大的最可惊的了。今日大多数生理学家也都承认人类的意识,也和别的精神力一样,是头

---

① 贝尔是 19 世纪俄国大动物学家。——译者注

脑的一种机能,是脑皮层细胞里的物理化学作用。但有许多生物学家,还是不脱形而上学的见解,以为那"心理的中心神秘"是个不可解的谜语,并不是自然的现象。我的《宇宙之谜》第十章曾说过意识的一元理论,和他们的话正相反,要想懂得这个,发生学又要算最好的向导了。除却意识,生命的奇迹要算是视觉。懂得了眼的发生学,就晓得这知得外界影像的视觉是从下等动物的简单"光觉",由透明镜片的发达,渐渐进化而成的。那心里的镜子,就是有意识的灵魂,也和这个一样,是从初期脊椎动物神经中枢里的无意识联想进化而成,做了生命的新奇迹。

(一元的认识论和二元的认识论)现在流行的二元哲学,和我们一元的经验的智识论正相反,他主张人类的智识只有一部分是经验的,后天的,其余的都是先天的,并非来自经验,是来自我们心里那"非物质的"本来组织。这种神秘的超自然的见解有康德的威权助他的势,现在的哲学先生们又极力去维持他,他们说"复归康德"是救济哲学的不二法门,据我看还是"复归自然"的好。复归康德和康德的知识论,实在是哲学上的一种"蟹行"罢了。近代形而上学家,和康德在 120 年前说的一样,以为头脑是块神秘的灰白质,以一种暧昧难明的意义道他是精神的器官。但是在近世生物学看起来,头脑是自然界一种最奇的构造,是无数精神细胞的集合。这些细胞的构造极精妙,由几千纵横交叉的神经纤维,联为一大精神器官,所以才适于发挥最高的精神机能的。

第二章 生 命

· Chapter II Life ·

几千年来，人都把"生"和"死"、"生物"和"无生物"立了个区别，活的物体称为有机物，无生命的物体称为无机物。……无机物和有机物的区别，就是有机物能有一种特别的，周期反复的，貌似自发的运动，这是无机物所没有的。所以生命是可以看作一种特殊运动的过程。

(生命的概念) 本书的目的既在批评研究"生命的奇迹"和这些"奇迹"里的真理，所以第一先要明白"生命""奇迹"的意义。几千年来，人都把"生"和"死"、"生物"和"无生物"立了个区别，活的物体称为有机物，无生命的物体称为无机物。广义的生物学是研究有机体的科学，研究无机体的科学可以叫作无生物学（abiology）、无生学（abiotics），或叫作无机学（anorgics）。

无机物和有机物的区别，就是有机物能有一种特别的，周期反复的，貌似自发的运动，这是无机物所没有的。所以生命是可以看作一种特殊运动的过程。最近研究出来，这个现象和化学上的一种特质叫作"原形质"（plasm）[①]的有密切关系，并且这里面是个物质的循环，即是"新陈代谢"。近代科学又发见了这有机无机之间，并没有像前人所说的那样截然的区别，这两界却是有分不开的密切关联。

(生命和火焰) 要用无机的现象来比譬生命，论外形论内容都要算火焰最为恰当。这个重要的比喻是 2400 年前，依阿尼亚（Ionia）学派的大哲学家，埃菲梳斯（Ephesus）的海拉克莱兹斯（Heraclitus）说的，这位思想家又用"万物如流"（Panta rei）一语，道尽了进化的意义。他把燃烧做生命的妙喻，把有机体比火炬。

马克斯·维尔佛尔浓（Max Verworn）的生理学书里，引用这个比喻，将个人生命比作蝴蝶形的煤气火，说得更妙。他说道：

> 把生命比火焰是最容易使人明白生命的形式和新陈代谢的。蝴蝶形的煤气火形式最是奇特，紧靠管口的根下是黑暗的，再上些的是青色微微发亮，更上一点那明亮的火焰两边伸开，好像蝴蝶翅似的。这煤气火的形状只要人不去动，那煤气不去改动四围的状况，他永久是那样的。因为煤气的微分子自己虽是时时变化，那火焰各部分的酸素[②]和煤气微分子的疏密是不变的。在火焰的根下，煤气微分子太密了，酸素进不去，所以这块是黑暗的，在青色

◀ 海克尔笔下令人惊艳的安娜赛丝霞水母

---

① 本书中原形质可对应原生质（protoplasm）。——本书编辑注
② 本书中酸素对应氧（oxygen）。——本书编辑注

· *Chapter II Life* · 　17

的那块酸素的微分子稍微屡进一点，所以发点微光。那明亮的部分，因为煤气微分子和大气里的酸素自由结合，所以烧得十分着。这喷出来的煤气和四围空气的新陈代谢得其调节，差不多同一分量的微分子总在同一地位，所以火焰永久不变，总是那样。但是我们若要把煤气管塞子一扭，煤气不能畅流，那火焰的形也就改变。因为两面分子的配列变了。照这样，这煤气喷射的研究把细胞的构造也比的明白详尽了。

这个比喻，在科学上固然恰当，就是连诗文里都常常用"生命之火焰"这句习语。

（有机体）科学上的通称和我们在这里所叫的"有机体"，等于所谓"生物"或是"生体"。同这个相反的，从广义说，就是那无机物、无生物。所以有机体这三个字是生理学的研究题目，身体的"在生的活动"，就是新陈代谢作用，营养、生殖都包含在内。

然而我们详细考究有机体的构造，见他大都皆是分做几个部分，这许多部分合拢来，协力去完成那生活机能。这种部分就叫作器官，极似有一定计划的联合的状态就叫作"组织"。由这点看起来，我们把有机体可以比作机械，那机械就是照预定的图样把许多无生命的部分联合而成的。

（生命机械说）把有机体比作机械的这个譬喻，引起了关于有机体的许多谬说，近来更成了那妄谬二元论的根据。由此而起的那近世"生命机械说"，主张有机体也和一部机器一样，是由精妙的图样、奇巧的工师而来的。于是任意把有机体比作时表，比作火车头。要这等复杂的机械照规则运转，必须要各部分都完全共同运动，一个轮子稍微有点毛病，一部机器都就停了。路易·亚加西（Louis Agassiz）就是最喜欢说这样话的，他说每种动植物都是"造物主"思想的化身。近年来莱因克（Reinke）又好用这种话去补助他的那"接神学的二元论"。他说那"上帝""大灵"，是个"宇宙的智灵"，把那教士所说的造物主的许多性质归于这神秘的非物质的实在。他把钟表匠用于钟表机器的人类智灵，比那造物主用于有机体的宇宙智灵，说这有目的的组织，是不能从其物质上的组成分子来推论的。这二者的原料大有分别，他却全不晓得。钟表的器官是金类的，只靠那硬度、弹力等物理的性质去做事。至于活有机体的器官是大半要靠化学作用去发他的机能的。他的柔软原形质体就是个化学实验室，那里的极精细的微分子的构造，是无数遗传和适应留下来的结果,这看不见的、假设的微分子的构造,万不可和那在组织问题上最占重要的,用显微镜看得出的,原形质的构造混同。人要是认为这微分子构造一个简单的化学实质,是出于有心的计划,是有个"有智慧的自然力"做他的原因,那就一定要认为火药也是这样,就要说这木炭、硫黄、硝的微分子是有意要合到一块去爆炸。这是人所共知的,火药并不是照什么理论造出来的,不过是实验时偶然发明的。这种时兴的"生命机械论"和由此引申出来的二元论,只要将我们所晓得的最简单的有机体"摩内拉"(monera)①研究一番,就可以把他驳得四分五裂了,因为"摩内拉"实在是没有器官的有机体,并且连组织都没有的。

(无器官之有机体)这件事已经很早了,我于 1866 年在《一般形态学》里曾经举出这许多没有看得见的组织,也没有各样器官,最简单的最下等的有机体,请生物学家注意。这种有机体,我通称他做"摩内拉"。我把这等无组织的物体(就是无核细胞)越加研究,越觉得他是非常重要,要解决生物学的大问题,说明生命的起源和性质,他是最关紧要的。不幸今日的大多数生物学家对于这原始的小生物都未曾知道,未曾注意。奥斯卡·海尔特维希(Oscar Hertwig)讲细胞组织的 300 页一部大书,只有一页说到这件事,并且他连无核细胞是有没有都还怀疑。莱因克自己发见细菌里有无核细胞,但是无核细胞是怎样他却一字没说。毕茨奇利(Bütschli)虽是和我抱一样的一元生命见解,并且他对于原形质构造的周密研究和那用油同肥皂水的人工造原形质法,于我的见解补益不少,然而他也和别人一样,说"无论怎样简单的有机体,离了细胞核和原形质是组织不成的"。许多学者都以为我是没有见到这摩内拉原形质里的核。有一种里也许有核,是我没见到,但是有一种里却真是没核的。诸如那有名的"克罗马塞亚"(Chromacea)[裴可克罗马塞亚(Phycochromacea)或是希亚挪斐塞亚(Cyanophycea)]和形式最简单的那"克罗阿珂加塞亚"(Chroococcacea)[克罗阿珂加斯(Chroococcus)、亚发挪加卜萨(Aphanocapsa)、葛来阿加卜萨(Gloeocapsa)等]都是无核的。这一类介在有机无机两界中间,由原形质构成的摩内拉绝不是稀奇难遇,是到处皆有而且容易观察的。因为他和现行的独断细胞说不合,所以人都不去注意了。

①　"摩内拉"即原核生物。——本书编辑注

（克罗马塞亚的构造和生活）以我所晓得的，一切摩内拉里要算克罗马塞亚是最古的最原始的活有机体，所以我把他举出来。尤其他的那极简单的形式，和那"有机出于无机的"一元的生物学理论恰合。那"克罗阿珂加塞亚""克罗阿珂加斯""葛来阿加卜萨"世界上到处都有，是青绿色的薄膜，或是冻子似的沉淀物，黏在潮湿的岩石树皮等物上面。把这冻子取一小块，用强力的显微镜细细检验，只看见无数淡绿色原形质的小球，乱拥在一块，分配的毫无秩序。有几种里，那无组织的薄膜包住原形质的粒子，这是完全起于物理作用的"张力"，就像那雨点子油珠子在水面浮转似的。也有几种分泌出同样的黏体来，这又是完全起于化学作用的。有种"克罗马塞亚"，绿色物只在原形质的表面上，内部是无色的。但是这无色的内部绝不是化学上形态学上所谓"核"。这核是绝没有的。这些简单的、静止的原形质小球，他们的生活是只限于新陈代谢①和生长的。长过了一定的限度这小球就分裂成两半，好像水银珠落地那样。这样简单的生殖法，不单是"克罗马塞亚"，就是"克罗马特拉"（Chromatella）或"克罗马陀佛阿拉"（Chromatophora），就是植物细胞里的绿素分子，也是这样，但是这并不是细胞，不过是细胞的一部分。所以公平的观察家不把这无核的、独立的原形质小球认为真细胞，只把他认作细胞质。这许多解剖的、生理的事实，只要把那所在皆有的"克罗马塞亚"取来一看就知道了。那极简单的"克罗马塞亚"的构造，实在不过是个无组织的原形质小球，全没有发一定机能的各种器官。因为这种原形质分子的生活目的不过至个"自存"，所以那些器官构造在他是全没用。他个体的生存目的只要极简单的新陈代谢，他种类的生存目的就靠那"自裂"的极简单生殖法，都就可以达到的。

近代组织学家，在许多高等单细胞原生动物和许多高等动植物的组织细胞（例如神经细胞）里，发见了一个极繁杂极精妙的构造。他们误认为所有的细胞都是这样的。据我看起来，这样复杂的构造还总是第二段的现象，都是由适应和遗传的原理，经无数发生的化分，渐渐发达而来的结果。这许多精巧有核细胞的远祖，起初也是简单的无核细胞质，像今日遍处都有的那"摩内拉"。要知详情且看第七章和第十三章。

---

① 就是第七章所说"原形质成形"。——作者注

这"摩内拉"类原形质小球,虽说没有看得见的组织上构造,然而那看不见的微分子构造自然不能说没有的。我们反而一定要主张这小球也同一切蛋白质化合物、原形质物体一样,是有这样的构造的。这种精细的化学上构造就是无生物里也有的,有几种无生物里也有新陈代谢作用,和那简单有机体的一样。这种接触作用等论到了的时候再细讲。总之,这种简单的"克罗马塞亚"和那"有接触作用的无机体"的区别,就只在"克罗马塞亚"有那所谓"原形质成形"或是"炭化作用"的特别新陈代谢法。"克罗马塞亚"成个球形的这件事,和形态学上的生活路径是绝无关系的,水银和别种无机的液体在某种状态之下也成球形的。一个油珠子滴在羼杂不进的比重相同的液体上(例如水和酒精混合物)也是立刻成个球形。但是无机的固体物大概总是结晶体的。所以极简单的有机物,"摩内拉"之原形质微分子的特色,既不是解剖的组织,又不是一种形状,不过单是"原形质成形"的生理机能,化学的合成作用。

(有机的组织之阶级—复有机体—征象有机体)以上所说的"摩内拉"和任何高等有机体的区别,据我想来,处处都比有机"摩内拉"和无机结晶体的区别大些。就连无核"摩内拉"(像细胞质)和那真有核细胞的区别,似乎还要大些。就是极简单的细胞,也分作内核外皮两部的。内核的原形质发那生殖、遗传的机能,细胞体的外皮原形质就管新陈代谢、滋养和适应。从这初等有机体里,我们看着了那最初的又极重要的分业作用。在单细胞原生动物里,有机的组织是应乎细胞各部分的分化而起。在有组织的生物里,这组织又应乎各器官的分工而再起。这件事的显明预定和目的,达尔文的"淘汰说"已把他加了个机械的说明。

因为要免得误会,我们把"有机体"一语,即照大多数生物学家惯用的意义,解作"原形质或生质构成的有生命的个体",这原形质或生质就是那半液体的窒素炭素化合物。把各个机能叫作有机体(如呼灵魂、言语等机能),往往招出许多误会来。照这样说,走和看也都该叫作有机体了。科学的论文里也不应该把海洋、地球等无机集合体叫作这有机体,这样的名称是纯征象的,顶好用到诗词上去。诸如把海洋的波浪唤做地球的呼吸,涛声唤作地球的喊声。那许多科学家,像费希纳(Fechner)等,把这地球,连一切有机界无机界,看成一个大有机体,他那无数的器官,由上帝配列成一个有秩序的全体。生理学家卜理埃尔也是这样,把那些灼热的天体认为个大有机体,说熟铁的蒸气就是他的呼吸,流金就是他的血,流星就是他的食物。就看卜理埃尔要在这种诗词的比喻上去建立那生命起源的荒唐臆说,可见有机体的这种比喻是很要不得的了(参看第十三章)。

(有机化合物)就广义说,"有机的"这三个字在化学上久已用成"无机的"三个字的对语。有机化学大概就算是炭素化合物的化学,这炭素重要的特性,与其余的 77 种元素不同。炭素有个特性,第一就是和别种元素化合成千变万化的化合物,和酸素、水素、窒素、硫黄化合了,更构成极微妙的蛋白质(参看《宇宙之谜》第十四章)。炭素是第一个生物发生的要素,如我 1866 年所作的"炭素说"所说的。就称炭素为"有机界之创造者"都未尝不可。这许多机体发生的化合物,在有机体里,起初也不呈有机的形状,就是还没有以一定目的分配到各器官里。这样的组织是生命的效果,不是生命的原因。①

(有机体和无机体二者之比较)我在《宇宙之谜》第十四章里曾经说过(我的《自然创造史》第十五章说得更详细),要懂我们的全哲学系统,那自然统一宇宙一元的信念是最为紧要的。我 1866 年把这宇宙一元论翔实证明。1884年,雷吉理(Nägeli)的佳作《进化之机械的生理的基础》,也主张这自然一元论。近来维廉·阿斯特瓦德(William Ostwald)的《自然哲学》一书,也从他那"精力说"的一元的见地发表同样的主张,这《自然哲学》第十六章里说得尤其详切,他并没有看见我早年的著作,他是一部分从结晶学引来同样的说明,把有机无机两界里的物理化学作用,作个公平的比较。他所得的结论和我 36年前的一元论一般。因为多数生物学家还是不知道,那些近世活力论派觉得这些事实不利于己,更加漠视,所以我要把有机体无机体的物质、形状、力的要点再略说一番。

(有机物和无机物)据化学上的分析,有机体里所含的元素,没有一个是无机体里所无的。那不能再分的元素现在共是 78 个,这些元素里,只有五个所谓"生物发生的元素"是化合成原形质的,就是炭素、酸素、水素、窒素、硫黄五种,这五种元素一切生物里都含有的。这五种元素大概都同磷、钾、钙、镁、

---

① 本书中炭素对应碳(carbon),水素对应氢(hydrogen),窒素对应氮(nitrogen),硫黄对应硫(sulphur)。——本书编辑注

铁五种元素化合。有机体里也可以发现此外的别种元素，但总都是无机体里所有的，再没有无机体里所无的。所以有机无机的区别，是一定只在这些元素的化合状态上。

（**结晶体和黏质体**）我们叫作"生命"的那物质循环（就是新陈代谢）的必要条件，是个物理学上的渗透作用，这个作用和生物里水的分量及其分散力有密切的关系。那原形质是个海绵状或是黏状的物体，能从外面吸收溶解的物质，又能从内面放出物质来。原形质的这个吸收作用和蛋白质的胶状有关系的。据葛拉哈姆（Graham）说，一切可溶的物质可以随其渗透性分为两类，就是结晶类和胶质类。像盐和糖等结晶类，比那蛋白、胶橡皮、饴糖等胶质类更容易由那穴壁渗透到水里去。所以这两类和在一起的溶液，用滤过法极容易分开的。只要有个橡皮边羊皮纸底的盆子就行了。把这小盆子浮在一大盆清水里，把橡皮砂糖两种溶液的混合物倾在这小盆子里，不要许多时那砂糖差不多全从羊皮纸里渗漏到清水里去，只剩纯粹橡皮溶液在这小盆子里。这渗透作用在一切有机体的生命里最为重要，但是这个作用也和吸收黏质一般，绝不是生活实质所特有的现象。又有一种物质（不论有机无机）具有两性，既像结晶类又像黏质类。平常很像黏质的蛋白质，在许多植物细胞里成为六角形结晶体（例如在种子内胚乳的粉粒里），在许多动物细胞里又成为四角形的"海摩葛罗宾"（hœmoglobin）结晶体（例如在哺乳动物的血液里），这些蛋白结晶体能吸很多的水而又不失他的原形。那矿物性的硅酸，就是那成为160多种结晶形的石英，在某种状态之下［像梅他西理康（metasilicon）］是可以变成黏性，化为冻汁状的胶质的。因为黏酸也是"四价元素"，在别的时候很像炭素，所成的化合物也极相似，所以这件事更加有趣了。褐色粉末状的无结晶硅酸和那黑色金属硅酸结晶体的关系，就同那无结晶的炭素和黑铅的关系是一样的。此外又有许多物质，或为结晶或为黏质，是随状况而异的。所以那胶状的构造，在原形质和其新陈代谢，虽是异常重要，然而却不能算是生物的特色。

（**有机形态和无机形态**）在形态学讲来，有机无机之间是划不出个截然的区别，就是在化学上讲来，也是不行的。那"摩内拉"就是连接这有机无机两界的一个桥梁。这两体的内部构造外面形状通同是如此的。从形态学上看起来，无机结晶体是和那极简单的（无核的）有机细胞相当的。大多数的有机体,因为是由用为生活器官的各部分所构成,所以从这一点看起来,似乎是和无机体显然不同。然而那"摩内拉"就是没有这样的组织的呢。像"克罗马塞亚"细菌,那种简单"摩内拉",都是无组织的、球形的、平圆的或是杆状的原形质个体,单靠他那化学的组织或是看不见的微分子构造,去营他的特别生活机能。

细胞和结晶体的比较,是 1838 年两位"细胞说"的发明家施来敦(Schleiden)和西万(Schwann)倡导的。这个比较经近来的细胞学家大加批评,不尽赞成。然而这几句话还很重要,就是说"结晶体是无机体里最完全的形式,有一定的内部构造和外形,是从有规则的生长而成"。结晶体的外形是三棱形的,各面都是平的,互有角度。但是那硅藻类和射形虫类的硬壳,以及许多原生动物的骨骼,也是这个形状,这种硅质的硬壳,也和无机的结晶体一样,是可以用算法测定的。有机的原形质生成物和无机结晶体之间,又有生物结晶体,这生物结晶体是原形质和矿物质结合而成的,像海绵和珊瑚虫的燧石质白垩质骨骼都是这种。除此之外,更有那生于有规则联合的结晶团,这种结晶团可以比那原生动物的团体,例如冬天窗户上的冰柱冰花都是这种。结晶体有一定的内部构造,和他的那有规则的外形相应,这种构造可以从他的裂纹、层次和两端的轴上看出来。

(**结晶体的生命**)如若我们不把"生命"两字严密意义解为有机体所独有,只把他解作原形质的一个机能,就可以说结晶体也有个广义的"生命"。这个现象在结晶体的生长里最为易见,贝尔说这是个体发达的特质。结晶体要是用媒介物造的时候,是由吸引同种分子而成。甲乙两种不同的物质混在一个饱和溶液里,要把甲种的结晶体放下一片,结拢来的物质全是甲种,并非乙种,要是把乙种结晶体投下一片,甲种物质就还是溶液,单是乙种物质结成晶形。这可以叫作"选择同化作用"。有许多结晶体里,我们可以看得出他里面各部分的相互作用。正在结晶的物体,要是把他的角切去一个,那对面的角也就长不完全。结晶体的生长和"摩内拉"的生长还有个更重要的区别,结晶体是新固体物附着到他表面上去,这叫作附着作用,"摩内拉"的是和一切细胞同样把新物质吸收到里面去,这叫作"营养作用",但看结晶体是固体,原形质是半液体就可以明白了。然而这个差异也不是绝对的,又有一种介在附着营养之间的作用。把一个黏质小球浸在分解不了他的盐溶液里,是会以营养作用生长的。

（**感觉和运动**）从前有个习惯，以为感觉和运动是动物所专有的，但是现在已视为差不多一切生物所共有的了。结晶体里的微分子当结晶的时候向一定的方面运行，照一定的法则结合，照此看来，结晶体里并非没有运动，并且一定也有感觉，要是没有，那引用同种分子的现象怎样解呢？结晶的时候，也和别的化学作用一样，是有一种运动的，这种运动除了感觉别无解法，不过不待言是无意识的运动。就这点看起来，可知一切物体的生长都是照同一法则的（比照第十一章和第十三章）。

（**结晶体的生长**）结晶体的生长，也同“摩内拉”或别的细胞一样，是有一定制限的。要是过了制限依然还会生长，那就作限外的生长，这就是生物的所谓“生殖”。但是无机结晶体里也有和这个一样的生长。每种结晶体在过饱和媒介物里只生长到个一定的大小，这大小是由化学分子的组织而定的。要达到了这个限度，就有许多小结晶附着在大结晶体上。阿斯特瓦德曾把结晶体和“摩内拉”的生长状态详密比较研究，对于细菌（原形质摩内拉）在其营养液里的生长，和结晶体在水里生长的比较，尤其注意。芒硝过饱和溶液里的水要是渐渐蒸发了，不但是一个大结晶体渐渐长出，并且生出几个小结晶体来。要把这个比细菌在营养液里的生长状态，就酷似那芽孢的样子。细菌绝了营养就成这种沉寂的样子，加了新营养品就再分裂繁殖。芒硝结晶体要是溶液蒸发了就渐次衰萎，也和这个是一理，不过结晶水虽然丧失，其增殖力却依然是存在的。就是芒硝末子，只要放到过饱和溶液里，都还能再起结晶。但是这芒硝末要加了热立刻会丧失结晶性，和蛰伏的细菌丧失发芽力一般的。

（**生长的界限**）结晶体生长和“摩内拉”认作无核细胞中之最简单的生长的详密比较是很要紧的，因为这个比较能说明那素来视为“生命的奇迹”的生殖机能是可以归诸纯粹物理的原因的。正在生长的母体分作几个子体，这是要到超过了生长的天然制限，化学的构造和微分子的凝聚都不许再有新物质附加上来的时候才会有的。阿斯特瓦德想用简单的物理学证例来说明这样的生长制限，他想象一个球放在个一边高一边低的盘子里。球在这盘子里不动，把他轻轻推一下，他总要滚回原处。但是要推猛了，这球跳过盘子的边沿就失却平衡力，落到地下，不能滚回原处了。结晶体在过饱和溶液里生出新结晶体的时候，和这个是一理，在营养液里生长的细菌也和这一样，过了生长量之限定就分裂成两个。

（新陈代谢）我们在有生物和无生物的中间，既寻不出形态上的区别来，就是生理上的区别也很微细，所以不能不把新陈代谢认作有机生命的最大特征。这个作用使食物化为原形质。这是在乎生活力自己，也就是造成新生命的物质。其结果就生出生物的营养、生长、过度的生长（就是生殖）等等现象。这新陈代谢我是留到第十章里去细讲，在这里但要教读者牢记这个生活机能也和无机化学上那奇妙的接触作用相类似，尤和这里面叫作发酵作用的那一种相似。

（接触作用）1810 年，著名化学家贝理宰刘斯（Berzelius）发明了一件奇事，某种物体只用接触，无须其化合力，能使别种物体分解化合，他自却不受影响。例如硫酸能使淀粉变成糖，他自己却一点不起变化。白金的细末只要接触了过酸化水素，就把他分成水和酸素。贝理宰刘斯把这种作用名为"加塔理西斯"（catalysis）[①]。密切尔理希（Mitscherlich）发见这种作用的原因是其物体的一种特别表面作用，就把他称作"接触作用"。后来又研究出来，这种的"加塔理西斯"是很普通的。还有一种特别的，就是发酵作用，在有机体的生命里是最关重要。

（发酵作用）这所谓"发酵"的特别接触作用，总是依蛋白类的接触体和那所谓"派卜同"（peptones）的拟似蛋白质而行的。这种蛋白类只有极少极少的一点，就能做酵母，腐蚀素，把甚多的有体物分解了，他自身却不分解。虽然那有机酵母的接触作用也在发生酵素，这种酵母要是游离的，无机的，也就叫作酵素，和那有机酵母（发酵菌）相对。维尔佛尔浓、何夫迈斯特尔（Hofmeister）、阿斯特瓦德等近来研究出来，这种的接触作用，在原形质的生活里在在都关重要。许多近世化学家、生理学家，都以为原形质是个"起接触作用的黏质"，一切生命的活动都和这根本的生命化学作用相关。

（比阿该尼发生作用）阿斯特瓦德以为这接触作用和活力作用相连，有绝大的意味，想归之于化学作用的持续，本他那"能力说"来加说明。马克斯·维尔佛尔浓在他那"比阿该尼（bingen）说"里，从"生物发生原形质"这一个化

[①] catalysis 即催化作用。——本书编辑注

合物，引申出一切生活现象，并且说那由分裂而繁殖的生物微分子是生物学上接触作用的唯一要素。

（活力）生命之变化万端的现象，和这等现象在死后突然消灭，个个有思想的人，都视为异常奇怪，看得和无机界的变化迥然不同，至于生物哲学一起初就假定一个特殊的力，来解释这等现象。这都是由于有机体的构造很有规则，并且生活现象又显然像有个什么目的似的。所以往日学者假定有个特别的有机力，制御个体的生命，催动无机物的盲动力，来供这个用场，并且想象有个特殊的冲动，制御那不可思议的发育作用。到18世纪中叶，生理学成了独立的科学，尚且拿特种生活力的话来说明有机生命的特征。这种意见大家都肯信，到19世纪初年，路易·仲马（Louis Dumas）还极力地去倡导这种学说呢。

（活力说）要研究生命的神奇，这活力说是很是重要，并且19世纪里这种学说又经了极奇怪的修正，近来又死灰复燃，势力更大，所以我们不能不把各样的活力说略说一番。我们若是把这"活力"两字解作"有机体所特有的能力之各种形式之总称"，专指那新陈代谢和遗传，那就可以用一元的见解来说明他的。我们对于这种力的性质也不生什么意见，绝不说他和无机性的力有什么种类上的区别。这种一元的见解可以叫作"物理的活力说"。然而那通常的"形而上学的活力说"，抱一个纯全二元的见解，说这活力是个有目的的，超机械的力，有一种超越的性质，和平常的自然力迥然不同。近20年来这种"超自然的活力说"通称做"新活力说"，这种旧式的就可叫作"旧活力说"。

（旧活力说）这种把生活力认作个特种精力的旧说，在18世纪和19世纪的前30年是可以盛行的，因为那时候的生理学还没有得着那极重要的补助好去建立机械说。那时候还没有细胞学、生理化学这种学问，就连发生学、古生物学，也都还极其幼稚。拉马克的"成来说"（1809年发明的）和他那"生命不过是个精微的物理现象"的根本原理，都空埋没了。这些生理学家怎样直到1833年都还信这活力派的臆说，说生命的神奇是个不能用物理学解释的、哑谜似的现象，这缘故也就可想而知了。但是到了19世纪的中叶，这旧活力说的地位就全然改变了。1833年，约翰尼斯·缪来尔的杰作《人身生理学纲要》一书出版，这位大生物学家在这部书里不仅把人类和动物的生活现象加了个比较研究，并且要想靠他自己的观察实验把其各部分都树立个健全的基础。缪来尔一直到老(1858年)实在都还脱不了当时的谬见,以为有个什么活力,制御一切生活机能。然而他却并不像哈来尔(Haller)、康德和他们的信徒那样,把这活力认作个形而上学的原理,他说这活力也是个自然力,也和别的力一般,是要服从一定的化学物理法则并且是随从全体的。缪来尔把感觉器官、神经系、新陈代谢、心脏机能、言语、生殖等各个生活机能加以渊博的研究,专心积神想用精密的观察和仔细的实验去整齐这些现象,并且想用高等形式和下等形式的比较,去说明其发达的状态。所以近来人把缪来尔列到活力说派里去有些冤枉了他,他实在是供给当时"形而上学的活力说"以物理学基础的第一人。他真像慈波亚·李蒙(E. Dubois-Reymond)在他的纪念演说里所讲的那样,是对活力说提出间接反证的人。1843年,施来敦也从植物学上对活力说提出反证。他用他那1838年的细胞说,证明"多细胞有机体"的统一是这有机体所有细胞机能的合力。

(非活力说)生活现象之物理学的说明和排斥旧活力说,大概都是19世纪后30年里的事。这都全是由于实验生理学的大进步,关于动物生理方面是加尔·路德郁希(Carl Ludwig)和克劳德·贝尔那尔(Claude Bernard)的功劳。关于植物生理方面是耶刘斯·萨克斯(Julius Sachs)和维廉·卜理佛尔(Wilhelm Pfeffer)的功劳。这几位学者以及其余的生理学家,用近世物理化学的伟大功果,去实验研究生活的机能,要把那些复杂的现象归诸"质量""重量",把他们的发明极力加以数学的组织,所以他们竟能把生命的许多不可思议都归到无机界物理化学的定律之下了。活力说一面又碰见了达尔文这个大敌,他用那"淘汰说"把生物学上一个最大的难题悬案解决了。这难道就是:生物之有规则的构造怎样能加机械样说明呢?动植物体这样微妙的机体,要不假定有个全智全能的造物主,怎样会毫无意识的自然而生呢?

近四十年达尔文"淘汰说"的改进,和"成来说"由个体发生学、种类发生学、比较解剖学、生理学等的大进步而得的补益,对于树立生命的一元见解功劳极大,渐渐成了个确然不移的"非活力说"。然而那二十年来人人都认为已经死了的活力说,又重新改头换面爬了起来,这真算奇怪极了。这近世活力说里有两个极不相同的倾向。

(新活力说)近代的新活力说分为两派,一派是怀疑的,一派是独断的。怀疑的新活力说是1887年班吉(Bunge)头一个在他那《生理学化学纲要》的序论里倡导的。他承认生活现象有一半是可以归之机械的原因，用无生命自然的物理化学力说明的，其余的一半，精神活动，他却不承认。后来到 1888 年，林德佛来希（Rindfleisch）也这样说。近来理夏尔德·脑伊迈斯特尔（Richard Neumeister）在 1903 年著的那《生活现象之研究》里，奥斯卡·海尔特维希 1900 年在亚亨（Aachen）地方演讲那"19 世纪里生物学的进步"也都这样说。这怀疑派新活力说的势力还不如那独断派的大，独断派的首领是植物学家莱因克和形而上学家汉斯·德莱希（Hans Driesch）两人。德莱希的著作，全不解历史的发达，靠着他那骄横的态度，和他那又神秘又矛盾的理论也还行销。莱因克的《现实世界》（1899 年）和《理论的生物学概论》两部书，把他那超验的二元论说得美妙动人，因为这一点也还出名。

第三章 灵 异[①]

· Chapter Ⅲ Miracles ·

迷信和非理性是人类的大敌,科学和理性是人类的至友,所以要为人群谋幸福,见着灵异的迷信就要攻击,这是我们的事业,也是我们的义务。我们能证明凡是人所能达到的现象界的全境,都属于自然法的版图。

近世的学术,洞见自然界现象的整齐规律、因果关系,又知道实质法则包罗宇宙间一切现象,所以绝不能信那有人格的神和灵魂不灭、意志自由。

---

① 德文之 wunder,当英文之 miracle 及 wonder。此书名正译当作"生命的奇迹"。唯此章中之 wunder 皆当作"灵异"解也。——译者注

（**灵异和自然法**）"灵异"两个字的意义，在平常说起来，就是"许多奇怪的事"。我们对于一个现象要是解释不来，不晓得他的原因，就说是灵异，说他是奇迹。然而自然物或是艺术品，要是异常美妙动人得未曾有，我们也说他是奇迹。我这书里所说的却不是这相对的意义。我是说那世人认为超乎自然法范围之外，不能加合理说明的现象。照这样的意义，"灵异"两字就和"超自然的""超越的"是一样。自然现象，我们可以仗着理性去解释他，去认识，至于那些灵异，是只有靠信仰去承认他罢。

19 世纪科学进步的伟勋，以及其构成"合理的生命哲学"的理论价值，和近世文明各方面上的实际价值，都全在绝对承认一定的自然法。我们由那所谓"因果律"的事物互相关系，可以了解说明一切的事实。我们觉得要等科学把这些原因的充足理由寻了出来，然后我们的知识欲才能满足的。在无机的宇宙学全分野里，现在已经承认自然法有绝对的威权，诸如天文、地质、物理、化学等科学里，一切现象都已经归诸一定的法则，属于物质不灭、能量不灭两个大包举一切的实质法则了（参看《宇宙之谜》第十二章）。

但是在生物学等有机的宇宙学里就不是这样了。这种科学里还是说有那抵触实质法则的灵异，和那违背自然法的"超自然力"。这灵异的迷信依然是流播很广，其盛行竟出人意想之外。据我看起来，迷信和非理性是人类的大敌，科学和理性是人类的至友，所以要为人群谋幸福，见着灵异的迷信就要攻击，这是我们的事业，也是我们的义务。我们能证明凡是人所能达到的现象界的全境，都属于自然法的版图。只要把信仰的历史和科学的历史大概一看，就晓得科学进步，总是随着个自然法智识的增进，和迷信范围的日益缩小。今日我们将各级文化的精神加了个公平的观察，确信这个道理。我因此把佛理慈·修尔财（Fritz Schultze）的《野蛮人之心理》和亚力山大·兹特尔兰德（Alexander Sutherland）的《道德之起源及其发达》两部书里所说的精神发达的四大阶级举出来。一是野蛮人，二是未开化人，三是文明人，四是智识的人。

◀德国耶拿市的海克尔广场

（**野蛮民族的灵异信仰拜物教**）野蛮人的精神生活是和猿猴等高等哺乳动物的系统相近，比他高不了许多的。他们的兴趣只限于营养、生殖等生理的机能，或是饥食渴饮等兽欲。他们也没有一定的住处，时时要竞存争生，全靠果实草根，或渔猎来的动物为生。他们的理智范围极其狭隘，他们的理性和灵巧的动物实在是不相上下。艺术科学那是说不到的。他们想研求事物原因的心，只要见着现象表面的联络就满足了，是不是互有密切的关联却不问的。他们那拜物教就这样兴起的。这种非理的庶物信仰，佛理慈·修尔财把他归诸四种原因，第一是他们对于物体价值的误算，第二是他们对于自然的拟人思想[①]，第三是他们观念之不完全的联络，第四是他们的希望、恐怖等心情太强固。他们连喜欢的一块石头一块骨头都以为可以发生灵异，致人祸福，所以就去尊敬他，畏惧他，崇拜他。起初还是崇拜那物件里的无形精灵，后来竟往往弄到崇拜那死物了。各种野蛮人里，这庶物崇拜也随其理性的程度分为几等。最下等的就行那最低级的庶物崇拜，像锡兰岛（Ceylon）的吠多人（Veddahs）、安达曼岛（Andaman）的土人、布西门人（Bushmen）和新机尼亚（New Guinea）的亚加人（Akka）。中等种族的就稍微高些，像澳洲（Australia）的土人、他斯马尼亚（Tasmania）人、荷腾多（Hottentot）人、非吉安岛（Tierra del Fuegian）土人等种族。至于像南、北美洲的印第安人和印度的土著，那智灵的发达还要较高些。近世比较人种学、进化论和有史前的人类学的研究，证明了我们自己的远祖一万多年以前也和各种民族有史前的远祖一样，也是野蛮人，他们那太古的灵异信仰也是个极陋劣的庶物崇拜。

（**未开化民族的灵异信仰偶像崇拜**）所谓未开化的人，是介在文明野蛮之间的人种。他们是文化初开，比野蛮人高的处所，就是有耕稼牧畜。他们会利用有机自然界的生产力，用人工产出很多的食品，食品多了所以就有工夫用心到别的方面去。他们也有那粗浅的艺术学问。他们的宗教起初也比拜物教高不了许多，但是随即也就达到崇拜灵精的阶级，把无生命的自然物附上个灵魂。他们已经不再崇拜石头骨头等死物，大概都是崇拜草木鸟兽等生物，尤其崇拜人形或是兽形的神像，相信这神像是有灵魂的。以为这是些魔鬼精灵，可以左右人的命运。起初以为这灵魂是个纯物质的，身体一死灵魂

---

①　就是把自然看得和一个人一样。——译者注

就走开到别处去了。因为看见人死了那呼吸就止了，脉和心脏的搏动就停了，他们以为灵魂的位，是在肺里心里，或是身体的其他部分里。这灵魂不灭的信念，分作无数的样式，好像那神祇、魔鬼、精灵等灵异信仰一般。我们要是把各等人种一比较，就晓得信仰的各种样式也是经了极长的进化而来的。

（文明民族的灵异信仰二元论）文明人种胜似半开化人的处所，就是组织国家，盛行分业。其社会的组织不但是更广大更有力并且能成更多样的事业，各种国家社会里劳工的职务分别更大，又互相辅助，好似高等动物的细胞组织一般。营养物也更容易得着，更晓得考研。艺术科学也很发达.宗教也大有进步。相信许多神只是人样的精灵，这些小神都属一个大神管的。灵异的信仰大抵都在诗歌里，至于哲学里，就很有限。灵异的事只有一个神或是神的僧侣和通神的人能行。

据我看起来，别于旧文明的近世新文明是到 16 世纪初年才开端的。这时候文明种族里成就了几件人类思想上的奇功伟业，扭脱了传说的桎梏，促起了后来的进步。柯卜尼加斯的"太阳中心说"开拓了人心的眼界，宗教改革解脱了教皇权的羁勒，在这些事的稍前几年，新世界的发见和世界周航证明了大地是个圆的，地理学、博物学、医学和其余的科学受了感动，各自独立，又有印刷术镂版术做了传播新知识的利器。这个新刺激，哲学大得其力，虽然尚未能尽脱羁绊，已经渐渐的在那里排斥教会和迷信了。直到 19 世纪，实验的科学突然进步。其后的思想界里物理学的世界观，渐渐压倒了形而上学的世界观。根据科学的纯粹知识和宗教信仰争斗得更加猛烈。我们要照上文那样，把近世文明的发达分作三大阶级，就看得见那用科学知识渐渐摆脱迷信的状况了。

（灵异之宗教的信仰、使徒的信条）我们把文明民族的那些宗教形式只要一加比较，就看得出其中都是些同样的心情愿望，同样的思想在那里隐现出没，连那些灵异信仰的发达，也都是一个样子。地中海沿岸三大一神教的开祖都是一样的能行灵迹的先知，都能和神直接交际，把神的命令用法律的形式传达给人民。他们享有的那无上威权，使得他们所建立的宗教更加光耀，像那治愈疾病、起死回生、驱除恶鬼等事，在寻常百姓看起来都是由于他们的那通神能力。我们要把《福音书》里所载基督的奇迹一考察，件件都是反乎自然法，不能加以合理的说明的。就是那圣餐里面包葡萄酒奇迹的信仰，也是这样。大约 2 世纪里基督教会长老所起草,四五世纪里南高尔(Gaul)的教会所制定的信条,把基督教徒束缚了 1500 年,并且教会国家两方面都认为是非此不可。这个使徒的信条,连路德(M. Luther)的"教理问答"里都认为是基本信条,除了希腊公教之外,一切新教旧教都拿他当宗教教育的基本。

(灵异之哲学的信仰、旧思想家和自由思想家)几千年来,基督教信仰和国家狼狈为奸,所施于文明民族的绝大影响,只看那蚩蚩群氓的迷信,就可见了。信仰的自由简直和新式的衣服、时兴的风俗一般,变成了极寻常的事。连许多哲学家也都随俗雅化不能自拔。不过有几位大思想家,也实在早已仗着纯粹理性摆脱了这威权赫赫的迷信,丢开传说和僧侣别创一种学说。但是大多数的哲学家,哪里及得上这班勇猛的自由思想家,他们还是那冬烘学究的样子,阿附权势,依傍着学校的传说和教会的义理。哲学在那时候竟成了神学和教会的婢妾了。我们要是用这种眼光去看哲学史,见这里面是两大倾向 2500 年的一场大战,一边是那多数的二元论(神学的、神秘的话),一边是那少数的一元论(合理的、自然的主张)。

基督纪元前 6 世纪倡导一元人生观的几位古代大自由思想家,像依阿尼亚的自然哲学家塔理斯(Thales)、亚拿克西曼德尔(Anaximander)、亚拿克西门雷斯(Anaximenes),和稍后些年的埃姆培德克理兹(Empedocles)、德摩克理塔斯(Democritus)这几位尤当重视。他们是最先抛却一切神话的传说、神学的独断说,要想建立个合理的世界观。这些太古的一元论,到了纪元前 1 世纪,大诗人哲学家刘克理提斯·加尔斯(Lucretius Carus)所著的《万象自然论》说的已经很超妙了,不幸被那从卜拉图的奇怪的二元论生出来的什么灵魂不死、观念的超越世界等信仰排挤掉了。

(卜拉图的二元论)埃理亚(Elea)学派的巴迈尼德斯(Parmenides)、才浓(Zeno)等学者在纪元前 5 世纪预言说哲学可以分作两个支派,到纪元前 4 世纪卜拉图和他的弟子亚理斯多德承受他们的这个二元论,分什么形而下学、形而上学。说形而下学(物理学)专以经验去研究事物的现象,那现象背后的本体,是留待形而上学去研究的。这内面的本体是超乎实验研究之外,成个永久观念的形而上世界,和这现实世界悬绝,他那最高的统一是"神",是"绝对"。那灵魂是个暂居在变灭的肉体里的永久观念,是个不灭的。卜拉图这种二元论的特色,就是说此世界和彼世界,肉体和灵魂,神和世界是对峙的。

卜拉图的弟子亚理斯多德把这些话又编到他那根据广博科学经验的实验形而上学里去，又指出万物的目的观念（就是有意识的活动），加之 300 年后基督教兴起来的时候，又把这种二元论欢迎了去做那超验倾向的一个哲学上的护符，势力越发大起来了。

（**中世纪的灵异信仰**）从 476 年罗马帝国覆亡，到 1492 年哥伦布发现美洲，这 1000 多年间，史家称为中古时代的时候，文明民族的迷信算是到极处了。亚理斯多德的势力在哲学里要算至大至尊，那当权的教会利用他的说话去文饰自己的教义。然而基督教的信仰连叫作圣书的神仙传说加到教理上去的那些热热闹闹的话，在实际生活上势力还更大。信仰的前面有三条形而上学的中心教理都是卜拉图所首先倡导的，就是：（一）造物主是个有人格的上帝，（二）灵魂不灭，（三）意志自由。基督教在理论上极其注重前两条，在实际上极其注重末一条，所以形而上学的二元论立刻盛行到各方面。基督教最妨害科学研究的处所，就是他轻视自然，想着未来的永生，蔑弃现世的生活。"哲学的批评"的光一天灭了，"宗教的诗歌"的花园里一天柳暗花明，灵异的观念也一天视为固然。这种迷信的实际结果，就是那中古时代的宗教裁判所、宗教战争、酷刑、溺巫种种惨史了。虽是时下都热心十字军和教会的艺术等中古传奇的文艺，然而那时代的黑暗惨痛我们却真不敢恭维。

（**康德的灵异信仰**）只要把 19 世纪科学的大进步加以公平的研究，就晓得卜拉图所建立的那三大形而上学的中心教理，确乎是和纯粹理性不相容的。近世的学术，洞见自然界现象的整齐规律、因果关系，又知道实质法则包罗宇宙间一切现象，所以绝不能信那有人格的神和灵魂不灭、意志自由。这三大迷信依然是深入人心，就连那些哲学先生们都还主张这是批评哲学的一个不可动摇的断案。这大概都是由于中了康德的毒。康德的那批评哲学，其实虽是个纯粹理性和实际迷信羼杂出来的杂种，他那势力却比一切的哲学都大，所以我们不能不把他略加评论。

（**康德的批评**）因为是康德首先提出这个问题，"问知识是怎么得来的"，人都说这算是他的首功。他想把自己的精神活动细细分析，想用这内省法来解决这个问题，所以到后来就主张说一切知识中最重要最健全的那数学知识，是由综合的先天的判断而成，纯粹科学是要脱却一切经验，绝无后天的判断，只留真正先天的观念才行。康德把这最高的精神能力视为一本来的，至于这精神能力的渐次发达,生理的机体,解剖的器官(就是头脑),他都绝未研究。当 19 世纪的初年,关于头脑构造的解剖学知识那样浅薄,所以于其生理的机能,也不能有正确的理解了。

康德的那最出名的"批评的智识论",和他所说的那藏在现象背后不可知的"物如"都是一样的独断说。我们由感觉得来的智识本是很不健全,所以他这独断说的根据倒也不差,这种智识本是为感觉的特种能力和思想细胞的组织所限的。但是绝不能因此就说这种智识全是幻影,身外的世界全是我们的观念。健全无病的人用他的触觉和空间觉,个个都相信他摸着的那块石头是占有一块空间,都相信这空间,是实在有的。长双眼睛的人,个个都共睹太阳天天起天天落,这可见太阳和地球的相对运行,所以时间也是实在有的了。空间和时间不但是人是智识的直觉作用的必要方式,并且是独立自存,不假知识的。

(**19 世纪里的灵异信仰**)随着 19 世纪科学的发达,世人日益确认一定的自然法,那盲目的灵异信仰自然一天天的缩减了,然而这种迷信何以还不能铲除呢?这其中有三个大缘故,一是那二元的形而上学的余威,二是那基督教会的权势.三是近世国家和教会混在一起的压力。迷信的这三个坚强保障,同纯粹理性和其所求的真理是深仇大敌绝不相容,教我们倒不能不深加注意。这是关系人群福祉的大问题。和迷信无知的奋斗,就是个为文明的战争。要到真智识的光明扫清了灵异信仰和二元谬论之日,才是我们近世文明大获全胜昂首伸眉之时,也才是我们的社会生活和政治生活脱尽野蛮样子之时呢。

(**现代形而上学的灵异信仰**)把那光芒万丈的 19 世纪哲学史(现在虽是还没有人以这样公平眼光闳博学识把他编好)打开一读,就晓得方兴的少年科学和传说、独断说是在那里奋命死战。在这世纪的上半期里生物学各科的进步和自然哲学不生直接冲突。比较解剖学、生理学、胎生学、古生物学、细胞学、分类学等科的大进步,供给科学家这许多的材料,至于他们竟不注重那思索的形而上学了。到 19 世纪的后半期,那就不是这样了,不久就起了那"神灭""神不灭"的争论,摩理少特(Moleschott)、布什纳(Büchner)、加尔·瓦格特(Carl Vogt)等说灵魂不过头脑的个机能,卢德夫·瓦格奈尔(Rudolph Wagner)却极力维持那盛行的形而上学的见解,说灵魂是超自然的。到了达尔文 1859 年把生物学大加改革,阐明了种种的自然起源,把那创世纪的灵迹说得半文不值。"成来说"和"生物发生法则"应用于人类,证明了人类是从别种哺乳动物进化出来,那灵魂不灭、意志自由、拟人的神这种种信仰就失了最后的根据。然而那随着康德脚跟的旧哲学对于这三个根本的教义,依旧还很欢迎的。许多大学校里的代表哲学者,都是狭隘的形而上学家和唯心派,这班人是不重感觉世界之真理而去做那"不可知世界"的梦,他们不晓得近世生物学的大进步,进化论学更是不懂,全靠用一种淫辞诡辩去弥缝他们那超越的理想主义之罅隙。这些形而上学的争论之外,又还有个希望灵魂不灭的个人欲望藏在里面。因为这点,所以和那重新用康德学说建造的现行神学同心戮力起来了。近世心理学就是为了这种情形,弄到那样可怜的状况的。虽然实验的脑生理学、脑病理学有了许多大发明,比较脑解剖学、脑组织学阐明了头脑的精微构造,脑个体发生学、脑种类发生学证明了头脑的自然起源,那思索派哲学却毫不理会,专想用内省法去分析头脑的机能,关于头脑本身的话一句不听的。试问要想说明一部极精细复杂机器的动作,怎可能绝不去留心他的构造呢?所以康德的二元论在现代的大学校里那样昌盛,不亚在中世纪,这也就不足怪了。

(**神学上的灵异信仰**)专以研求真理和自然法为事的哲学专家,要是还忽视实验科学的进步,固执那灵异的信仰,那神学专家就更不足怪了。但是真理的感觉提醒了许多明通公允的神学家,对于那尊严的教条,取了个批评的态度,对于近世科学的光明深致钦迟。19 世纪的头 30 年里,基督新教的合理派,要想脱却独断说的羁绊,使他那宗教的观念和纯粹理性一致。这一派的首领,柏林的希莱埃尔马赫尔(Schleiermacher)虽然是个崇信卜拉图二元哲学的人,他的话却和近世的泛神论极其相近。后起的合理派神学家,像求宾根派的巴尔(Baur)和采尔理尔(Zeller)等,致全力于《福音书》之历史的研究,考其起源发达,渐渐把基督教迷信的根盘破坏了。后来戴维·佛理德莱希·斯特劳斯(David Friedrich Strauss)1835 年又著了部《耶稣传》,把基督教全体神话性质,加了些激烈的批评。这位聪明正直的神学家,1872 年,又著了部《旧信仰和新信仰》,抛弃了灵异的信仰,转向自然的知识,一元的哲学,要据批评的经验来建立个合理的人生观。后来亚尔伯尔特·加尔特何夫(Albert Kalthoff)又继续这种事业,并且萨维吉(Savage)、尼颇尔德(Nippold)、卜夫莱德理尔（Pfleiderer）等自由派神学家，用种种的方法，想参酌进步的科学之要求，教神学同科学调和，把灵异的信仰一丢干净。但是这根据一元论、泛神论的合理说，还是孤立无援，好像没有得什么效果。多数近世神学家依旧还固执那教会的因袭教理，在灵异信仰里过日子。少数自由新教徒的信仰是只限于那三大根本教义，然而大多数的还是相信《福音书》里满纸的那些神话圣迹。这种所谓"正教"，因为近来各国政府为政治上关系，采取那保守的反动的政策，很去保护他，所以又更得势了。

（**现代政治上的灵异信仰**）近世各国的政府想着这因袭的灵异信仰，最利于保持他自己的权势，所以都要同教会连成一气。帝位和神坛是一定要互相保护互相扶持的。但是这守旧的基督教政策，遇见了两个愈弄愈大的难关。一面教会时刻要想把教权加于俗界之上，把国家供他利用，一面近世的民权派又利用这个机会主张理性的要求，反对那反动的保守。各国的元首和教务大臣们，在这竞争里很有势力的，他们大概都是帮着教会，他们并非是出于信教的真诚，不过觉着知识会引起不安，愚蠢的纯良百姓比那受了教育的独立公民要容易管些罢了。所以那朝堂、宴享、教堂弥撒礼、碑碣除幕礼的演说辞里到处时时都听见那些很能干很有势的演说家在那里称扬信仰的好处。他们总想帮着信仰和知识竞争。所以弄到像普鲁士这样教育发达的国，都有那一面奖励近世科学工艺，一面又奖励他的那死对头（正统教会）的怪现象。那些华妙的演说里，都并没有说这贵重的信仰究竟应该信几多灵迹，信哪一种的灵迹。然而因为扩张德国里智识的反动，一切僧侣、教员、官吏，至少大概总应该要相信这三大神秘，就是上帝的三位一体，灵魂不灭，意志绝对自由，只怕连《福音书》里，圣迹里，现代宗教杂志里，所说的那许多灵异，都是应该要相信的呢。

（**心灵学里的灵异信仰**）在康德的实际哲学里合成的，那种修饰过一番的灵异信仰，经他的徒弟新康德派改成许多种的样式，对于因袭的信仰乍前乍却的有些接近。经过了许多变迁，依旧还很发达，渐渐变成了一种极陋劣的迷信，就是今日所谓"心灵学"的，供那种所谓"鬼学"的去做根据。康德虽然赋有极明晰密致的批判力，却是很倾向神秘主义独断思想，到他的晚年那就更甚了。他信服斯威敦堡（Swedenborg）的见解，相信别有个心灵世界和这可知世界对立。19 世纪上半期的自然哲学家，像谢林格（Schelling）的晚年著作、秀伯尔特（Schubert）的《灵魂的历史》和《科学隐面之观察》两部书，裴尔台（Perty）的那神秘的人类学，都专是研究精神活动的神秘现象，想要一面把他和头脑的生理机能联合，一面和那超自然的精神作用关联。那近世的鬼魂研究，比中古时代的魔术、密教、占星术、巫术、占梦术、捉鬼术等的价值并不高些。

近世书籍里那些心灵学、鬼学，都应该列为迷信。文明国里时常总还有成千整万轻信浅识的人，受了心灵学家和灵媒的诱惑，想要信这荒诞无稽的话。什么"鬼敲桌子"咧，"仙人推磨"咧，"鬼写字"咧，"鬼出现""鬼照像"咧，不但是未受教育的人肯信，就连许多很有教育的人，甚至于往往很有理想力的科学家都肯信了。许多平允的观察家实验家已经确实证明，这些鬼学家的把戏，一半是故意的诈欺，一半是人不留神的幻觉。应了那句"世人好欺"（Mundus vult decipi）的古话了。这种心灵的诈欺要戴着科学的假面具，利用催眠术的生理现象，甚至于冒充一元论，那就尤其危险了。例如那有名的鬼学著作家加尔·多卜理尔（Karl du Prel）不但著了部《神秘哲学与科学之研究》，并且 1888 年又著了部《一元心理学》，这部书从头至尾都是二元论。这等的书籍里丰富的想象、华美的文章和批判力的欠缺、生物学知识的浅陋，混合在一起（比照《宇宙之谜》第十六章）。喜欢神秘、喜欢迷信的遗传性，好像在很有教育的人心里都不容易铲除似的。这个现象，可以用系统发生学来说明他是从有史前的野蛮人遗传而来，那野蛮人最古的宗教观念本全是"万有皆灵论"和拜物教。

第四章　生命的科学

· Chapter IV　The Science of Life ·

　　我们要着手把"生命的奇迹"加以哲学的研究，似乎先要把我们这事业定个明了的观念。我们一定要把生物学的地位，与别种科学的关系，与各系哲学的关系，仔细说清。

Ernst Haeckel.
Jena. 1876.

在 19 世纪里,科学的范围大加扩张了。许多新科目都已经卓然自立,许多新奇有效的研究法陆续发明,应用到各方面,催促近世思想界的进步,功效极大。然而这知识界非常扩张也有不便的处所。科学越发达,分业自然越繁,许多小部分成了很狭隘的专门,所以各科知识的天然联络和其对于全体的关系就很难知道了。各种科学之一偏的专家,新造许多名词,各人各解,所以生出许多误解许多混淆。科学界渐渐要变成一座"迷楼",里面千门万户,人进去总要迷了路径,并且这科学者和那科学者言语不通,因为这种情形,我们要着手把"生命的奇迹"加以哲学的研究,似乎先要把我们这事业定个明了的观念。我们一定要把生物学的地位,与别种科学的关系,与各系哲学的关系,仔细说清。

(**生物学之目的**)从最广的意义说起来,生物学是有机体、生物的全般研究。所以不仅植物学、动物学,就连人类学也都属于他的范围。那研究无机体、无生物的科学,就可以统称做无生物学,或是无机学,像那天文学、地质学、矿物学、水学,都属于这一方面的。科学照这样分为两大分科,看着似乎不难,因为生命这个观念已经由生理学上用新陈代谢,由化学上用原形质,把他下了个界定,但是临到我们研究"自然发生"的问题(第十三章),就晓得这个区分并非是绝对的,有机的生命是从无机进化出来的。并且生物学和无生物学是宇宙学(就是世界学)的两个相连的分科。

现今大多数的科学书都把"生物学"三个字用作这样的广义,包举所有的生物,然而也常有把这名词用作狭义的,这样在德国是尤其多。许多著述家(大概都是生理学家)把他解作生理学的一部,就是生物和外界关系的科学,研究他的产地、习性、敌、寄生物等等。我早想把生物学的这个特殊部分名为"埃坷罗缉"(œcology),就是自己关系的科学,或名为"拜阿挪密"(bionomy)。20 年后又有人把他名为生性学(ethology)。我很不愿意这种特别研究再叫作狭义的生物学,因为只有生物学这一个名称好去包举有机科学的全体。

(**一般生物学和特殊生物学**)生物学也和别种科学一样,分做一般、特殊

1876 年的海克尔

两部分。普通生物学是关于一切生物的普通知识。这就是现在这"生命的奇迹"的研究题目。这又可以称为生物哲学,因为真正哲学的目的,一定就是把科学研究的一般结果加以概括的检审,合理的说明。由观察实验得来的事实之无数的发现,把他联合成个哲学上的人生观,这就是实验科学的题目了。因为这实验科学在有机界的方面,或是当作实验生物学的时候,做了生命科学的第一个目的,并且想在自然的系统里,把生命的无数特殊形式,作个名学的排列、简要的类别,所以这种特殊生物学往往被人错叫作"分类的科学"。

(生物学的自然哲学)19 世纪初年,那所谓"旧自然哲学"的,首先想把 18 世纪里系统的研究所搜罗来的许多生物学的数据,安排整理起来。布理门 (Bremen)的莱因何尔德·特理维拉尼斯(Reinhold Treviranus)1802 年著了部《生物学》,一名《生物哲学》,极力要从一元论的见地完成这件艰难的事业。尤为重要的就是 1809 年,这一年里,巴黎的拉马克发刊他的那《动物哲学》(*Philosophie Zoologique*),耶那(Jena)的罗林次·俄铿(Lorenz Oken)刊行他那《自然哲学纲要》。我早年的著作里很称颂"成来说"首倡者拉马克的功绩。我又承认罗林次·俄铿的大功,他不仅用他那"一般自然史"引起了世人对于这科学的兴味,并且提出了几件极重要的一般观察。他的那"原始黏质说",说滴虫类是由此而生,当时虽然受人冷淡,却做了久后世所公认的原形质说、细胞说的基础。旧自然哲学的这许多功绩,一半埋没,一半被人轻轻看过,因为这些学说高过了当时科学界的地平线,这些学者又未免有些耽于空中楼阁的玄想。其后的半世纪里,科学家越是专心实验的研究和各个事实的观察记载,他们就越是看不起一切的自然哲学。最不可解的就是当时纯思索的哲学和偏于理想的形而上学同时也极其流行,他们那毫无生物学上根据的架空臆说,世人却极其称赏。

(一元论)我们只要读一遍哲学史,就晓得过去 3000 年间人类对于世界的性质和其现象所下的见解是怎样的万别千差了。尤伯尔维希(Uberweg)的那部绝好的《哲学史》,把这各样的说头,叙的很公平很清楚。佛理慈·修尔财在他那哲学系统图表里,把这些观念的概要,列为 30 个表,又明其发生的顺序。这许多哲学系统,要是从普通生物学的见地审察起来,可以分做两大类。第一类是少数的一元哲学,把所有的现象都归之一个公共的本原。第二类是多数的二元哲学,这种二元系的哲学,以为宇宙间有两个全然不同的本原。有时谓之神和世界,有时谓之精神界和物质界,有时谓之心和物,诸如此类,不一而足。据我看起来,一元二元之争,在全部哲学史里是最关重要。其余一切的哲学系统,都不过是一元或是二元的变化,再不然就是两种混在一起。

(**万物有生论**)我 38 年来在著作中所竭力倡导,认为真理之最完全的表现的这种一元论的方式,现在通称做"万物有生论",这就是说一切实质有两个根本的属性,一面为物质而占空间,一面为精力而具感觉。这个见解,斯宾挪莎(Spinoza)的"一致哲学"里说的最完全,他说实质是个包括一切的世界本质,有个普通的属性,就是"延长"和"思想"。延长就是空间,思想等于感觉(无意识的)。但是这感觉可万不能和有意识的人间感觉相混,理智是不在实质里的,这是人类和高等动物的特性。斯宾挪莎以为自然和神就是他那所谓实质,所以他的哲学叫作泛神论,但是有一件,他却排斥那和人一样的有人格的神。

(**唯物论**)自来哲学家的许多纷争,都是由于他们根本观念的暧昧难明,像那实质、神、灵魂、精神、感觉、物质等名词,各人照各人的意义用去,并无一定。唯物论这个名词,尤其是这样,人往往误认他和一元论是一个意义。唯心论对于"实行的唯物论"(就是纯粹利己主义、肉欲主义)的道德上憎恶,随即转嫁到那毫不相干的"理论的唯物论"上来了,该骂"实行的唯物论"的话,大概总要屈加到"理论的唯物论"上去的。所以把唯物论的这两个意义仔细分开,是最要紧的。

(**理论的唯物论**)理论的唯物论(就是万物有生论)要算现实的一元哲学,他主张物质和力是紧连着的,不承认有非物质的力,那是对的。但是他不承认物质有感觉,以为能动的精力是死物质的个机能,那就错了。古时候德摩克理塔斯和刘克理提斯把一切现象都归诸死原子的运动,何尔巴哈(Holbach)和拉梅特理(Lamettrie)在 18 世纪也都还是这样说。今日大多数的化学家和物理学家也都还抱这样的意见。他们以为重力和化学上的和亲力只是原子的个机械的运动,这也就是一切现象的本源,但是这种运动一定先要假定有个无意识的感觉,他们却不以为然。我和许多有名的物理学家、化学家谈论,往往见他们绝不肯听原子里有灵魂的话。然而据我看起来,虽是极简单物理化学现象,要不假定有这灵魂,都不能说明的。我当然并非想着什么好像人类和高等哺乳类的有意识的精微的精神作用那样的灵魂，这不过是个顶不发达的精神作用，像那极简单原生动物"摩内拉"的罢了（比照第九章）。这些原形质同种分子（例如克罗马塞亚）的精神作用，比那结晶体的高不了许多，在结晶作用里，也和在"摩内拉"的化学结合里一样，必须要假定一个低度的感觉（不是意识）才好去说明那运动微分子在一定组织里的有秩序的配列。

（**实行的唯物论、快乐主义**）反对理论唯物论的偏见，现在依然很是流行，这一半是由于他排斥二元形而上学的三大中心教义，一半是由于人把他和快乐主义误认为一件东西。这实行的唯物论之走到极端的，像奇利尼（Cyrene）的亚理斯提泼斯（Aristippus）和奇利尼学派，以及后来埃辟克又腊斯（Epicurus）所倡导的那样，以为人生的最大目的就是快乐，或纵肉欲，或求精神上的愉快。到某点为止，想幸福想安愉生涯的心，是人类和高等动物的生性，这也是应该的。到基督教起来，教人心都向着未来生活的永生，道现世的生活不过是未来的个预备，这时候才骂求幸福求愉快的心算件罪恶的。等到第十五章里，我品评生命的价值，你们就晓得苦行克制是不应该的，不自然的了。然而无论怎样正当的娱乐要是过度，都不对的，无论怎样的美德，要是过当，都反成罪恶，所以那狭隘的快乐主义是该排斥的，再要屡了为我主义，那就尤该唾弃了。但是有件事我们不能不指摘的，就是这样的纵欲无度，和唯物论绝不相干，倒是主张唯心论的人往往是这样的，主张理论的唯物论的，像那些科学家医学家的生活，倒是很清高很纯洁的，不大喜欢物质上的快乐。反是那许多倡导理论的唯心论的僧侣、神学家、唯心派哲学家，实际上倒真是耽于淫乐的。古时候许多寺院里，一面在理论上敬奉上帝，一面在实际上酗酒贪淫，就连现在那些高僧（例如在罗马的）的豪奢生活，作孽的生活，也去古人不远。这都由于人情是禁之愈严思之愈切的缘故。但是对于过度的利己的快乐主义之恶感，绝不该波及理论的唯物论和一元论上去。现在盛行的，那种轻物质重精神的习惯，也是一样的不对。近年公正的生物学研究出来，我们所谓"精神"，是像往年盖推（Goethe）说的那样，和物质合在一起，分不开的。那离了物质的精神，实在是未之前闻。

（**物力论**）至于那物力论[现在往往又叫作精力论（energism）或叫作唯心论]，和纯粹的唯物论一样，也是个一偏之论。物力论把实质的第二个属性，所谓力的,当作一切现象的总因,犹之纯粹唯物论把实质的第一个属性,所谓物质,当作一切现象的总因。古代德国的哲学家里,莱布尼兹(Leibnitz)倡导的最力,费希纳和财尔纳(Zöllner)近来也有几分采用这种学说。这物力论的最近发达是1902年,阿斯特瓦德著的《自然哲学》。这部书全是一元论,极力主张全自然界里,无论有机无机,是同一的力在那里动,这些力都可以用"精力"的个总称包括干净。尤可喜的,阿斯特瓦德把意识、思想、感情、意志,那些人心的最高机能,和热、电、和亲力等极简单的物理化学作用,都归之于自然力(就是精力)的特种形式。不过他自以为他的那精力论是个新学说,这却错了。这种学说的要点,莱布尼兹都已经说过,莱卜乞希(Leipzig)派的科学家,像费希纳和财尔纳的学说和他同样的唯心的见解很接近,后者全要归到心灵论里去了。阿斯特瓦德的大错,就是把精力这名词当作和"实质"的意义一样。他的那普遍的创造一切的精力,大致实在和斯宾挪莎所谓实质是一样的,斯宾挪莎的这实质,我们的实质法则里已经采用了。然而阿斯特瓦德要把实质的物质属性夺去,自夸驳倒唯物论。他要只留精力一个属性,把一切物质都归于力之非物质的特性。然而他也像物理学家化学家一样,离不了个占空间的实质(其实就是我们所谓物质),天天拿他当个"载精力的车"(纵使只当表象,这也是物理学上的微分子,化学上的原子)。阿斯特瓦德在他那《无假说科学》的迷梦里,连这些话都想排斥。其实他也和科学家一般,天天少不了那物质的观念和分子原子。离了假说哪里还会有什么知识呢?

　　(**自然论**)一元论最好是叫作"万物有生论",因为叫了这个名字,可以免了唯物论和唯心论(或是机械论和物力论)的许多争端,把他们联合成个自然的和合的系统。人家骂我们的一元论导人于纯粹自然主义,腓理德力克·鲍铮(Frederick Paulsen)骂得最厉害,他以为这个和独断的宗教论是一样的危险。所以我们最好是先把自然主义的观念弄清楚,表明我们是怎样的个意味去承认他,把他和一元论当作一物。这个的密钥,就在我们的那一元的人类发生学,就是我在《宇宙之谜》第二至第五章所说的我们对于"人类在自然界里的位置"的公平主张,这是人类学的各方面研究所赞助的。人类是个纯粹自然物,是个猿类的胎盘哺乳动物。他是在第三纪时候从下等猿类进化出来的(直接从人猿进化出来,更往上追溯就是从猩猩和狐猿进化出来)。现在的那吠多人和澳洲土人,从生理上看起来和猿类相去很近,和文明人相去反倒远些。

（**人类学和动物学**）人类学从广义看起来，是动物学的一个特别的分科，因为他非常的重要，所以我们要给他个特别的地位。所以关于人类和其精神作用的一切科学，从我们一元论的见地看起来，定要当他是动物学的特别分科，当他是自然科学，那所谓"精神科学"尤其是要这样看了。人类心理学和比较动物心理学是有不可解的关联，就连和植物、原生动物的心理都有关联的。言语学研究出来，人类的言语是个复杂的自然现象，这种现象也和兽鸣鸟啭一样，都是靠思想中枢的脑细胞，舌头的筋肉，喉头的声带等几个器官的联合动作的。人类的历史（就是我们由那奇怪的人类中心思想叫作世界史的）和他最高的分科文明史，由近世史前学把他直接和猿类以及别种哺乳动物的历史联合，间接和下等脊椎动物的发生史联合。所以我们要是不偏不颇的研究这个问题，就晓得绝没有一种关于人类的科学是超乎自然科学（广义的）范围之外，犹之乎"自然"自己不是"超自然的"。

（**自然**）据我们的理论说起来，自然这个观念，包含科学上可知世界的全体，恰似一元论、自然主义之包括科学全体一般。照斯宾挪莎的严密的一元意义，"神"和"自然"是一件东西。自然界以外是否有个超自然界、精神界，我们不晓得。宗教的神话、传说，以及形而上学的思索和独断说里所说的那些，全是些诗歌的、想象的话。文明人的想象力，时时要想在艺术和科学里做个统一的影像，若是在观念的联合里遇着了罅隙，就要自己创造个东西来弥补他。这种弥补智识罅隙的思想中枢创造物，要是合乎实验的事实的，就叫作"假说"，要是不合的，就叫作"神话"，像那宗教的神话、灵异等类，都是这不合实验事实的。就连世人把心和自然对立，大抵都是由于同样的迷信（像那些精灵学、心灵学等）。然而我们说人心是高等精神机能的时候，我们的意思就是说他是个头脑的特别生理机能，或是所谓思想中枢、思想器官，那块脑皮层的生理机能。这个高等精神机能是个自然现象，也和其余一切的现象一样，都是服从实质法则的。古腊丁文的"自然"natura 这个字（从 nasci 孳乳出来的，nasci 的意义就是"生"），也和希腊文的 physis（从 phyo 孳乳出来的，phyo 的意义就是"长"）是一样，表示这世界的本质是个永久的"实在和变化"——这真是好一个深美的思想。所以"生长科学"的物理学（physics），从这字的极广义说来，就是"自然科学"。

（**物理学、形而上学**）19 世纪人类智识非常的增长，并且兴起许多新学问，因此科学里的分业很繁，各科学的相互关系和对于全体的关系就变动得不少，连科学名词的含义也都改变了些。所以像物理学这个名词，在现今许多大学校里，都当他是个无机科学，专研究实质的微分子关系和质量，以太的机械作用的，至于各种元素由原子量的不同而生的性质上差异，是绝不管的。关于原子、和亲力、化合物的研究，是属于化学的事。因为这种研究的封域非常广泛，并且有他的特别研究法，所以这种研究和物理学并列，两个都是一样的重要。其实化学不过是物理学的一部分，就是原子的物理学。因此说到"物理化学"的研究，"物理化学"的问题，我们简直可以叫他做物理学的研究、物理学的问题（物理学三字从广义）。生理学也是物理学的一个特别重要的分科。就是生物的物理学，或生体之"物理化学"的研究。

（**形而上学**）亚理斯多德著书，第一部论自然之永久的现象，称作形而下学（物理学），第二部论其内里的性质，名为形而上学，直到如今，这两个名词的意义经了许多重大的变迁。我们要把物理学这个名词，立个界说，限为现象之实验的研究（用观察法和实验法），那就可以把那些弥补罅隙的假说和学说，都叫作形而上学的了。照这样的意味说起来，物理学上那许多不可少的假说，像分子、原子、电子那些话，都可以说是形而上学的，就连我们说一切实质都有感觉有延长的那些话也是如此的。这种绝对承认一切现象全属实质法则，及只研究自然不管超自然的一元形而上学，连他的那许多学说和假说，都是合理的生命哲学所不可少的。要像阿斯特瓦德那样，主张科学里不容有假说，那就是夺去科学的基础了。然而那主张有两个世界，以种种花样号称二元哲学的，现行的二元形而上学，就全然又当别论了。

（**形而上学之发达**）我们若是把形而上学这个名词，解作"由人心对于事物原因之合理的要求而生的，研究事物究竟之科学"，那就可以由生物学的见地，认他为思想中枢的个发达最晚的高等机能。这门学问只有从文明人的完全发达的头脑里可以产出来。野蛮人的思想器官比伶俐动物的高不了许多，绝没有这种学问。近世人种学把野蛮人的心理法则研究的很精密。据说野蛮人没有高等理性，并且他们的思索力和构成概念力都很低微。例如住在锡兰岛森林里的吠多人，虽然识得一株株的树，会把他取些名目，却没有"树"的这个概念。许多野蛮人种都不知道五个以上的数，他们绝不晓得想想自己存在的原因，也不晓得什么过去未来。所以萧本豪埃尔（Schopenhauer）和别的哲学家,把人类下个定义,叫作"形而上学的动物",想以形而上学的有无,做个人禽的分别,这是大错了。这个欲求是随着文明的进步,兴起发达来的。就连文明社会里的人,幼稚的时候也不会有这个欲求,都还要渐渐的发生呢。小孩子是要学着说话,学着思想的。和发生学法则一致,小孩子的心理发达状态,就是把由野蛮到未开化,由未开化到半文明,由半文明到有学识人的全体阶级重演一遭。若是这人间高等能力之历史的发达,能常得适当的理解,心理学忠于比较的发生的方法,现在那形而上学的许多误谬就可以免去了。到这时候康德一定不会倡他那先天的知识论,他也会晓得文明人的那些像似先天的智识,都是在文化科学的进化里由后天的经验得来的了。二元论和形而上学的超越论之种种误谬,其根源都在这里。

(实在论)生物学也和一切科学一样,是个现实的,所谓现实的就是说他看他的对象——有机体是实有的,其状态要点,由我们的感觉(感觉中枢)和思想器官(思想中枢)可以知得到某限度。并且我们也晓得,这等认识器官和其所赍来的智识,都很不完全,有机体也作兴含有别种情状,超乎我们知觉范围之外。然而绝不能因此就照唯心派那样,说万物(连有机体)便是吾心,都是脑皮层上的影像。我们的纯粹一元论(就是万物有生论),承认各有机体之一致,至于那隐微的本体,无论是卜拉图所谓"永久的观念"也好,是康德所谓"物如"也好,总不承认他和可知的现象有什么大区别,一元论就是这点和现实论一致。现实论不但和唯物论不是一事,并且可以和那正相反的物力论、精力论,明确结合。

(二元论)现实论大抵总同一元论相合,唯心论就常同二元论一致。二元论的两位最有力量的代表卜拉图和康德说道:"有两个全然不同的世界。我们的经验只及的着自然界、经验界,至于那精神界、超越界,就不行了。我们只有靠感情或是靠实际理性,可以晓得这精神界、超越界的存在,然而绝不晓得他的性质。"这个理论的唯心论的大错,就是把灵魂认为个特殊的非物质的存在,说他不灭,说他具有先天的智识。脑生理学、脑发生学和思想中枢的比较解剖学、组织学,证明人的灵魂也和别种脊椎动物的一样,都是个头脑的机能,和那器官有个分不开的关系。所以这唯心的知识论,和汪德(Wundt)的《心物平行论》、近代生理学家的"精神一元论"是一样的不合现实生物学,什么精神一元论,终归是个完完全全的心身二元论罢了。实际的唯心论可不是这样的。实际的唯心论揭橥有人格的神,不死的灵魂,自由的意志三大征象,三大理想,为伦理学上的刺激,利用其教育学上的价值来教育青年的时候,一时也可以得着良好的效果,这效果却不关他那理论上的不通。

("生"的知识之分科)19世纪里各自独立发达的生物学各分科,要想达那远大目的,构成个包括有机生命界全分野的统一科学,就应当互相联络,各人明白自己的事业,努力同心的做去。不幸各干各的专门就把这个共同的目的丢开了,大家只顾去实验就没人问哲学的事业了。因此弄得很混乱,所以先要把生物学各分科相互的地位划分清楚。

(生物学之主要的领土)因为从来把植物、动物分作为两种东西,所以生物学的大分科,植物学和动物学,就并驱争先,许多大学校里都分做两个讲座去教授。和这些科学全不相干,在初有学问的时候,就兴起了研究人生各种方面的科学,这就是人类学的各科,就是所谓"精神科学"(像那史学、言语学、心理学等)。自从"成来说"证明了人类是从脊椎动物进化出来,人类学就变做动物学的一部分,我们才晓得人类学各科中间的内部历史关系,要把他们联合成个包举的人类科学。因为这科学的范围很广,价值很重,近年来添了几多人类学的特别讲座。最好是原生动物,或称单细胞有机体的科学也这样办。细胞说,有植物学动物学两科来研究他,算做解剖学的个重要部分,然而动植两界的最下级单细胞体的代表,原始植物(protophyta)和原始动物(protozoa),是有极密切的关联,并且以个独立的原始有机体,对于多细胞有机体的组织之解释,大放光明,所以夏敦(Schaudinn)近来提议,创立个原生物学的学会,刊行一种杂志,我们不能不认为斯学进步的个证据。这科学的最重要的一部分就是细菌学。

(形态学和生理学)应乎有机界的限度,把生物学的分类,可以划为四个大研究范围:一、单细胞生物学,二、植物学,三、动物学,四、人类学。这四大类里,每一类都分形态学生理学两种研究。两种的研究观察方法迥不相同。在形态学里,关于外面形状内部构造,比较和记载最为重要。在生理学里,要观察生活机能研求其物理的法则,物理学和化学的严正方法是尤为要紧。因为医学离不了人体解剖学和生理学的正确知识,并且这种事要有很大的机械仪器,所以这两科久已是分开研究,并且在学校的分科上让给医科去了。

(解剖学和发生学)形态学的广大封域,可以分作解剖学和生物发生学两部，一个研究已经完全发达的有机体，一个研究正在发达的有机体。研究已成形有机体的解剖学，既管外面的形状，又管内部的构造。我们可以把他分为两科，一个是研究构造组织的"构造形态学"（tectology），一个是研究根本形状的"原形态学"（promorphology）。构造形态学考究有机个体里构造上的要点，研求细胞、组织、器官等各部分怎样的构成物体。原形态学说各部分和全体的实在形状，用数学法极力把他们归诸根本的形状（第六章）。发生学，就是有机体进化的科学，也分作两部，一部是个体发生学，一部是种类发生学，这两部各依各的方法，各有各的目的，但是都由发生学的法则紧相联结的。个体发生学研究各个有机体自生至死的发达，说个体在胎膜里的发育状态的就为胎生学，研究出产后生命变化的就为变态学（第十四章）。种类发生学的事业，在乎探究有机种类的进化，就是研究所谓"类""属"等动植物界的主要项目，换言之，就是研究种类的系统。这个科学参验古生物学上的事实，用比较解剖学和个体发生学弥补这上面的罅隙。

（**"埃尔歌罗辑"和"陂利罗辑"**）我们叫作"生理学"的那种生活现象的科学，大抵都是动作的生理学（一译作业生理学），就是"埃尔歌罗辑"（ergology），这科学问审察生物的各种机能，极其力所能至，要把这些都归之于物理学和化学的法则。植物生理学研究滋养生殖等植物的机能，动物生理学研究运动感觉等动物的作用。心理学和后者有直接的关联。然而研究有机体和其四围有机物无机物的关系，也是广义的生理学的事，这科学问我们叫他做关系生理学，就是"陂利逻辑"（perilogy），属于这一门的，有分布学（chorology）（因为这门学问研究地理上、风土上的分布，所以又叫作生物地理学）和生态学（œology）、生状学（bionomy）（近来又叫作生性学 ethology），就是研究有机生命的内里方面，有机体的生活必要，和其与同居的其他有机体的关系的科学［像生物群落（biocenosis）、共生（symbiosis）、寄生（parasitism）等］。

第五章　死

·*Chapter V Death*·

　　近世生理学和病理学对于死之自然的物理的说明，不但把关于疾病死亡的旧迷信一齐打破，并且把许多根据这种迷信观念的哲学上重要信条也打破了。

　　人要确信没有将来的永生，他就会竭力去光耀他的现世生活，应乎世情，循乎理路，去改善他的地位了。万事都是全靠机会，并非受什么有意识的神或是宇宙之道德的秩序所支配的。

一切东西,没有常住的,只有变灭的。世间一切都是个"存在和变灭"的长流。这是个世界进化的大法,无论看其全体看其各部,都是这样的。唯有"实质"是永久的,不变的,随我们把这"包括一切的世界存在"唤做"自然",唤做"宇宙",唤做"神",或是唤做"巨灵",都是一样。据实质法则看来,这实质虽然是变化无穷,他的那两个根本属性,就是物质和力,却是常住不变的。实质的一切有形,都免不了毁灭。太阳、行星、地球上一切有机体,自人类以至于微菌,都是要毁灭的。一切有机体都有终的,犹之一切有机体都有始的。生和死是相连的,分不开的。然而哲学家、生物学家对于这个定数的真正原因,各人的意见不同。他们对于生命的性质,没有明了的观念,对于"死"自然也就没有适当的观念了,所以他们的见解大抵都不足取。

(生和死)像我们在第二章里所讨论的那样,所谓有机体的生命,研究到终极,是个化学的作用。"生命的奇迹"不过是原形质的新陈代谢罢了。近代生理学家,像马克斯·维尔佛尔浓和马克斯·加梳维兹(Max Kassowitz),都反对那近世的"活力说",以为"生命是那极其复杂的化合物所谓原形质之建设作用和消耗作用中间所交互而起的一个现象"。我们要是承认这种见解,就可以算是懂了死字的意义了。"死"要是"生"的终止,也就是原形质微分子的建设作用和消耗作用之终止,并且个个原形质微分子既是成形之后就要破灭,"死"就不过是那破灭了的原形质微分子里的改造终止而已。所以一个生物不等到他的原形质微分子全破灭尽了,不能再有一些生活机能,不能算是真死。加梳维兹的《普通生物学》第十五章里,本此定义把"生理的死"之自然原因叙的很详尽的。

(个体的死)近代生物学家,对于"死"的性质,意见很分歧,这中间有许多错谬、误解,都是由于没有把"一般生物"的持续和"个体生命"的持续分别清楚。1882年亚瑟斯特·魏兹曼(August Weismann)的"单细胞体不死说"所引起的那些分歧的意见尤堪注目。我在《宇宙之谜》的第十一章里已经说过这种学说是不对的。然而这位动物学名家,1902年,又在他那《进化论讲义》

里极力主张他这种学说，对于"死"的性质，又添了些误谬的观察，所以我也不得不把这问题重提一番了。就因为他这部书大有功于进化论，极力维持达尔文的"淘汰说"和其效力，所以我觉得一定要把这里面的许多缺点和危险的误谬指摘出来。这里面最大的误谬就是那"胚种原形质说"和由这个谬说生出来的那"非后天特质遗传论"，魏兹曼据这个谬见，把单细胞有机体和多细胞有机体中间立了个根本的区别。他说多细胞有机体才会死，单细胞有机体不会死，二者的区别就在有没有生理的死。我们一定要反对他这种话，主张生理的个体［就是生元（bionta）］无论是在原生体里或是在组织体里，其生存期间都有定限的。然而要是这个问题不注重在生物质的个体，而注重在新陈代谢的生命运动之世世连续，那就无论单细胞体多细胞体，都可以说他原形质确乎有一部分的不死。

（**原生生物的死**）魏兹曼很重视的那"单细胞不死说"，照他自己的意义，也只能行于一小部分的原生物，就是摩内拉里的"克罗马塞亚"和细菌，原微植物里的硅藻和"颇劳陀姆"（paulotom），以及原生动物里的滴虫类和足根类等分裂繁殖类罢了。从严密的意义说来，一个细胞要是分裂为两个"子细胞"的时候，他那原来的个体生命已经灭绝了。魏兹曼大约要强辩道："在这时候，那分裂的单细胞有机体和分出来的新生体共同生存，并不像生物死的时候，遗下什么尸体。"但是在多数原生动物却并不尽然。很发达的毡毛虫类，在分裂繁殖之前，主核就消灭了，并且时时两个细胞合拢来，互相授胎生第二个核。然而所有的孢子虫类和根足类，大都是用芽孢繁殖的，他只有一部分单细胞有机体供这个用处，其余部分是要死的，这死了的部分就是那尸体了。在栉水母和射形动物等大根足类里，他那生存于新生体里的构造芽孢的内部，比他那死灭的外部小些，这外部就变作尸体。

（**组织体的死**）魏兹曼对于"多细胞体生理的死之副因"的见解，和他那单细胞体不死的见解，是一样的荒谬。据他说组织体——无论多细胞动物或是多细胞植物——的死，都是"适应"的必然结果，就是多细胞动物达到了复杂的组织的时候，和他那原来的不死状态不能相容，才由淘汰作用生出这"死"来。自然淘汰于是这样灭了那不死的，单留那有死的，自然淘汰当那不死的繁盛的时候，干涉他，不许他繁殖，只用那有死的来生殖传种。魏兹曼的这种怪论，并且和他自己的"胚种原形质说"也大相矛盾，加梳维兹的《普通生物学》第四十九章里已经把他指摘出来了。在我的意见,他这种怪论,和他所牵引在一起的"胚种原形质说"都是无稽之谈。魏兹曼编出来这番精巧的分子说,他那心思的深妙,是很可赞赏的。但是我们越寻他的根底,越显他薄弱。况且赞成他这"胚种原形质说"的学者,二十年来,也未见有一个人能利用这种学说收点什么效果。反而因他反对后天性质的遗传,颇生恶影响,这种遗传,我同拉马克、达尔文都以为是"成来说"的个最健全最紧要的明证。

(**"生理的死"之原因**)讨论"死的真因"这个问题,我们专注重在生理的死,不管他是遭什么不测,害什么病,那许多原因,疾病也好,寄生虫也好,祸灾也好,一概不问。一切有机体到了生命遗传的期限,都就要死。这个期限,因有机体的种类,大有长短。许多单细胞的原生植物,原生动物,只有几点钟的寿命,别的有几个月或是几年的寿命,许多"一年的植物"和下等动物,在温带地方只能活一夏,在寒带地方或是积雪的亚尔卜司(Alps)山上,就只能活几星期几十天。然而大脊椎动物,常有能活到一百岁的,有许多树,能活一千年。各种生物,在进化的路途上,由适应特殊状态而定生命的长短,更遗传给子孙。然而这寿命的遗传,往往也是要有许多伸缩加减的。

(**原形质之消耗**)近世的"生命机械说"把有机体比作人工构造的机器,或是由人智装配起来供什么用的机括。这个比喻不能用之于摩内拉等没有机械组织的最下等有机体。在这种没有器官的原始有机体(克罗马塞亚、细菌),他那生命的唯一原因,是原形质里看不见的化学上组织,和由此而起的新陈代谢作用。这个作用要是停了,立刻就死(详第七章)。在其余一切有机体,唯有关于各器官各部分之有秩序的共同动作,把"可能力"转变成动力,这一点可以适用这个比喻。然而有机体和机械有个大分别。机械的整齐是由于人之有目的有意识的意志,而有机体的规律是生于无计划无意识的自然淘汰。不过这二者的生涯中,却有一件相同,就是器官部分都是要消耗毁灭的。火车头、船舰、电报机、洋琴都只能用许多年数的。用久了各部分都销蚀朽坏了,随你如何修理,终究要成为废物的。所以有机体的各部分,也早迟总归败坏,无论原生动物或是组织体都是这样。此等各部分,本也可以修缮,可以再生,但是早迟总归有一天不中用,这就是死的原因了。

(**再生**)广义的再生(就是回复已毁的各部分),实在是个极重要的一般生活机能。活有机体的全部新陈代谢作用,就在原形质的同化,回复化分作用所用坏的原形质微粒（详第八章）。维尔佛尔浓把那假定的生物质微分子叫作"生元"，这生元我和海林（Hering）以为他是有记忆力的，在 1875 年，把他叫作"生质微分子"（plastdule）。维尔佛尔浓说："生元是生命的真要具。生元的盛衰消长就是生命，发为千变万化的生活现象。"新生元是由再生构成的。在再生作用、生殖作用里，一群一群的生元（像胚种原形质），因为生长过度，脱离母体，做新个体的根基。

"再生"这个现象，有极多极多的样式，近年来很费实验研究，所谓"机械的胎生学"尤其肯实验他的。然而我们概观再生作用的全境，发现了上自高等组织体之两性生殖，下至单细胞原生物之原形质补足作用，当中有个一贯的发达体系。高等组织体的精虫细胞和卵，都是过度生长的产物。都有生产完全多细胞有机体的能力。但是许多高等组织体又有用分出来的一片组织，甚至用一个细胞，生出新个体的能力。在那随着这些生殖作用的新陈代谢和生长的特殊方式里，生质微分子的记忆，就是生元的无意识的保持力，作用最大。单细胞原生物之最初的种类里，都有那极简单的死和生殖两种现象。克罗马塞亚、细菌等无核摩内拉裂成两半的时候，那分裂个体的存在就完了。每半个摩内拉以极简单的方法，起同化作用，自己生长，直到和母体一样大小。一切原生植物、原生动物等有核细胞，那就较为复杂，因为这核作用很大，算是中央器官和新陈代谢的管理者。要把一个滴虫切成两块，只是有核的那块能长成一个完全的有核细胞，没有核的那一块，不能自行再生，就要死的。

（**组织体的死和再生**）在组织的有机体之多细胞体，我们一定要分别其含有细胞的一部分死灭，和其全有机体的死灭。许多下等组织植物、组织动物，他那关联是很松的，集中作用是很微的。过余的细胞或是一群细胞可以离开本体，自己长成新个体，于那本体全组织的生命毫无危险的。许多藻类和地钱类，甚至于类似景天属的薜苔，还有淡水产的水螅、水蛇和别种水螅都是一样，切下来的碎片，片片都能长成一个完全的个体，但是组织越加发达，各部分的互相关系和其在全体生命里的共同动作越加密切，他那各器官的再生力也就越加薄弱。然而就连在这等时候，许多老废细胞也还可以用再生的新细胞来填补的。在我们人体里，也像在高等动物身体里一样，每天有千千万万的细胞死去，由同类的新细胞来代他，例如皮肤上面的表皮细胞，唾腺的细胞或是胃的黏液层,血液细胞等,都是这样。此外却又有补足力很微弱或竟全无补足力的组织,像那些神经细胞、感觉细胞、筋肉细胞。在这种部位,有许多固定不易的细胞,同他的核终生存留,其细胞体消耗去了的部分,可以用细胞质来补充的。照这样看,我们人类的身体,也像那些高等动植物的身体一般,是个别种意义的细胞的国家。每天每点钟,这国家的组织细胞国民要死几千个,又有同类细胞分裂出来的新细胞来补充缺额。不过我们人身这种不断的变化,决不是完全的,也不是普遍的。还常有个"保守细胞"的固定基础,他的子孙保持着后来的生殖。

(**老衰**)多数有机体都死于外界的或是不测的原因,诸如缺乏食料,处于绝境,寄生虫和别种外敌,以及祸灾、疾病都能致死。少数免于这些不测原因的,到年老的时候,也是死于器官败坏,机能衰萎。这老衰和"自然死"的原因,是随各种有机体原形质的特种性质而定的。近来加梳维兹研究出来,个体的衰老,是由于原形质免不了要消耗,并且原形质所生的变形部分免不了要衰竭。身体里各个"变化原形质"促进原形质的自行破坏,由此又构成新"变化原形质"。因为原形质的化学能力,渐渐降到生命的一定顶点以下,细胞也就随即死灭。原形质渐渐丧失了能力,不能用再生作用去补充那由生活机能所受的损耗。于是在精神上就生出脑筋容受力衰减,感觉迟钝等现象,筋肉也就失其能力,骨头也脆了,皮肤也干缩了,运动的弹力和耐久力也衰减了。这些老衰的自然现象,都是由于原形质里的化学变化,原形质里的分化作用一天一天比同化作用强。到终局总归是免不了一死。

(**疾病**)因为体力的渐渐衰减,器官的渐渐颓废,无论怎样健全的有机体,到终局总免不了要死,然而大多数的人却不等到自然的死期就早早病死了。这"死"的外界原因,就是外敌、寄生虫、灾难和伤生的境况。为了这些原因,其组织和组织上的合成细胞大起变动,先把一部分致死,全个体也随着就死灭了。卢德夫·蔚萧在他1858年著的那部空前的杰作《细胞病理学》里,证明人类和他种有机体的一切疾病,都全是由于组织细胞的变化,这实在是一件大功。所以疾病和其苦楚是个生理的作用,是个在危害状态下的生命。异常的病理的现象,也像通常的生活现象一样,都该向原形质里的物理化学作用去寻求他的究竟。病理学实在是生理学的一部分。有了这个大发明,把从来认疾病为实物,为鬼祟,为神罚的那些旧观念,从根本上铲除了。

（死的运）近世生理学和病理学对于死之自然的物理的说明，不但把关于疾病死亡的旧迷信一齐打破，并且把许多根据这种迷信观念的哲学上重要信条也打破了。例如那些朴野的信仰，以为有个有意识的神，致人祸福，定人生死，就是这一类的。人在无数危难中，相信有个保佑他的神，这本是很有主观上的价值的，我也未尝不承认。由这个信仰，生出来的确信和希望，那孩子般的心地，也真令人可羡。但是我们的心情既不是那些诗歌的想象虚构所能满足的，所以一定要说，就理性上看起来，那有意识的神，慈爱的天父之存在行事，实在是毫无凭证。我们天天在报章上看见各种的灾难和罪恶，许多快快活活的人，都因此遭了横死。每年的统计录上都有千千万万的人，死于坏舟沉船和火车出事，死于地震和山崩，死于战争和瘟疫的。就照这样，还要教我们相信有个造定浩劫多杀不辜的"慈爱的神"！世上有这些惨剧，还要教我们用"天意如斯""天道难知"那些空话来自慰，这种话也只有那些无知的小孩子和愚蠢的信士，肯以此自解罢。20世纪里受了教育的人，专讲真理，什么都不怕，哪个还再肯相信呢。

（偶然和命运永生）人要说我们对于"死"的这种一元的合理的见解，是教人无欢，令人绝望，我们就可以回答他道，现行的那种二元的见解，不过是从思想的遗传习惯生出来的，是由于幼小的时候神话听多了，要能用进步的文明科学，把这些迷信破除，就晓得人生在世，不但绝无所损，并且所得已多了。人要确信没有将来的永生，他就会竭力去光耀他的现世生活，应乎世情，循乎理路，去改善他的地位了。万事都是全靠机会，并非受什么有意识的神或是宇宙之道德的秩序所支配的。要是有人反对这句话，就请他看《宇宙之谜》第十四章的末尾，我在这章书里，把命运、天道、归宿、目的、机会，都论的很详明的。如果再还要说我这现实的生命观导人厌世，引人悲观，那也就没法，随他骂去罢。

（乐天论和厌世论）乐天论看世界善的方面，光明的方面，和可赞赏的方面。厌世论看人生的阴郁处，悲惨处。有几派的哲学宗教是偏重乐天论，有几派固执厌世论，然而大多数的宗派却是兼收并蓄的。纯粹的一致的"实在论"，大概都既非乐天，亦非厌世。这种的"实在论"看世界是个统一的全体，就是这么样，其性质是无所谓善，也无所谓恶。然而二元的理想论，大概都把二者合在一起，分当他的那两个界，这种二元的理想论，说这个现实世界是个

"眼泪的深溪",那个理想的世界是个"辉耀的乐国"。这个见解是一切二元宗教的显著特征,在有学识人士的心里,实际上理想上都还有很大的影响。

(乐天论)有体系的乐天论,是莱布尼兹创建的,他的哲学虽是想要调和异论,其实不过是一种"物力论",或是个近似阿斯特瓦德氏能力论的一元论。莱布尼兹的学说,具见他 1714 年刊行的那部《单元论》。他说世界是无数单元构成的(他这单元和今日所谓精神原子差不多),但是他既以神为个中心单元,把这无数的单元合成一个实质的统一,他这多元论也就变做个一元论了。他 1710 年著的那部《神道论》,说那至智、至善、至高的造物主,以完全的意识创造这个最好的世界,造物主的无限善、无限智、无限力,由那事物之预定的调和里,随处可以看得见,但是个人以及人类全体,发达力却是有限的。然而了解世界真相的人,在天演界竞存争生的人,对于人生中无限困穷灾难怀抱同情的人,真不解莱布尼兹这样深思博学的思想家,如何会主张这样一种的乐天论呢。要在那一偏的、朦胧的形而上学家,像那主张"一切实在的都合理,一切合理的都实在"的海格尔,那倒也不足为奇了。

(厌世论)厌世论和有体系的乐天论是正相反的。一个主张这世界是至善,一个看这世界是至恶。亚洲最古最盛行的婆罗门教和佛教,就是抱这种厌世观念的。这两个印度教,都本来是厌世的,并且是无神的,理想的。萧本豪埃尔特别的注重这点,说这两个宗教是一切宗教中之最完美的,并且把两教主要的观念采入他自己的哲学体系里去。他觉得"这个以相杀为生的惨痛的修罗场里,知识越高,痛苦就越多,到人类算苦到极处,再要说这惨毒的世界是尽善尽美,未免太没道理。乐天论在这罪恶、痛苦、死灭的舞台上,演的这样惨痛,若不是侯姆说出他的起源是个媚神求福的心愿,我们倒真当他是在那里嘲讽人了。我们对于莱布尼兹说世界尽善尽美的这种诡辩,可以举出严正的反证,证明其为穷凶极恶"。然而萧本豪埃尔和近世最重要的厌世论者爱德华·哈特曼(Edward Hartmann)却都不曾从厌世论上引出个精严的实际结论来。这个结论,大约就是否定"求生意志"和自杀以免痛苦了。

(自杀)把"自杀"说做个厌世论之必然达到的论理的归结,倒可以借此看看大家对于这件事所抱的那些奇怪的分歧的意见。人生问题里,除了灵魂不死、意志自由两个问题之外,怕再没有像这样谬说纷纭、至今不决的了。那些视生命为神赐的有神论者,虽然看舍己救人算件美德,至于却弃生命,还之造物,他又不以为然。有学识的人士,大都还把自杀视为一件大罪,并且有几国(例如英国)图谋自杀,是要办罪的。中古时代,有十来万人都因为得了异端邪教的罪名,被人家捉去活活的烧死,这时候对于自杀的人,用一种可耻的葬仪去惩罚他。萧本豪埃尔说得好:"世间一切物事,唯有对于自己的生命和身体,我们的权利,最为明显。把自杀当件罪过,未免太好笑了。"人生在世,要是处于难堪的困境,要是幸福得不到手,反而招了各种的忧患、穷乏、疾病、祸灾,既不能怪他自己不该从胎里长出来,他就当然可以一死了之,省得受苦。这个理是一切宗教所许的,不过附有条件罢了。就连基督教的经典都说道:"汝自陷尔于罪,尔抉弃之。"从来的道德,无论怎样都不许自杀的。然而所主张的理由实在浅薄可笑。虽裹上宗教的衣装,也还是站不住的。

我也很承认社会政策改善贫民的境况,增进人民的卫生、教育和身心的福利,然而我们文明诸国离那理想的公共福利还是很远的。因为分业和人口过多,贫民越是困苦穷乏。每年有无数少壮有为的人,自己并没有过失,不过因为太安分,太正直了,弄得颠连困苦。无数的人,心肠虽好,因为谋不着事做,弄到挨饿。又有无数的人,因为这无情的机器时代那许多严酷的技术工艺之要求,丧了性命。一面却有无数下作的人,因为会用混账心思,使奸使诈,因为恭维服事当道权要,在那里荣华富贵。何怪文明国自杀的统计增加这许多。稍微真有点"基督的爱他心"的人,总不会不许他那受苦的同胞,用自杀的手段,去脱离痛苦,永远安息。

19世纪里,虽是一切艺术科学都发达进步,个人生活,社会生活,都有合理的改革,然而那文明社会里的罪恶,却是有加无已。在这蒸汽电气时代,我们缩短了时间,缩小了空间,因此文化上增了无限的价值。我们比了一百年前的祖宗,公私的生活都快乐多了,享受的华腴也更多了,但是这许多事物,耗费的精神也就越多。比了一百年前,脑筋担负更重,耗竭得早些,身体刺激更多,劳倦得很些。许多"近世文明的病",增加得异常之快,每年因神经衰弱病和别种脑病,断送的人更多。养育院年年扩张,年年增加,遍处都是那文明牺牲者躲灾避难的疗养院。这中间有许多症候实在是无法可医的,患者只等到那一天惨痛而死罢了。这许多可怜的人,尽有盼望死了省得受罪的。于是生了个重要的问题,仁人君子,是否该偿他们的愿望,给他们一个无痛苦的死,免得他们再受苦呢?

这个问题,在实用哲学上和法学医学的实际上,都是极关重要的,况且大家意见极其分歧,似乎可以在这里讨论讨论。据我一个人的意见,以为同情心不但是人类脑筋之至高至善的机能,并且是一切高等动物之社会生活的第一个紧要条件,《福音书》里放在一切道德之前的那个"博爱",并非是基督首先发明的,不过基督和他的门徒,当那罗马人心浇漓文化颓败的时候,倡导博爱,很有成效罢了。这些自然的同情和爱他心,在人类社会里,早几千年已经有了,就连一切群居的高等动物,也都有的。这些同情和爱他心的根源,远在下等动物的两性生殖,雌雄之爱和爱子心,种类的存续,也就靠此的。所以近世"为我主义"的先驱腓力德理希・尼采(Friedrich Nietzsche)和马克斯・司齐纳尔(Max Stirner)要舍博爱而谈"强者的道德",要骂同情心是卑劣的弱点,是基督教伦理上的荒谬,这都是因为不解生物学,弄成大错。基督教理最有价值的地方,就在主张爱人,别的教条都湮没了,这点道理却不能磨灭的。然而这件高尚的义务,决不能只限于人类,一定要推广到我们的同族,高等脊椎动物,推广到一切有感觉晓得苦乐的动物。例如我们日用的家畜,也是有性情的,我们必须要留心增他们的乐,减他们的苦才好。驯良的犬马,爱养了许多年,到他老病无望的时候,应该把他弄死,免其受苦。和这个一理,同类的人,要是病痛难堪,也应教他一死,免得多受些罪,这纵不是义务,也是个权利。有几种剧烈的不治之症,痛苦不堪,病者自己求死的。然而我和医生谈起来这件事,他们的意见,和我不同。许多心存济世明通公允的良医,对于那不治之症,应病人的希望毅然决然的肯用一剂吗啡或是用一剂钾氰化合物,免其受苦,这种无痛苦的死,往往在病者和他家族都是福。然而别的医生和大多数的法律家,都以为这件仁慈的事是不对的,甚至于说是件罪过,他们以为医生的义务,是无论如何,都要极力延续病人的生命,这真令人不解。

(**医学和哲学**)我讨论这件重要的,并且在医德上很困难的社会伦理问题的时候,我倒好趁此说说一般医生对于一元哲学的态度。我做医科学生到魏尔次堡犹留斯医院的病室里见习,去今 50 年了,我在那里实习得不久,我和我所疗治的病人,却都得益。1857 年考试过了,没多时我就走了,然而我当时所得的关于人类组织、解剖学上构造以及生理机能的全备知识,实在受益无穷。不但我毕生研究的动物学得了坚实的实验的基础,就连我的一元哲学全体,都大得其益。因为广义的医学包括有人类学,就连心理学也该包含在内,所以他对于"思索哲学"的价值不容轻轻看过。那些把大学校哲学讲席视为自己专利的旧派形而上学家,若是能通人体解剖学、生理学、个体发生学、系统发生学的训练,也不会有那些二元的谬说了。就连病理学,对于哲学家都很有补益。心理学家要研究精神病,参观疯人院的病室,尤能洞见精神生活的精微,为"思索哲学"所及不到的。有经验有思想的医生,不大有再肯相信灵魂不灭,相信上帝的。生前灵魂已经渐灭殆尽,甚至于生来的白痴,怎样会有不灭的灵魂永生天界呢?聪明正直的上帝,既自己以遗传的恶习污人,置人于必要犯罪的境遇,又不与他自由意志,怎样能把他办罪,投入火焰地狱呢?这位泛爱的上帝,看着年年堆在他面前的那些家庭里,国家里,城市里,医院里的无限困穷、祸灾、痛苦,他又作何回答呢?难怪有句古话说:"三个医生,两个不信有上帝。"(Ubi tres medici, duo sunt athei.)

(生命之保存)大家都以为人的性命,无论如何,都该要延续,纵然是绝无益处,徒使那不治的病人,多受痛苦,病人的亲友,受累无穷,也还得设法教他延续,这种信念,实在是一种因袭的谬说。数十百万不治的患者,诸如那些疯狂、癫病、癌肿病,都用人工的法子教他活着,用心用意的去延长他们的痛苦,于这些患者自己,于一般社会,实在都毫无益处。疯人的统计和疗养院、精神病院的增加,就是个确凿的证据。据 1890 年的统计,单单普鲁士一邦,就有 51048 个疯人养在精神病院里(柏林一城就有 6000 人),内中有十分之一以上是绝医不好的(内中有 4000 个患瘫痪的)。法兰西国,1871 年,精神病院里有 49589 人(合人口 13.8‰),1888 年,有 70443 人(合人口 18.2‰),照这样,就是 17 年间全国人口只增加 5.6‰,病人的数却差不多增加 30% 了(实数增加 29.6%)。现在文明国疯狂人数,平均约在 5‰～6‰。欧洲的全人口要是 3.9 亿～4 亿,疯狂的人至少就有 200 万,内中有 20 万以上是不治的。计算起来,这许多病人自己有几多的痛苦,他们的家族有几多的烦忧,私人公家又耗费几多的金钱呢?大家要肯下决心,用一剂吗啡,免除那些不治的患者之不愿受的病痛,该可以省了许多痛苦、许多金钱?这件善事,自然不能准个人医生独断独行,一定要由有资格有良心的医务委员会来决定的。在别种不治的重病(例如癌肿病)要是病人自己打算定了,情愿早死(事后要经法官的证明),就该在一种官厅委员会监督之下,用一剂又无痛苦效力又速的毒药,使他如愿以偿。

（斯巴达式的淘汰法）古代斯巴达人,不举生而屠弱残废之子,其人的勇力、秀美、才能,都得力于这个古俗。现在许多蛮族里,都还有这个习俗。我1868年(在我著的那部《自然创造史》第七章里),说这"斯巴达式的淘汰法",于改良人种很有益,那时候,许多宗教的报章,大动义愤,也像往常自然理性掊击那世俗谬见、传说信仰的时候一样。但是我问他们:每年生出来的无数不治的残废、聋哑、白痴,用人工延续他们的命,养活着他们,于社会有什么益处呢?把他们的苦命所带与自己带与家族的那些不幸,自始就断绝了,这岂不是更好些、更合理吗?宗教禁止这件事,这是不待言的。基督教却也教我们舍命为同胞,不要求生害义,这就是说,我们的生命要是徒使我们自己和我们的朋友受无益的痛苦,教我们就抛弃了他。究其实,反对的只有感情和因袭道德的权力,就是那早年着了宗教衣装的遗传偏见,罔顾这种偏见的根基怎样不合理、怎样迷信的。这一种虔诚的道德,往往实在是件最深的罪恶。有句俗话"法律和权利,中人如痼疾",就连法律权利所依据的那社会上习惯伦理,也一般是这样的。在这些重大伦理问题里,绝不许感情夺理性的席。像我在《宇宙之谜》第一章所说的,感情是头脑之很可爱的个机能,也是很可怕的个机能。不能用感情去求真理,也犹之不能用"天启"去求真理。

第六章　原形质①

· Chapter Ⅵ Plasm ·

　　原形质既是一切生活现象的本原，赫胥黎至于称他为"生命之物理的基础"，有这样的非常重要性……我们在种种地方，费了许多事，才能把原形质考究到我们力所能及的地步，把他从那些"原形质产物"分离开来。

---

① 参见本书第 17 页注①。

E. J. Marey.   A. Dohrn.   C. Golgi.   Haeckel.   Hubrecht.   W. Kühne.   H. P. Bowditch.   H. Kronecker.

（**原形质是普遍的生活物质**）"原形质"（plasm）这个名词，就其最广的意义，是生质或是构成"生命现象之物质的基础"的一切物体之总称。这种物质通称作"原始形质"（protoplasm）。但是这个在历史上很重要的旧名称，因为用法各异，意义也就经了无数的变迁，现在还是用作狭义的好。况且近来关于这"原始形质"的研究，很是发达，创立了许多新名字，都是就这 plasm 上加个形容的语头造出来的。像那"成形原形质"（metaplasm）、"原始原形质"（arehiplasm）等等，都是"原形质"这个一般的概念之特异的，或是一般物质之特别的变化。

1846 年，植物学家由过·摩尔（Hugo Mohl）首创"原始形质"这个名词，用以称那寻常植物细胞内容的一部分，即是施来敦称作"细胞黏体"（cellmucus）的那种黏质，这种原质是藏在细胞壁的内侧，往往在细胞所含液体里呈各样网状或骨骼状，并且发特性的运动。摩尔把这重要的壁层（植物细胞的第一要素）名为"原生皮"，又因为这壁层的质料和细胞之别的部分有化学上的区别，就把他叫作"原始形质"，这意义就是"有机体之最初的结构"。不过有件事要注意，创这名词的摩尔，是把他解作纯粹化学的意义，并非像海尔特维希和其他近代细胞学家，含着形态学上的意味。我是想要保存"原始形质"——或是简称"原形质"——的这个起初的化学上意义。马克斯·修尔财（Max Schultze）也取这个意义，他在 1860 年，指出这原形质广布一切生活细胞里，并且有绝大的意味，他这学说把"细胞说"加了个重要的改革，要知详细，等我随后再讲。

（**原形质之化学的和形态学的定义**）原始形质之化学的观念和形态学的观念混在一起，这件事于近代的生物学大有妨害，引起了许多的纷扰。这大概都是由于没有把"细胞"的两大要素分析清楚的缘故，就是不明白细胞体和细胞核之解剖上的区别。细胞里面的核（caryon），是个固体的，定形的，并且有形态学上的特殊构造，那外面柔软的部分，就是我们现在所谓细胞体（celleus 或 cytosoma）是个无定形的，只能从化学上去断定的原始形质。近来才研究

◀ 1898 年，八位科学家在剑桥大学合影，左四为海克尔

出来,这核的化学上组织和那细胞体的化学上组织,是很相近的。我们当然可以把"细胞核原形质"和"细胞体原形质"合在一起,总称做原形质。活有机体里其余的一切物质,都是"活动原形质"的产物。

原形质既是一切生活现象的本原,赫胥黎(Huxley)至于称他为"生命之物理的基础",有这样的非常重要性,所以我们必须要了解他的一切性质,尤其要了解他那化学上的性质。然而这原形质在大多数有机细胞里都是与他的各种产物紧紧结合在一起,纯粹游离的很稀少,一星星都得不着,因此要想研究他的化学上性质,似乎很不容易的。所以我们大抵都只得靠那不完全的、不明了的显微镜研究和"显微化学"研究所得的结果。

(**原形质之物理的性质:黏状**)我们在种种地方,费了许多事,才能把原形质考究到我们力所能及的地步,把他从那些"原形质产物"分离开来。这原形质现个无色黏质的模样,他的物理上的特性,就是他那特有的浓厚和胶固。物理学家把无机物分做三个状态,就是固体、液体和气体。活动的生"原始形质",照这严密的物理上意味说来,既不能算液体,又不能算固体。他是介乎两者之间,只好说是黏体,他那样子好似冷了的冻子或是胶的溶液。胶无论怎样总是介乎固体液体之间,原始形质也正是这样的。他这柔软的原因,是内里含得有水分,这水的分量,大概都是当他容量与重量的一半。这水是分布于各原形质微分子(就是生质之极微分子)之间,也就像水在盐的结晶里那样,然而这中间却有个重要的区别,就是水在原形质里,分量上大有等差。原形质里的吸收力,和那在生活作用上极关重要的"原形质微分子之可动性",都是靠这个的。然而这吸收力随原形质的种类各有一定的限度,生原形质在水里是不溶解的,并且绝对不容定量以外的水渗透进去。

(**原形质之化学的性质**)生质之化学的研究,是"生物化学"之最重要的,最有趣味的部分,却也是最难的,最暧昧的部分。虽是 19 世纪的后半期里,许多极有才能的生理学家、化学家,行过无数次细密的研究考验,然而这个生物学上的根本问题,离圆满的解决还是很远的。这一半是由于难得有游离的纯粹生原形质供化学的分析,一半是由于那些一偏的做法所引起来的许多谬误,尤甚的就是那些因为原形质之化学的特质和形态学上特质混乱不分所引起来的谬误。许多著名的化学家和生理学家,动物学家和植物学家,意见分歧,互相反驳,就是由于这个缘故。我既不能把关于这个题目的那些广泛的、详细的并且互相非难的学说,在这里一一列举出来,只得把我自从 1859 年以来,读书研究所得的结论,略略说个大概罢。

(原形质之化学上的概念) 我们首先要理解清楚,原始形质——取他最普通的意义——是个化合的实质,绝不是各种实质的混合物,也绝不是很少的固体和很多的液体之混合物。奥斯卡·海尔特维希以为生质是几种化学上元素的混合物,依我的见解,他这种意见是断乎要不得的,因为化学上所谓"混合",是把各种气体以及粉末状的实质,混在一起,完全各不相干,不生什么变化的,这种性质实在是原始形质的组织里所无的。我们说到生质或是原始形质,这句话里并没有包含这种意思,说这个实质,在每个特殊的情形里,不能有特异的构造。现在许多生物学家,依然还把原始形质认为一个各种实质的混合物,这种谬误大概都是由于化学上观念和形态学上观念的混乱,由于把原形质的某种构造上的形状,误认为细胞体里生活作用的原产物,不晓得这实在是他的副产物。

(原形质之化学的分析) 首创"原始形质"这个名词的那些旧生物学家,把他详细研究过一番,都认这个生质是属于蛋白质类的。这一类窒素炭化物的许多特性,像那对于酸类和盐基的作用,对于某种盐类的颜色反应,和其分解的产物,都是一切原形质里所有的,也都是一切蛋白质里所有的。这是和"定量分析"的结果一致的。各种原形质的物质,论其细微的地方,纵然是有种种的不同,然而总和别种蛋白质一样,都是由五种"机原元素"(organogenetic elements)化合出来的,说其分量就是炭素 51%~54%,酸素 21%~23%,窒素 15%~17%,水素 6%~7%,硫黄 1%~2%。然而这五种元素的原子在蛋白质里的结合法,其分子的聚合法,还有许多不同的样子。所以要论这原形质的实质之化学上性质,我们不能不先把他所属的那蛋白质类研究一番。

(蛋白质) 化学上统称做"蛋白质"的这些炭化物,是一切物体中之最显著的,不幸却又是一切物体中之最暧昧的。要把他详密研究,有许多非常的困难处,无论研究何种化合物,再没有难似这个的。看那包着鸡蛋黄的透明黏质,下锅一烹煮就变成白色不透明的固体,人人都知寻常蛋白质的样子。然而我们从鸟类、爬虫类的蛋里很容易采取的,这种样子的蛋白质,不过是动植物里无数种蛋白质中之一种。许多化学家要想明白了解这种暧昧难明的蛋白化合物之化学上的构造,直到现在,都还是空费气力。化学上纯粹像结晶体似的蛋白质,是很难得的。大概都是个胶状的或是未结晶的冻子状的块子,对于渗漏作用的抵抗力比结晶体还强得多。然而我们虽是还没有能深知蛋白质的微分子构造,那些化学家的钻研考究,却也生了些效果,于我们很是有益。我们第一层已经晓得蛋白质微分子构造的大概了。

(**蛋白质的微分子**)微分子就是物体分到不伤化学上性质为止的最小的同类分子。所以每种化合物的微分子,都是两个以上异种原子构成的。各种化合物里,原子的数越多,分子的量越重。微分子和其成分原子中间的空隙,是装满了不可秤量的弹力极大的"以太"。因为虽是极大的微分子,也只占极小的空间,无论怎样好的显微镜也看他不出,所以关于他的组合,我们所有的那许多观念,都只是靠那普通的物理学上学说,和特别的化学上假说。然而近世研究化合物微分子构造的"立体化学"(stereochemistry)不仅算是"自然哲学"之绝正当的一部分,并且对于化合时各元素之相互爱力和原子之看不见的运动,都有极重要的说明。并且因为有了这"立体化学",微分子之相对的大小,和其中所含原子的数目,也都可以大略计算得出来。虽然如此,那蛋白质的却极难计算,就是他那构造上的形状,也还是很不明了的。不过科学却也已经研究到一个大概,略如下列的三条:

(一)蛋白质微分子是异常之大,所以其分子的重量也是很大的(比所有一切化合物里的都重些)。

(二)组成蛋白质的原子,数是很多的(恐怕总在一千以上)。

(三)蛋白质微分子里原子配合的状态是很复杂错综的,并且又很不安定的,极容易变化。

近世化学认为一切蛋白类所共有的这几种性质,一切原形质也都是一样,况且生活物质的新陈代谢,使得原子变换不绝,那实在就更加一层的相像了。据佛兰兹·回夫迈斯特尔和其余学者的意见,这是起于发酵或是酵素的构成,就是起于胶状构造的接触作用。维尔佛尔浓依据生理学上的根由,把这种原形质微分子取了个名称,叫他做"生元"。

(**原形质之基本的构造**)我们既由比较解剖学深明各种器官的意义和性质,又由比较组织学洞见细胞的意义和性质,自然要想照样也去钻研细胞之主要的主动的组织者,原形质之基本构造之秘奥了。近世细胞学之改良的方法,和这细胞学由"显微镜用切片器"(microtome),由"显微镜化学"(microchemistry)及其精微的染色法等所得来的大进步,促起近 30 年里许多研究家,去研究原始有机体之极精微的构造上形状,就依据这个基础,去建立那关于原形质根本构造的假说。据我的意见,这许多学说见解,要是去说明纯粹原形质之精微的构造,却有个很大的缺点,因为这许多学说所论的那些由显微镜上看得出的构造,不属于化学体的原形质,而属于细胞体,这细胞体之主要的主动的组织者,实在就是原形质。这许多由显微镜上看得出的构造,不是生命的原因,而是生命的结果。这种构造,原来都是那本来同类的无组织的原形质,几百万年以来,所经无数分化之"系统发生的"产物。所以我把这许多"原形质的构造"(蜂窝状的、纤维状的、细粒状的)都不视为原来的最初的,而视为后天的副从的。依这些构造影响于原形质本身,他就该称作"后形质",就是个分化了的原形质,由"生命程序"自家去变化的。至于那真正的原始形质,就是那黏体的起初在化学上没有分别的实质,据我看起来,是不能有一点解剖学上构造的。等讲到"摩内拉"的时候,就晓得这"无器官有机体"之极简单的标本还确乎存在呢。

(**原形质和后形质**)大概拿来当作有机体里主动生质去考验的,多半都是"后形质",就是那第二道的原形质,他的那本来的同种实质,经了几百万年间种族上的变化,才得着一定的构造。对这变化过的原形质,还有那本来很简单的原始原形质,这变化过的原形质,是由那简单的原形质之变革而生的。狭义的"原始形质"这个名称,加到这无组织的本来同类的原形质上去,很是恰当的,然而这个名词,现在差不多已经弄得没有一定的意义,大家任意乱用,所以倒是叫他做"初原形质"(archiplasm)还好些。这"初原形质",在许多(但不是一切)摩内拉的身体里,和克罗马塞亚细菌的一部分里,以及"原始阿米巴"(protamœba)、"原生物"(protogenes)的里面还存的有,其次在许多原生动物和组织细胞里也还可发现。然而在原生动物和组织细胞里,已经有了那内里的"核原形质"和外面的"细胞体原形质"之化学上的分化了。要把这种幼小的细胞,用极好的显微镜,辅以近世的染色法,去考验他的形状,但见他的原始形质全然是同类的,并没有什么构造,就到至极之处,也不过只见里面有极小的细粒森然排列,这总一定是由新陈代谢而来的,这种样子在根足类里,尤其是在"阿米巴"(amœba)里,以及"他拉摩佛阿来"(thalamophora)和"密塞陀座恩"(mycetozoa)里是很容易见着的。又有种很大的"阿米巴",从他那单细胞的身体上，突出几只能动的脚，这裸露细胞体上突出来的平扁的脚，其形状、大小、地位，是常常变更的。要是把他杀死，用最精的染色法去考验他，绝看不出里面有一点什么构造，就连"密塞陀座恩"和许多别种根足类的"假足"，也都是这样的。况且那液体原始形质的徐徐流动，可见得这里面绝不会有什么细微固定要素的结合了。在那些"阿米巴"和"密塞陀座恩"里，透明的、坚固的、不成粒的外皮部（hyaloplasm），和那不透明的、柔软的、成粒的内髓部（polioplasm）多少有些分别，这就尤其明了了，因为这两部既都是粒体，互相混合，没有截然的界限，这里面就不会有一定不易的构造上形状了。

要把"摩内拉"之极简单的生活程序和高度分化原生物（硅藻、带藻类、放射形虫、滴虫）的生活程序两下比较，其间生物学上的距离，看来是很大的，再要和那身体里有几百万细胞为各种组织各种器官共同动作的"有高等器官的后生植物""后生动物"等组织体比较，当然差得更远了。

（后形质的构造）大多数的细胞——无论原生物之独立自营的细胞，或是组织体之组织细胞——其原形质里，多少总看得出一点一定不易的细微的构造。这种构造我们总把他认为生活程序之系统发生学上的副次的产物，把这分化过的原形质叫作后形质。对于这后形质在显微镜下所呈的形状，大家的见解很分歧的，因此引起了许多的争论。这里面，大半都是因为想要在这些第二道的原形质构造里，发见生活运动之第一原因，就是细胞之真正"原始器官子"（elementary organella）。最重要的各种学说，就是原形质的泡沫状构造、骨骼状构造、线纬状构造、粒状构造等说。所有这许多构造学说，都一般的适用于原形质，对于他那两个主要形态，就是细胞核的核质和细胞体的细胞质，尤为适用。

（泡沫状构造）这许多要在生活物质里发见个一定的构造之企图里，泡沫状构造（又叫作蜂窝状构造）说近来最为时兴。海德尔堡（Heidelberg）的毕茨奇利尤其热心，根据他许多年的研究实验，极力要在这泡沫状构造说上建立他的原形质学说。在今日那想要寻个微细的原形质构造，去做说明生理机能之主要的解剖学上基础的许多企图里，这泡沫说极其盛行。然而有一件要注意，就是往往有极不相同的现象混在这个名称之下，生活物质里由摄取水分生起的粗糙泡沫，和眼看不见的臆说上的分子构造，尤其容易相混。这两个现象一定要和那用显微镜看得出的，细微的原形质构造分别开来，但是这二者中间的限界,却很难定的。

据我的意见,亚尔特曼(Altmann)之看得见的细粒,和佛理明格(Flemming)之线纬,佛罗曼(Frommann)之骨骼,毕茨奇利之蜂窝一样,都并非原始的构造,不过是原形质分化的副产物罢了。

自从1859年达尔文提出遗传问题,做了一般生物学的个根本问题,就生出来许多种假说和学说。这许多假说学说,毕竟都是要把遗传归之于胚种细胞所含原形质之分子状态的,因为传两亲之性质于子孙的,不外是母的卵细胞和父的精虫细胞之胚种原形质。所以近来对于受胎和遗传的研究,经了许多观察实验,进步很大,这是于我们对于原形质之分子构造的观念上很得益的。这许多学说,我在《自然创造史》的第九章里,已经拣那重要的说过一番,请读者看看。要按年代排下来就是——

(一)1868年,达尔文的泛起说(the pangenesis theory)。

(二)1875年,赫凯尔(即本书著者)的波动发生说(the perigenesis theory)。

(三)1884年,雷吉理的细胞原质说(the idioplasm theory)。

(四)1885年,魏兹曼的胚种原形质或译生殖质说(the germ-plasm theory)。

(五)1889年,德佛理斯(de Vries)的急变说(the mutation theory)。

这许多学说,以及后来的遗传说,没有一个能把原形质的构造加以满足的说明,叫大家都能承认的。就连生命毕竟该归个个分子呢,还是该归分子群呢,都还没有清楚。阅于最后这个区别,我们可以把这些假说分作"生元说"和"密塞拉说"两派。

(生元和生的微分子) 我在1875年做的那篇《生元之波动发生说》里,发表一个假说,以为研究到终局,"生元"是遗传之运载者——就是那有记忆力的原形质微分子。我创这种假说,很得力于生理学名家海林的学说,这海林先生,在1870年,曾经宣言,说"记忆"是有机物的通性。就到现在我还不解,离了这个假定,怎样能说明遗传呢?"生殖"这个名词,是两种作用共通的,也就表出"精神的记忆"(当作头脑的个机能)之共通性质。我把"生元"解作"简单的微分子",克罗马塞亚、细菌、根足类等摩内拉里原形质之同类的性质,和其生活机能之简单,实在令人无须假定这里面有什么特别的分子群了。马克斯·维尔佛尔浓在1903年,以同样的意义,倡他那生物生发说,把这个假说,叫作"生活物质里种种作用之批评的实验的研究"。他又把那活动的原形质微分子［他呼作"比阿该尼"（biogen）］认为生活作用之最后的个体的要素，并且主张在极简单的时候，原形质是由同种类的"比阿该尼微分子"（biogen-molecule）构成的。

（**"密塞拉"和"比阿佛阿拉"**）雷吉理和魏兹曼的假说是和那以"生元"与"比阿该尼"为原形质之极简单的微分子的假说全然不同的。据他们这个假说，那最后的"生活单位"，就是生活作用之个体的运输者，并不是同种类的原形质微分子，乃是由异类微分子结成的微分子群。雷吉理叫他做"密塞拉"（micella）①，说他是个结晶状的构造，他想象这密塞拉是联结成个锁链状的"密塞拉索"，原形质的许多形态许多机能之各各不同，是由于密塞拉之各种布置排列。魏兹曼说："生命是只能由异种微分子之一定结合而起，所有一切的生活物质，必定是由这种分子群构成的。单单一个分子是不能生存的，既不能同化，也不能生长，也不能生殖。"这种见解，我真看不出他的是处。魏兹曼后来加到他那悬想的"比阿佛阿拉"（biophore）②上去的许多化学上生理上特性，是一样可以加到分子上，可以加到分子群上去的。在"摩内拉"的极简单形式里（无论是克罗马塞亚或是细菌），其简单生命之性质，随便用前说后说，都可以说明的。这种说法，当然不能否认那算做一个微分子的大生元，即大"比阿该尼"里含有极复杂的化学上构造。维尔佛尔浓的"比阿该尼说"，搬出个生活物质之原始的微分子，来做生命之穷极的要素，我觉得很令人满意的。

（**核质和细胞质**）原形质之进化程序里，最重要的，就是他分作里面的核质（核原形质）和外面的细胞质（细胞体原形质）。这两种原形质，由"摩内拉"之本来很简单的原形质里分化出来的时候，在形态学上也就分作细胞核（caryon）和细胞体（cytosoma 或 celleus）。生活物质之这两个主要的形式，虽有化学上的不同，关系却很切近，并且在某种状态之下（例如在"间接细胞分裂"和与此相关之"部分的核溶解"的时候），二者可以结成极密切的相互关系，所以这二者的分离，一定是经过极长的时期，由渐而起的。从无核的原始细胞（cytode）生出真有核细胞来，这是由于核原形质和细胞体原形质之化学

①　"密塞拉"即分子团。——本书编辑注
②　"比阿佛阿拉"即生源体。——本书编辑注

上的相反,逐渐进化而成,并非是由于突然的变化。这二者都正该包括于"成形质"(plastid)一个总称之下,算做"穷极的个体"。

我看成形质里遗传的物质——就是成形质得自祖先传于子孙之内面的特质——之累积,算是原形质分化作用之主要的原因,而成形质的外部继续和外界交接,照这样,那内部的核变为遗传和生殖的器官,外部的细胞体变为适应和营养的器官。我在1866年著的那部《一般形态学》里,主张这种假说:

遗传和适应两个机能,在无核原始细胞之分化过了的实质里,似乎还没有分配定,不过由全体的原形质去掌管罢了,至于在有核细胞里,这两个机能,由细胞的两个部分各自分担,内部的核专管传达"遗传的特质",外部的原形质担任宜于四围境况的适应。

后来到1873年,由斯特拉斯保加(Strassburger)、海尔特维希兄弟以及其他学者关于细胞分裂、受胎的许多发明,把我这假说确实证明了,两性生殖里"核动"(caryokinesis)这个现象,尤足以证实我这假说。因此我们可以明白,那分裂繁殖的摩内拉(克罗马塞亚和细菌),既没有两性生殖,又没有细胞核,是怎样的个道理了。

(**核质**)细胞核在细胞的生活里极关重要,算做遗传之中枢器官,大约又算是细胞的灵魂,这都是由于他那蛋白质(核原形质)的化学上性质。这唯一的主要的原质,在化学上很和细胞体的细胞质相近,不过稍有点不同。核原形质对于洋红、"海玛陀克锡林"(hœmatoxylin)等色素的和亲力,比细胞质的大些,核原形质经过醋酸、"克罗姆酸"(chromic acid)等酸类,比细胞体原形质凝结的快些,并且坚固些。所以我们只要加一滴很稀薄的(2%)醋酸,就能把那看着似乎不分的细胞,内面的核和外面的体,分得清清楚楚。大概那凝固的核,这时候总是现出一块球形或是卵形的原形质,也有时作圆筒形、圆锥形、螺旋形或是分歧形的。像我们在许多原生物和组织体的幼小细胞(尤其是幼小的胚胎)里所发见的那样,核原形质好似本来不分种类没有组织的。然而在大多的细胞里,核原形质是分作几种实质的,其中主要的就是"染色体"和"非染色体"。

(**染色体和非染色体**)动植物细胞里核原形质之最普通的区分,并且在其生命的活动上最关重大的,就是那通常叫作染色体(chromatin,或 nuclein)和非染色体(achromin,或 linin)的两种化学上相异的实质。染色体对于洋红、海玛陀克锡林等色素的和亲力大些,因此人都把这个所谓"可染性核质",认为遗传之运载者。非染色体是很难染色或竟全不染色,和那细胞体原形质是很相近的,在"直接细胞分裂"的时候,和细胞体原形质的关系很密切的。非染色体大概总都是细丝样的,所以叫作"核丝"。染色体大概总都是圆的或是杆状的细粒(chromosomata),在间接细胞分裂的时候,起许多特有的形状上变化(如环状等),所以又叫"核粒"。核丝和核粒的化学上、生理上、形态上许多区别,决不能像有些人的那样主张,认为是细胞核的本来性质,这其实是从那原来一样的细胞质,长久的系统发生的分化而来的结果,就连核的其他两部分——核仁和中心体——也是这样的。

(细胞仁和细胞中心体)虽然不能说一切细胞都是这样,那大多数的细胞里,核都有两个组成分子,这分子是由于核质更加分化生出来的。核仁是个小球形或是卵形的分子,核里面有一个或是几个,其对于色素的动作,比那核粒的有些不同。他和"亚尼林"(aniline)酸色素、"高新"(gosin)等类有特别的和亲力。所以他的实质分为"卜拉斯丁"(plastin)和"巴拉纽克莱因"(paranuclein)两种。核仁在高等动植物的组织细胞里,算个独立的组成分子,在许多单细胞的原生物里就没有他了。细胞的"中心体"(centrosome)也是这样的。这中心体是个极小极小的细粒,人眼所看得见的没有比他再小的了,至于他的化学上构造,是不甚了然的。这细胞的组成分子(1876 年才分别出来的),要不是在间接的"细胞分裂"里有很重大的作用,恐怕人就不大去注意他了。这"中心体"在核之分裂的时候,做他的轴,对于细胞体原形质里面分配的细粒发一种特殊的引力,把他们安排在这中心的四周。这中心体是独立生长,并且是以分裂法生殖,和那叶绿素等杂色体一样的。分裂开了之后,每个分开了的中心体就各自做他那半个细胞的引力中心。然而近世细胞学家虽因此把他看得十分重要,却因为了两件事,就把他的价值减损了。第一件,我们无论怎样出力费事,竟不能在高等植物和许多原生物的细胞里寻出个中心体。第二件,近来的化学上实验,竟能用人工叫细胞体原形质生出个中心体来(例如加入镁的盐化物),所以有许多细胞学家把这中心体认为细胞体里分化作用的第二度产物,并非是核。

(核膜和核液)我们在动植物体的细胞里往往看见那核还另外有两个部

分，就是核膜和核液。有许多——并非全部——细胞，都是水胞似的，一层薄皮包着些流质的核液。在这个圆水胞里核丝总是成个网状的组织，核粒在他的网眼里。这个极薄极薄的核膜，可以认作"表面牵引"的结果。这水也似的纯洁透明的核液，是由吸收流质而成的。核膜和核液的区分，并非是核的原有性质，乃是由那本来同种的核原形质分化出来的。

（细胞质）细胞体原形质，和那细胞核原形质一样，原来是那"简单的，曾经是同种的"原形质［就是基本原形质（archiplasm）］之化学变化。这是由原生物的比较生物学所显然证明了的，原生物的单细胞组织，比那多细胞组织体里的次组织细胞，其细胞组织的层次越觉多了。然而在大多数的细胞里，细胞体原形质分作几多部分，各部分的形状不同，在分业上的机能也不一样。那细胞组织的秩序整齐，我们看着就非常显著，这是"摩内拉"的简单同样原形质细粒里所决没有的。因为有几位近世细胞学家，把发达了的初等有机体的这个大分化作用，误认为是一切细胞的通性，所以必须要说明白这是个第二步的系统发生的发达，并且是原始有机体里所绝无的。生理的分业之复杂，和各部分之形态学上的区分，在核原形质里是极大极大的。我们要是从一般的见解把他们配列成几大门类，就可以区别出来个能动的原形质组成物和受动的原形质产物，前者是由于活原形质的化学上变态，后者是他的死排泄物。

（原形质的分化物）我们把那些由于活细胞体之部分变态的一切组成物，都包括在"原形质组成物"或是"细胞体原形质里分化作用的产物"一个名称之下——并不是他的死排泄物，乃是那具有特别机能，在化学上形态学上从最初的细胞体原形质分化出来的其实质的活部分。这一种的最普通的分化作用就是由软的粒状髓层（hyaloplasm）分出来硬的玻璃状皮层（polioplasm）（虽然这二者往往没有明晰的界限）。大多数的植物细胞里，特别的原形质细粒（大都作球形或是圆形）在里面发达，这名字叫作滋养原形质（trophoplasts），管新陈代谢的作用。植物里成淀粉的"淀粉原形质"，叶子里的绿素，以及构成各种色彩的色素原形质都是属于这个种类的。在高等动物的细胞里，筋肉原形质构成筋肉的特别伸缩组织，神经原形质构成神经质的精神组织。但是魏兹曼氏"胚种原形质说"所根据的那"形体原形质"（somoplasma）和"胚种原形质"（germoplasma）的区别，全然是个无凭的假说。

（原形质的产物）那算做活的，活动的细胞体原形质之排泄物，一定要认作死的"原形质产物"的细胞之无数样部分，可以分为内外两大类。前者是蓄积在活的细胞体原形质的里面，后者是从里面排出来的。

（原形质之内部的产物）最普通常见的原形质的内部产物就是那许多"微粒"（microsomata），是极小的不透明的分子，大家都认他做新陈代谢的产物。这些"微粒"，有时是脂肪，有时有蛋白质的变体，有时是化学成分不明的别种实质。那很普通的，定组织体的颜色的，各色大"色素球"也可以说是这样的。还有那在细胞体原形质里算极普通的，就是那呈油珠脂肪结晶体等等形状的积累的脂肪，此外更有各种别的结晶体，一部分是有机的结晶体（例如植物的"糊粉粒"里的蛋白质结晶体），一部分是无机结晶体（例如许多植物细胞里的硝酸盐，许多动物细胞里的石灰盐）。流质的"细胞液"在许多大细胞里有很重大的作用。他是由细胞体原形质里聚积液体而成的，并且是作泡状的组织。他所作成的大空间，就名叫"空泡"，其中有许多排列得极整齐的"气泡"。细胞液在细胞里聚得多了，就生出那大的"小胞细胞"来，这种"小胞细胞"在高等植物、软骨等的组织里都有的。

（原形质之外部的产物）在大多数的细胞里，要说已经算很重要的活细胞体原形质的外面排泄物，尤其是说"保护器官"，我们不得不先举那细胞膜，这个坚韧的外皮，包裹那柔软的细胞体，好似蜗牛在壳里一般的。在细胞说的初期（1838—1859 年）里，学者都以为这样的个包皮是一切细胞都有的，并且往往认他为细胞的个主要组成分子，但是后来发见出来，许多细胞都绝没有这种保护的包皮，动物细胞里没有这皮的尤其多，并且发见出来，这皮是后来长的，细胞幼稚的时候大抵都是没有的。现在把细胞分为"裸细胞"（gymnocyte）和"包皮细胞"（thecocyte）两种。例如"阿米巴"、滴虫、藻类的芽孢、精虫和许多动物组织细胞，都是"裸细胞"。

（细胞膜）"细胞膜"（cytotheca）的大小、形式、构造、化学上性质有种种的不同，单细胞原生物里的根足类尤其不一样。看那些放射虫和硅藻类的硬壳，栉水母和"加尔可赛特亚"（Calcocytea）的白垩质细胞，带藻类（Desmidiacea）和水管类（Syphonea）的细胞壳，就可见得细胞体原形质之异常的黏力了（参看第八章），在组织体里，所可注目的就是组织植物的细胞囊的形式和分化有无数种样子。木头、软木、内皮、果实的硬壳等类的那些性质，都是由细胞膜在植物的组织里所受的那许多化学变化和形态上分化而来的。动物的组织里，不大见到有这个现象，然而那"细胞内的物质"和"表皮的物质"，所代做的事却更多了。

(细胞内的物质)这"细胞内的物质"，就是那重要的外面原形质产物，乃是由组织体的组织里"群居细胞"构成的，普通都是露出来做那坚韧的保护膜。这许多保护的组织，在原生物群里是很普通的，都是成冻子状的块子，里面结合着一些同种类的细胞，像那细菌和克罗马塞亚的"菌块"（zooglœa）、"佛尔佛西拿"（Volvocida）[①]和硅藻类的黏质包皮，群居放射虫（Polycyttaria）的球形细胞群，都是这种东西。在高等动物的身体里，"细胞内的物质"，称为"间胚叶"（mesenchyma）的组织，有极大的功用，像那关节组织、软骨、硬骨等，其特殊的性质都是随群居细胞间所蓄积的"细胞内的物质"之分量性质而定的。

(膜的物质)组织体表面上的群居"表皮细胞"露出来做了保护的包被，这就是那表皮，这表皮大抵总是坚硬的厚甲。在许多后生植物里，都是有蜡和硬物质附着在细胞表皮上。最强固的构造是在无脊椎动物里，那表皮往往定这动物的形式和关节，像软体动物的石灰质壳（淡菜、蜗牛、海扇等的壳），和关节动物的壳（蟹的甲、蜘蛛和昆虫的皮层），都是这个例。

---

① "佛尔佛西拿"即团藻虫目。——本书编辑注

第七章　摩内拉①

· *Chapter* Ⅶ *Monera* **·**

　　"摩内拉"这个名称之下所包括的大多数有机体,大抵和真根足类作同一的运动。后来又试验出来,有些"摩内拉"里有个核藏在同种类的原形质分子里面,所以就说这些摩内拉一定要认为是真细胞。但是这个"发见"不能扩充于摩内拉的全体,不该因此就全然否认无核有机体的存在。

---

① 参见本书第 19 页注。

凡是要研究说明一切复杂的现象，第一件先要了解其简单的部分，了解其结合的状态，了解其由简趋繁的发达状态。这条原理普遍应用于矿物、人造机械等无机物上。就连生物学的事业也都一般的应用得上。比较解剖学也是要应用这条原理，从下等有机体的组织、生活，渐渐去理解高等有机体的复杂的组织，从前者之历史的发达去推阐后者的起源。然而近世细胞学，虽是在短少的时期里，很成就了些功绩，却是取了个和这条原理相反的方法。近世细胞学因见许多高等原生物（像那毡毛虫类、滴虫类）和许多高等组织细胞（像那神经细胞）里的单细胞有机体之错杂的构造，误认一切细胞都有极复杂的构造。从前的细胞学实在是立于个容易误陷为独断说的危险地位。

（细胞说和独断的细胞说） 近来的许多书籍里，甚至于许多名著里的那些武断的细胞学说，我们所一定要排斥的，大约不出下面这几条。

（一）有核细胞是一般的最初步的有机体，一切的生物不是单细胞体就是几多细胞和组织构成的。

（二）这最初步的有机体，至少总是由两个相异的器官（就是"器官子"）合成的，一个是内里的细胞核，一个是外面的细胞体。

（三）每个"细胞器官"的物质——核的核原形质和体的细胞体原形质——决不是同种类的，或是在化学上同一基本的，乃是由几个在化学上解剖学上都不同的初步"组成分子"构成的。

（四）所以原形质并非是个化学上的同一，乃是个形态学上的同一。

（五）每个细胞都是由"母细胞"生出来的，细胞核都是由"母核"生出来的（omnis cellula e cellula—omnis nucleus e nucleo）。

（未有细胞以前的有机体"摩内拉"） 近世独断细胞的这五条都决不是健全的学说，这五条都是和"进化论"不相容的。所以我38年来极力搐击这些谬说，觉得他太危险了，不得不略略把我的理由说一说。第一件，我们先要把近世的细胞的定义理解清楚了。现在普通都说细胞是由细胞核和细胞体两个本质不同的部分构成的（照第二说）。又加上些话，说这两个"器官子"在化

▶海克尔在研究室的书桌前（1914）

学上、形态学上、生理学上都不一样。这话要是真的，细胞就不能算原始的有机体了，细胞算了原始的有机体，地球上有机生命的起源就未免太神奇了。"自然进化论"明明白白的说这种样的细胞是由更简单的、原始的、初步的有机体，一种同类的"细胞质"发达进步而成的。就到今日还有现存的极其简单的原生物，我在 1866 年把这种原生物取个名字，叫作"摩内拉"(monera)。这"摩内拉"既是一定生在真正细胞之前，所以又可以叫作"细胞前的有机体"。

照现在生物科学的状况说来，地球上初演这生命奇剧的最初的有机体，只能说是那同种类的原形质分子——就是那还没有能照真正细胞那样分什么核和体的"生元"或是"生元群"。我在 1866 年把这些无核细胞命名为"细胞质"，并且把他和真有核细胞包括在"生素"(plastids)一个总名称之下。我又努力去证明这种"细胞质"还以独立"摩内拉"的形式存在，我于 1870 年又在我著的《摩内拉论》里说了些和上面的定义不相符的原生物。

50 年前我初次细心观察活"摩内拉"，并且在我著的《一般形态学》里道他是无器官无组织的有机体，是有机生命的真起源。后来没多久，我在加拿利(Canary)岛的时候，继续观察根足类之有机体的生命连续状态，他的生活好似个极简单的微菌，所差的就是没有核，我的《自然创造史》的第一图，就是他的形状。首先描述这种橙赤色原形质小球的，就是我那篇《摩内拉论》。"摩内拉"这个名称之下所包括的大多数有机体，大抵和真根足类作同一的运动。后来又试验出来，有些"摩内拉"里有个核藏在同种类的原形质分子里面，所以就说这些摩内拉一定要认为是真细胞。但是这个"发见"不能扩充于摩内拉的全体，不该因此就全然否认无核有机体的存在。现在毕竟有几种这类无器官的有机体，这里面还有几种散布得很广哩。这里面主要的例就是"克罗马塞亚"和细菌，前者起植物性的新陈代谢，后者起动物性的新陈代谢[就是前者造原形质(plasmodomous)，后者食原形质(plasmophagous)]。根据这个重要的化学上差别，我在 20 年前早在我著的《系统的发生学》里把摩内拉分为两大部，就是植物性摩内拉和动物性摩内拉，前者是无核的原生植物，后者是无核的原生动物。

("克罗马塞亚")在活有机体，"克罗马塞亚"实在是最原始的，最和地球上极古生物相近的了。最简单的"克罗马塞亚"，就是"克罗阿珂加塞亚"(Chroococcacea)，不过是个无组织的原形质分子，以"构成原形质法"(plasmodomism)生长，长到了一定限度，就可以简单的"分裂法"繁殖的。有许多是有薄膜或厚些的胶质包皮包裹着的，我就是为了这件事，许久没有敢把"克罗马塞亚"算进"摩内拉"里去。然而后来我才明白了，同种类原形质分子四围生成这类的保护包皮，从生理的见地看起来呢，可算得是个"有意的"构造，但是从纯粹物理的见地看起来，又可以当他是个表面索引的结果。还有一层，这些"造原形质摩内拉"的生理的性质是特别的重要，因为他是解决"自然发生"大问题的密钥。

"克罗马塞亚"现在世界上到处皆有，有时生在淡水里，有时生在海里。有许多种在岩石、石块、木材等物上，成青、绿、紫、赤等色的附着物。这种胶质薄片里，有几百万同种类的微细的细胞质紧结在一起。他们的着色，是由于一种特别的色素（phycocyan）。这种色素和原形质分子的实质有化学上的关联。这色彩随克罗马塞亚的种类不同，分为许多样（已经辨别出八百多样）。德国种的普通都是青绿色或是藿香色，有时是青色、青蓝色或是紫色。所以通常叫作"青藻"（Cyanophyceæ）。然而这个名字是不对的，因为两个缘故：第一件，这些原生植物只有一部分是青的；第二件，他们既是简单的，原始的，无组织的植物，一定要和那多细胞的有组织的真正藻类分别开来才是。别种"克罗马塞亚"是红色、橙色或是黄色的，例如那有趣的 *Trichodesmium erythræum*，聚得多了，能于一定的时候，在热带地方，把海水弄成黄色或是红色，亚剌伯（Arab）沿岸的所谓红海，中国沿岸的所谓黄海，都是因为他，才有这些名字。1901 年 3 月 10 日，我从森达（Sunda）海峡过赤道的时候，船从几英里宽的这种"克罗马塞亚"堆里走过。那红黄色的海面，看起来好似撒了锯屑一般。北极洋（Arctic Ocean）面上往往被那褐色的 *Procytella primordialis*（以前叫做 *Protococcus marinus*）染成褐色或是赤褐色，也和这个是一理。

像那许多植物学书籍里，把克罗马塞亚认为藻类的种属，这显然是绝无道理。真正的藻类，除了那属于原生植物之单细胞的硅藻和"保罗腾"（paulotom）以外，都是有定形和特殊组织的多细胞植物。"克罗马塞亚"还没有进步到真正有核细胞，只是低级植物生活的无核细胞质。要是拿"克罗马塞亚"比其余一切的植物，并不能比植物的组织细胞，仅仅能比那做绿色植物细胞里一部分的色素或是"色素体"（chromatella）罢了。再说清楚些，就是这些叶绿素细粒，一定要认为植物细胞的器官子，或是细胞体原形质里核以外的别种原形质构成物。色素在植物的芽细胞和芽尖里还是无色的,只是从那紧紧绕着核的原形质硬层发达坚硬的、屈折力极强的、球形的或是圆形的细粒。后来经了化学的变化,就变成叶绿素的细粒或是"叶绿体"(chloroplast),这叶绿素细粒、叶绿体在植物的"原形质构成"或是"炭素同化"上有极其重要的功用。

有许多种极简单的"克罗马塞亚"作单体生活。这微细的原形质小球分裂成两半个的时候,每半个球就各自生活。那遍处都有的普通的"克罗阿珂加斯"(Chroococcus)也是这样的。然而在许多普通的种类,这原形质小球构成多少厚的细胞块或是细胞群。在那极简单的(像 Aphanocapsa)这些群居细胞分泌成个无组织的胶质块子,里面乱散着些青绿色的原形质小球。在那成块青绿色胶质黏在湿墙或是岩石上的"葛来阿加卜萨"(Glœocapsa)种里,那组成的细胞质,分裂出来之后立即作个胶质的包皮把自己包裹起来,并且聚集成一大块。但是大多数的"克罗马塞亚",都成个坚韧的丝状的细胞群或是细胞质的链条。那繁殖很快的细胞质之横裂,总是向着同一的方向,新生的"子细胞质"又总连在裂口上,铺成平圆形,所以其线状构成物或是有节的线都很长的,像那"摇曳藻"(oscillaria)和念珠藻类就是这样。许多这种线丝聚集在胶质块子里,往往长成大块不规则的冻子状物体,像在那普通的"流星冻"(Nostoc communis)里,就是这样的。这种块子大的能长到梅子那样大。

我既把"克罗马塞亚"认作一切有机体中之最初的,最简单的,当他极其重要,所以必须把他的解剖上构造和生理上活动,逐条说清楚。

(一)极简单的"克罗马塞亚"并不是由相异的"器官子"或是器官构成的,绝没有"有意的"构造和一定的结构。

(二)构成那极简单的"克罗阿珂加斯"之全体的、同种类的、有色的原形质细粒,绝不见有何等原形质的组织(蜂窝状、丝状等都没有)。

(三)原形质的微分子之本来的球形,是一切根本形式中之最简单的,无机物体(像那雨点子)在安定的平均状态里也成这个形。

(四)无组织原形质细粒表面上的薄膜,可以用纯粹物理作用去说明,就是表面的张力。

(五)许多种"克罗马塞亚"所分泌的胶质包皮,也是由个简单的物理作用或是化学作用构成的。

(六)一切"克罗马塞亚"所共有的唯一主要生活机能,是"自己给养",其生长是靠植物性新陈代谢，就是炭化作用，这种纯粹的化学作用是和无机化合物的接触作用同等的（第十章）。

（七）细胞质之以继续的"原形质生成"而生长，是和"结晶生长"的物理作用同等的。

（八）"克罗马塞亚"之简单的分裂生殖，不过是长过了个体大小的限度以后，还在继续生长罢了。

（九）或种"克罗马塞亚"里所见的其余一切生活现象，都也可以本机械的原理用物理的原因或是化学的原因去说明的。这里面没有一件事可以教我们承认那什么"活力"的。

这些下等有机体之生理的性质里，大可注目的就是其生活的特性，他和外界势力、温度的高低没甚关系。许多"克罗马塞亚"在摄氏五十度至八十度热的温泉里生活，这里面别种有机体是不能生存的。有许多在冰里冻了很久，一开冻就又回复了生活的活动，又有许多完全干燥起来，等几年后，把他放在水里就又活了。

（细菌）其次就是细菌，这种有名的小有机体，近几十年人人都晓得他是瘟疫的病源，发酵和腐败的原因了。近世细菌学，在很短的期间里，已经占到极重要的地位，和医学之实际、理论两方面的关系尤其重，现在的大学里，都特设讲座去讲他。现在的科学家，仗着那顶好的显微镜，标品法，着色法，把细菌研究的很精密，用细心的实验和培养法，测定其生理的性质，说明其对于有机生命界的重要，他们如此的精到透辟，如此的坚忍不拔，真令人很可赞叹的。细菌在自然界里生活的位置，经济的位置，于是乎代这微细的有机体争得绝大的科学上、实用上的价值。

然而专门细菌学家，到今天还抱一种谬见，和他们所成就的这些赫赫的功绩，正相反背，这真奇怪了。以近世的成来说的眼光去研究细菌之系统关系的生物学家，被那些关于"细菌在植物界的位置（像分裂菌），细菌和别种植物的关系，以及其种类的构成"的那些异乎寻常的见解，闹得发昏，还弄不清楚。要是把一切真细菌所共有的形态学上的性质仔细研究，把他和别种有机体一比较，必然就要承认我多年来各种著作里的论断了：细菌并非是真（有核）细胞，乃是"摩内拉级"的无核细胞质；也不是真（有组织）菌类，乃是简单的原生物，他的近亲就是"克罗马塞亚"。细菌学家叫作"细菌细胞"的最简单的有机个体，并非是真正有核细胞。直到今天费了许多极精细的实验，要从细菌的原形质里寻出个核，其结果就是这样明明白白的"适得其反"。

大多数的细菌和"克罗马塞亚"的形态上区别是异常的微细，叫我们只能从其新陈代谢上去分别这两种"摩内拉"。"克罗马塞亚"是原生植物，制造原形质的。其从简单的无机化合物（水、炭酸、阿摩尼亚、硝酸等）以"合成"和"还原"两个作用造成新原形质。细菌是原生动物，食原形质的。细菌大概都不能造新原形质，只能从别的有机体上吸取（像那些寄生虫和尸体寄生物），用分析和酸化两个作用去分解原形质。所以无色的细菌，并不像"克罗马塞亚"有那炭化作用的利器，那绿色、青色、赤色的色素。但是也有些例外的，"巴奇尔斯维林斯"（*Bacillus virens*）是含叶绿素染成绿色的，"密克罗珂加斯卜罗抵吉阿萨斯"（*Micrococcus prodigiosus*）是血赤色的，还有别种是紫色的。土里的"硝酸细菌"却有植物性的制造原形质力，他从大气中炭酸气里吸取炭素，以酸化作用把"阿摩尼亚"改制成次硝酸、硝酸。他照这样所以能无须要有机物，只吃简单的无机物，和"克罗马塞亚"一般。

因此，所以造原形质的"克罗马塞亚"和食原形质的细菌是极其相近的，要把二者之间划一个明确的界限，是做不到的。于是乎许多植物学家，把这两种包括在"裂生植物"（Schizophyta）一个名称之下，从这里面再把那青绿色的"克罗马塞亚"分为"裂生藻类"（Schizophyceæ），把无色的细菌分为"裂生菌类"（Schizomycetes）。然而这个区别也不可认得太严，论那绝对的无核无组织，"克罗马塞亚"之别于多细胞有组织的藻类，犹之乎细菌之别于菌类。这"裂生植物"四个字里表示的那"细胞的分裂增殖"，也是许多别种原生动物里所同有的现象。

细菌的外形虽是极其简单，许多生物学家就他的形状把他分为几百种，甚至于分为一千多种。但是我们专从他的外形看来，只能把他分作三大根本的形式：（一）球状细菌（micrococci 或 spherobacteria）是球形，或是椭圆形的；（二）杆状细菌（bacilli 或 rhabdo-bacteria，又叫作 eubacteria）是杆状的，圆筒状的，也往往有蠕虫状的（就是 comma-bacilli）；（三）螺旋细菌（spirilla 或 spiro-bacteria）是螺旋形杆状的（螺旋少的时候作震动形，多的时候作涡卷状）。细胞质的形状里，除这三大区别之外，我们又可以其一端或是两端伸出来的很薄的鞭毛（flagella）定那许多杆状细菌和螺旋细菌的种类。这种鞭毛是供那些"游泳细菌"在水里行动的,但也只是有时许多种有这鞭毛,其余的许多种却全然没有。

根据细菌细胞质的简单的外形,和其单调的内部组织,既都不能把细菌的许多种类作个系统的区分,所以一般只得根据他对于蛋白质、亚胶等有机食物的种种作用,他的化学作用,他在活有机体里所生的"下毒""分解"作用等生理的性质去分别他了。细菌的一切生活活动都是个化学作用,这是细菌学家所公认的,并且因为这个缘故,这种微生物是极其重要。我们只要记着各种细菌和人体组织有怎样错杂的关系——使人害伤寒、神经系知觉过敏、霍乱、结核症等病——就不能不承认这些病症的真原因一定要求之于细菌原形质的特殊分子构造,就是其分子和那散散的凑成特别分子群的无数(约一千以上)原子之特殊的排列了。细菌相互作用之化学的产物就是所谓"陀梅因"(ptomaines),这里面有许多是很毒的。这些种毒质里,有几种我们能用人工培养法取得很多的,并且把他游离开来,用实验法考验他的性质,像那破伤风症的破伤风菌和伤寒症的伤寒菌。

照这样说细菌的作用是个纯化学的,是和无机毒物相类似的,我要特别提一句话,就是这个极正确的学说也纯然是个臆说。我们离了臆说,无论什么重要的自然现象都不能说明,这件事就是个极好的证例。原形质的化学上分子构造,我们无论用怎样好的显微镜,一些也看不出,这个和"显微镜的视界"离得远哩。然而却没有一位明达的科学家,对于他的存在,和"这些有感觉的原子之复杂的运动和他所构成的分子,分子群,是那许多小有机体(细菌)在人类以及高等动物身体的组织里所诱起的绝大变化之真原因",有一点疑念。

还有一层,细菌许多种类的区别,关联着一个种类之性质和持续的一般问题,兴味是很深的。从前生物学上的分类,只是就其形态上的特征或是就外面形状,或是就内部的构造去分的,以为这些区别在分类上是极其要紧的,现在因为这些特征往往是不明了,或者竟全然没有,我们就大都只论其生理上的性质了,这些生理上的性质,是由于其假说上的分子构造里的化学上的差异。然而就连这些性质也不是永久不变的,许多种细菌,在变更了的食料状态之下,培养得长久了,就失却他的种类上特性。把培养着有毒细菌的滋养地里,温度变更了,滋养料改换了,或是加上某种化学作用,不但其生长繁殖有了变更，就连他对于别种有机体的毒力都变了。这个毒力减弱了，尤其要紧的就是这个"减弱"由"遗传"传到后代去。那习见的"接种"现象就是由此而起，这"接种"就是后天性质遗传的个绝好的证例。

许多细菌，也像他的近亲"克罗马塞亚"一般，有个组成细胞群的显著倾向。这许多细胞群是起于那"分裂繁殖极快的个体总连在一起"。这有两种样子的。群居细胞分泌出多量的胶质，并且分布在这里面，就成为"细菌块"[像克罗马塞亚里的"亚发罗加卜萨"（aphanocapsa）和"葛理阿加卜萨"（glœocapsa）]。如果那长形的杆状细菌结成长条子，就是"理卜陀特力克斯"（leptothrix）和"贝吉亚陀亚"（beggiatoa）的有节的丝（这个可以和摇曳藻比较）。这些丝状体生出分枝来就是"克拉多特力克斯"（cladothrix）。别的细菌团体，呈平圆形，其细胞质分为平面，大抵都分四群[像"美利斯摩丕的亚"（merismopedia）]，或是像"萨西拉"（sarcina）样，分为三方面的时候，就成为管状的捆子。

（**根足摩内拉**）我在 1886 年描述的，以及我的论文里的"摩内拉学说"所根据的这个"摩内拉"，是属于一种异于细菌和"克罗马塞亚"的原生物。我把他们叫作"卜罗他米巴"（protamœba）、"卜罗陀金"（protogenes）、"卜罗陀密克萨"（protomyxa）。他的裸原形质体，好似有核的真根足类一般，伸出"伪足"来，所差的就是没有核。后来我在我著的《系统发生学》里，要把这些无核的根足类分开，把那"阿米巴"状的，伸出脚来的摩内拉叫作"原始摩内拉"（lobomonera），那些真根足的摩内拉就叫作"根足摩内拉"（rhizmonera）。然而这两种大摩内拉里，近年都寻出真的核来了，证明他们都是真细胞了。这个发明是由于近世进步的染核法，这种法子我 30 年前还没得用。许多科学家，因为这些最近的发明助了他们的势，就主张我所说的摩内拉都是真细胞，都一定有核。许多反对"进化论"的人，都喜欢引用这个无根据的主张，好去否认"摩内拉"的存在。

摩内拉里的"卜罗他米巴"类，我在《自然创造史》第十版里已经载了个图，这图常常被翻印。这一类的"摩内拉"现存的至少还有两三种，由他的伪足形状和运动法可以把他一种一种的区别开来。他是很像寻常的简单的阿米巴，所不同的就是没有核。这种"原始的卜罗他米巴"（*Protamœba primitiva*）散布像是很广的，葛鲁贝尔（Gruber）、秦高斯奇（Cienkowski）、莱狄（Leidy）等观察家屡次在内陆的水里见着他。我在耶拿大学讲习 40 年动物学，这中间把清水里的下等生物都如法用显微镜检验，遇见这原始的卜罗他米巴倒有四五次之多。他总是同一个式样，和我所说的一般，以其表面伸出的伪足运动，以简单的分裂法繁殖，随你怎样仔细用近世染核法去试验，他那同种类的原形质体总不见有核的影子。有几多极细的粒子乱散在原形质里，放下"试核药"，多少也着点色，这不能算是核，大约是新陈代谢作用的产物。葛鲁贝尔近来叫作"贝罗密克萨巴力打"（*Pelomyxa pallida*）的海产大根足阿米巴也是这样的。

赫胥黎 1868 年命名为"赫凯尔氏巴提必又斯"（*Bathybius hœckelii*）的海产大根足阿米巴，关于他的真性质，学者发表了许多种意见，然而据最近的研究，这些意见似乎都靠不住。然而这个议论纷纭的"巴提必又斯"问题，对于我们的"摩内拉说"和那相连的"自然发生假说"（第十五章），已经是成了赘语，因为现在我们关于那更重要的"克罗马塞亚"和细菌之"摩内拉"形式，已经有更明确的知识了。

（疑问的摩内拉）我的《摩内拉论》里说的几种原生物，其原形质体里是否有核，该算做真细胞还是该算做细胞质，现在还是很可疑的。尤其是那偶然一现的种类，像那"卜罗陀密克萨"和"密克萨斯特腊姆"（myxastrum）。这些暧昧不明的种类，我们只有俟之新研究和近世的染核法。然而我有句话要声明，就是这些著名的染核法，并不能如大家所说的那样绝对的确实，有些别种的物质和染色质一样的受染。我的摩内拉理论只是在说这些无核活原形质细粒的重要，至于那些疑似的"摩内拉"里寻得出个核也好，寻不出也好，都没甚大关系。我所引申出来的理论，单是"克罗马塞亚"——"摩内拉"中之最重要的——就足够做根据了。

把"摩内拉"说得要完了，我还要把我们从其简单的组织上所引申来的几条重要理论，概括的再述一番。"摩内拉"可以做我们一元生物学上主要题目之坚实的基础，他和近世活力说者之二元的意见是不相容的。第一层，我要郑重声明的就是：简单的"摩内拉"之无组织的原形质体里，绝没有什么组织，也没有"为一定生活目的结合到一起的相异的器官"。莱因克的什么"有意识的支配"，魏兹曼的什么"机械的决定"，在这里都用不着。最简单的"摩内拉"之全部生活的活动，是只限于他的新陈代谢作用，"克罗马塞亚"尤其是这样的,这新陈代谢纯然是个化学作用,和无机化合物的接触作用差不多的。这种原生物之简单的"个体构成"全是由于原形质小球到了一定的大小就要分裂(像克罗阿珂加斯),其原始的繁殖,不过还是个继续的生长,和结晶的生长一般。这种简单的生长,超过了化学上构造所定的限度,那多余出来的就长成新个体了。

第八章 营 养

· Chapter VIII Nutrition ·

　　一切营养作用，没有一个不是服从实质法则的。在一切高等动植物里，新陈代谢的化学作用，连那随着来的"能量"泉流，都是一个很复杂的生活活动，这里面有许多相异的机能和器官，以"自存"的公共目的，一致动作。

我们所谓"生命的奇迹"，就其广义说来，"营养"要算有机个体维持生命的第一个要素了。营养总是由活物质的化学变化、有机的新陈代谢（物质的循环）和力的循环，三种作用连在一起。原形质的消耗、新造和再行分散，都是这个化学作用。做这个"食养化学"之根基的新陈代谢，是那复杂的营养作用里最重大的要点。营养作用的一大部分，很容易用无机体的寻常物理化学上性质去说明的，有些部分还不行。然而公允的生理学家现在都一致承认这是一个理，绝不要另去寻个特别的活力说。总而言之，一切营养作用，没有一个不是服从实质法则的。

（营养的官能）在一切高等动植物里，新陈代谢的化学作用，连那随着来的"能量"泉流，都是一个很复杂的生活活动，这里面有许多相异的机能和器官，以"自存"的公共目的，一致动作。这许多机能器官大抵总是分作四组：（一）摄取食物和消化；（二）分布食物于全身，就是循环；（三）呼吸，就是变换气体；（四）废物之排泄。大多数的组织体里，无论是组织植物或是组织动物，都是分几个器官去做这些事的。下级生物里就没有这样的"分工"了，只得一个"细胞层"去管全部营养作用（像那下等的藻类、腔肠类、海绵、下等水螅）。在原生物里，这许多事都是那一个细胞自己管，至于那极简单的，像"摩内拉"，就只是一个同种类的原形质小球了。从这些极下等的营养法到那很复杂的营养法，都是一脉相承，没有间断，所以我们不能不说后者前者一样都是"物理化学"作用了。

（同化和分解）综观一切有机体里新陈代谢机能的全部，可以看得出他们是起于两个相反的化学作用，一个是以摄取食物制造生物质（即同化作用），一个是由其生活活动分解生物质（即分解作用）。无论什么时候原形质总是能动的生物质，所以我们可以说："同化作用（即制造原形质作用）是把外界取来的特种食物在有机体里转变成特种原形质的个作用，分解作用（即破坏原形质作用）是原形质动作的结果，这动作就是其部分的分解破坏之原因。"关于这两点，两大有机的自然界之间有个绝大的不同处。植物界全部都是做同

◀ 海克尔绘制的地衣（地衣是生物之间共生关系的一个典型例子）

化作用的,用"合成"和"还原"把无机物造成新原形质。动物界却是相反的,分解作用占优势,以酸化作用把取来的原形质分解开,把那由分解得来的"能力"变为热和运动。植物是造原形质的,动物是吃原形质的。

(造原形质和吃原形质)对于有机生活的起源和存续最不可少的,所以最重要的,就是那不断的原形质改造作用。我们把这个作用叫作"原形质生成作用"或是"炭素同化作用"。植物学家近来惯好把他简称做"同化作用",因此引出许多的误会。在动物生理学上"同化作用"四个字的旧意义,从广义说来,就是把食品摄取调制的意思。但是植物的"炭素同化作用"——就是我所谓"原形质生成作用"——却只是个最初的、本原的生产原形质法。其义谓植物在日光的势力之下,可以从水、炭酸、硝酸、阿摩尼亚等无机化合物里,用"合成"和"还原"两个作用,造成炭化水素,再从这炭化水素制造新原形质。动物就不能做这种事了。他只能从他的食物里别种有机体上去取原形质,吃植物的直接取,吃动物的间接取。所以我们才把这些吃原形质的动物,加上个"食原形质者"的徽号。动物因为要把所吃的外来的原形质变换成自己的特种原形质,所以也起同化作用,但是这种动物的"蛋白同化作用"和植物的"炭素同化作用"是全然不同的。这新造的原形质于是被酸化作用分解开了,生活运动所需的能力,就从这分解作用得来。

(植物原形质和动物原形质)生物质两大派间的生理上差别——即植物之合成的原形质和动物之分解的原形质——在全有机界的存续上是非常的重要。这都是由于原形质里"分子运动"的反复,至于其内里的性质,我们也和对于一般的蛋白质以及特殊的原形质之化学上构造一样,晓得不清楚。我在第五章里已经说过的,据近世的生理化学,可以确信这看不见的蛋白质微分子是相对较大的,总是由一千以上的原子构成的。这些微分子的均衡是很不安定的,其排列是很复杂而又很不定的,轻轻触一下子或是微微刺激,就能叫他改变,变成新种类的原形质。原形质的种类实在是非常之多。但看每一个种类的卵细胞和精液细胞各有一种特殊的化学上构造,就可以明白了。在生殖上,这种构造是传于后代子孙的。但是把这些无数微细的变化且不论,我们可以把各种原形质分作两大类:就是那"有合成的制造原形质性质的植物之植物原形质"和那"没有这个性质,只能食原形质的动物之动物原形质"。

(植物之造原形质的作用)我们所谓"原形质生成"或是"炭素同化"的这

个造成原形质的综合作用,总是要日光的放射能力为第一个条件。每个植物细胞其叶绿素细粒就是无数的小工场,其绿色原形质能在日光之下把无机化合物造成新原形质。除硝酸、阿摩尼亚之外,其所需用的水,是根从土里吸取来的,炭酸是叶子从大气中吸收来的。那由炭酸分离而生的,合成作用的直接产物,大抵总是不含硝化物的淀粉。这淀粉再由一种性质不明的综合作用,借着硝化物的助力,构造成硝化蛋白质。由这还原作用,分解出来的游离酸素,又回到大气里面来。在这个作用里协力动作的炭水化合物就是葡萄糖和麦芽糖,其矿物质就是钾、镁的盐类,和这些元素与硝酸、硫酸、磷酸的化合物。铁在这个作用里,量虽是极少,却也是个重要的元素。含铁的叶绿素,大抵总是要借"光波"的助力,才能造新原形质。为这件事用的光谱,其最重要的部分就是那赤色、橙色、黄色的光波。

(叶绿素的细粒)有机界里构造原形质的主要因素就是那"光的综合",或是叶绿素所起的炭素同化,这奇妙的绿质分量很少,不过占叶绿质细粒全重量的十分之一,并且用某种方法可以把他从原形质里分开的。纵然在别种颜色的植物里,叶绿素也还是真正的制造原形质者。不过他的绿色被别种颜色遮盖了——黄色硅藻类里有硅藻素,红色藻类里有藻青素,褐色藻类里有藻褐素,青绿色的"克罗马塞亚"或是蓝藻类里有蓝青素。蓝藻类尤其有趣味,因为在这极简单的标本里,其全个有机体不过是个球形的青绿色原形质细粒。并且在那极简单的有核原始植物里——许多所谓单细胞藻类——只有一粒叶绿素行那新陈代谢的机能。植物细胞的原形质里,大抵总都有很多的叶绿素。

(硝素细菌)普通的由叶绿素和日光制造原形质法以外,近来海罗斯(Heraeus)、维罗葛拉德斯奇(Winogradsky)和其他的学者,又在下等有机体里发见了一种大不相同的"原形质合成作用"。即是硝素细菌,一种生在地下全然黑暗处所的小摩内拉。其球形无色的原形质体里,既没有叶绿素,也没有核。他有一种特别的本领,能用特别的合成作用,从水、炭酸、阿摩尼亚、硝酸等纯然无机化合物,制造炭水化合物,再从这炭水化合物制造原形质。卜理佛尔因为其纯粹化学上性质,把这种炭素同化作用叫作"化学的综合"(chemosynthesis),和那普通用日光的"光的综合"相对照。此外还有那些"硫黄细菌"、紫色细菌等类的细菌,也各有一种奇特的新陈代谢。这硝素细菌一定是属于最古的"摩内拉",并且是由植物性"克罗马塞亚"到动物性细菌中间的一个过渡。

（**菌类和动物之食原形质的作用**）菌类的新陈代谢，很有些处像细菌。这种有机体大家都以为是植物，他也实在是的，但是他却不能像绿色植物，有从大气中炭酸气里吸取炭素以自养的能力。他只能像动物一般，从蛋白质、炭水化合物等有机物里去吸取。然而动物是要从有机物里取窒素的，菌类却能从地里的无机物里去取。菌类离了有机化合物是不能生活的，然而我们能用砂糖和纯粹无机窒化盐类的溶液使他生长。照这样看来，菌类是在那造原形质的植物和食原形质的动物二者间的界限上。菌类也和食原形质的动物一般，改变了食物状态，是从植物进化出来的。连那从"水管类"生出来的藻菌类里的单细胞原生动物，也有这种现象。那些"子囊菌""基本菌"等真正多细胞菌类，也是照这样从有组织的藻类降下来的。一切真正的动物，都是从植物界里取食物的，吃植物的直接取，吃动物的吃那"吃植物的动物"，间接还是吃植物。所以动物从某种意味看来，实在算是四百年前自然哲学家所说的"植物界之寄生者"。所以从发生学的见地看来，动物界显然是发生在植物界之后许多久。原来植物之发达成动物，是起于那所谓"实质变化"的营养方法之变迁的。

论新陈代谢的机能，也和论一切生活机能一样，都要从极下等的、极简单的原生植物（克罗马塞亚）里求个起点。其中最古的那"克罗阿珂加塞亚"，全身不过是个青绿色的、无组织的、球形的原形质分子，以其"原形质生成力"生长，长到了一定的阶级就分裂。在这种时候，"生命的奇迹"不过只是个由"光的综合作用"而起的"原形质生成"之化学作用。日光使那青绿色植物原形质能把水、炭酸、阿摩尼亚、硝酸等无机化合物造成同种类的新原形质。这个作用可以看作个特殊的接触作用。在这种地方，莱因克的什么"主宰"，什么"有意识有目的的活力"，都绝对的没用了。这种无器官的有机体里，还没有各个的生理机能，也没有解剖上不同的肢体，所以其唯一的生活活动，就是生长，和那无机结晶体的简单生长很可以相比的。

（**摩内拉类之营养**）我已经说过多少次了，那算做细菌，在生物学上极关重要的"摩内拉"，其生活现象有许多和高等有机体的全然是两样。他那极其奇特的新陈代谢，尤其是与众不同。在形态学上说起来，许多种细菌，和他的近支祖宗"克罗马塞亚"并没有什么区别,所不同的就是细菌的原形质里没有色质。许多种细菌都是简单的、球形的、椭圆的或是杆状的原形质分子,绝不见他有什么组织,有什么运动。别种的细菌,靠一根或几根极细的鞭毛运动[像那鞭毛类(flagellata)]。其无组织的原形质体里,绝寻不出个真核来。有些种的里面所含的微粒,又有些种里的空胞组织,只能认作新陈代谢的产物。许多细菌所分泌的薄膜和厚一些的胶质包皮,也是这样的。这个性质使得他的化学上组织和由此组织而定的新陈代谢之特质,愈发奇特和惹人注目了。上面所说的硝化细菌是造原形质的,酪酸和破伤风的"嫌气细菌"只在没酸素的地方繁殖,硫黄细菌以硫化水素的酸化,分泌小球状的纯粹硫黄。含铁细菌把铁的炭化—酸化物酸化了,生出铁的酸水化合物。"就腐菌"起腐败和发酵作用。此外又还有那些极有兴味的"病源菌",分泌特种的毒质,使人害极危险的病症,像那脓疡、天花、破伤风、白喉、伤寒、结核、霍乱等类。因为这些种细菌,在实际上极其重要,所以近来在一般生物学之外特立了细菌学一科。这一科的许多专门家里,只有几位晓得这些动物性"摩内拉"对于一般生物学的重要问题是有极大的意味。这些无组织的细胞体,其生活活动,明明是个纯粹的化学现象。这些细菌的种类非常之多,可见虽是这些极简单的有机体里,其原形质的分子状态也一定是非常的复杂,并且样式很多了。

(**原生植物和后生植物之营养**)单细胞原生植物的新陈代谢法,造原形质法,和组织植物的绿细胞是一个样的,然而大多数的原生动物,其营养和食原形质,却有种特别的形态。大部分的根足类,有种很奇特的地方,就是其裸原形质体的表面上,无论从哪一处,都能摄取固体的食物。至于那些滴虫类,其单细胞身体的外壁上,有个一定的口,有时还有个食管。这个"细胞口"(cytostoma)之外往往还有第二个孔道,预备排泄不消化的物质,就是"细胞肛"(cytopyge)。

组织植物(后生植物)的新陈代谢,成一个很长的阶级,从极简单的到极复杂的。最下等的、最古的"聚胞植物"(thallophyta)尤其是那极简单的藻类,是和原生植物群相差不远的,并且和他一样,不过是个一定的细胞群。做他的基本组织的群居细胞全然是同种类的,除了两性的区别以外,并没有什么分别。

大多数的细胞植物,不是生在水里(藻类),就是因为生体寄生或死体寄生的习惯组织得很简单的（菌类），但那"脉管植物"，大都生在陆地上，并且要适应那很复杂的状态。所以他的营养就分做几个相异的机能，并且有个特别的器官供他的排泄。隐花植物的羊齿类和显花植物都是这样的。他们这两类所以异于下等细胞植物的地方，就是有"脉管"或称"传达线纬"。这些灌水的器官即脉管或传达线纬，是细胞线结成的长管子，贯通这"脉管植物"的全身，细胞自己死了，其中的原形质就消灭了。这些脉管里川流不息的水，是由根取来的，由线纬传布到各部分，再由叶子的细孔蒸发出去。然而这些细孔，联络着含空气的内部细胞通路，又供植物的呼吸。经过这些供高等植物换气的气孔，空气和湿气可以吸进来，酸素可以呼出去。许多"脉管植物"又有特殊的腺，供分泌油脂之用。在高等有花植物里，种种消化器官的分业太繁了，其营养的装置，极其复杂。那许多种适应特别状态的构造里，最奇特的就是欧洲的毛毡苔、狸藻、热带地方的猪笼草、"戴阿尼亚草"（Dionœa）等食虫植物之捕捉昆虫、消化昆虫的器官。

组织动物（后生动物）里的很长的进化阶级，从极简单的生理机能，一直连到极精微的生理机能和形态学上极复杂的器官。后生动物的两大部，是由一件事区分出来的，什么事呢？就是在"腔肠动物"只有"原肠囊"一个器官系行全部的，或是大部分的营养机能，在"体腔动物"，这些机能是由四个器官系分掌，每一系都是由几个器官组成的。每一个大区分里，又还有些特种的组织形式。然而我1872年发表的"原肠体说"里已经说过，照比较个体发生学看来，这些各样的构造，一切都是从一个根本形式发达出来的。

（后生动物之营养原肠体说）对于后生动物里营养装置——尤其是那主要的部分食道——的起源，前人的研究，都流于一种误信，以为在后生动物的二三种类，这种装置是起于一种很不同的生长径路，并且在那脊椎动物的"有羊膜类"，这种装置是个较迟的进化产物。然我在34年前，已经由下等动物和高等动物之胎生学上的比较研究，看出来简单的"原肠囊"是一切后生动物之最初的、最古的器官，其余各种的形式都是由这个原始的形式进化出来的。我1872年在我著的《海绵的生物学》里，发表这种意见，第二年又在我的《原肠体说之研究》里把这意见确立为一种学说。在《原肠体说之研究》这本书里，我又建立一个重要的论断，这个论断，是本乎那对于动物界的发生学上自然分类之"胚叶说"的一元的改革而来的。我先论极简单的海绵类

（*Olynthus*）和“刺丝胞类”（*Hydra*）。这种最下等的最古的腔肠动物的全体，不过是个圆形的、卵形的或是圆筒形的胃囊，是个消化袋，其薄的皮层只是两片“细胞层”合成的。其外面的一层（即包皮或皮层），是他感觉和运动的器具。内里的细胞层（即胃层）是管营养的，包着那简单的空囊，这空囊开口放进食物，把他消化在里面。这个口子是原始的口部（prostoma 或 blastoporus），里面的空洞是原始的食道（progaster 或 archenteron）。我证明许多下等动物的胎儿和幼虫，都有和这个同样的构造，并且许多高等动物的种种繁杂的胎生形状，也都可以归之于同一的普通形式。我把他名为“杯形胎”或“原肠幼虫”，并且由生物发生的法则，断定他是由祖先的旧形状遗传到现在的新生产物。后来不久（1895 年）蒙提塞利（Monticelli）发见了一个近世的原肠体，和这个臆说的祖先全然符合（参看我的《人类发生学》最新版第 287 图）。海绵类、刺丝胞类之最简单的生活形式，和这原肠体之臆说的原始形式之差别，只在一些副次的、后天的特征上。

（腔肠动物之营养、消化、循环、呼吸、排泄）我们叫作腔肠动物（或是广义的腔肠类）的那许多种下等动物，大抵总都是由胃管，或是胃脉系一个器官系行一切的营养的机能。海绵类、刺丝胞类、扁虫类三种动物，都从“原肠体”一个共同的种类发达出来的，以上三种腔肠动物有三个共同的要点：（一）胃管只有一个孔，就是那原始的口，同时供摄取食物和排泄不消化物之用，此外别无肛门；（二）胃管以外，并无特别的体腔；（三）也绝不见有“脉管系统”的痕迹。这些种动物里，所有“消化腔孔”以外的一切腔孔，都是“消化腔孔”的直接支腔，不过扁虫类的“雷夫利的亚”（nephridia）却是例外。

原肠体的唯一营养器官虽是简单的消化囊，其余的腔肠动物里却有别种构造进行合作。海绵类的特征，就是其消化器的侧壁上穿通几个孔。水从这些孔里流到他身体里去，带了些食料进去，由“内腔叶”的毡毛细胞把他消化了，这水再从他的口里流出来。最常见的海绵类是那寻常“浴用海绵”，即是我们天天洗澡用的那种角质的骨骼。这种海绵和其余的大多数海绵类，其很大的不成形的身体，被许多支管贯通了，这上面有几千小胞，都是由“原始海绵”（olynthus）简单消化囊的增殖生出来的。这许多有毡毛的小胞，个个都真是个小原肠体，都是个极简单的个体。所以一块海绵的全体可以视为个“集合原肠体”（cormus）。

　　刺丝胞类的大群，现出个很长的进化阶级，从很小的很简单的，到很大的很精微的形式。有许多还在很低的阶级上（像那普通的绿色淡水水螅，他除了组织上微有不同，口沿上生一簇触须之外，和原肠体没甚大分别）。大多数的水螅都作树干状，新增殖的个体都像芽子一般发出，附在这母体上。一切树干状的动物里，其营养都是"共产主义式"的，各个体所得的所消化的一切食物，都由管子输送到公处，再平均分配给各个。大些的刺丝胞类，其体壁也厚些，有分支的胃管贯通各处，这些胃管装载营养液，输送到全身的各部分。

　　刺丝胞类的基本形式是放射形的（由其口边的一簇放射状须而定的），扁虫类（Plathelminthes）的基本形式却是"两侧对称型"的。这种动物里，其极下等的形式，和原肠体是很相近的。但是大多数的扁虫，长一对尿道，和其余的腔肠动物不同，这尿道是很薄的管子，算是他的排泄器官，把身体里新陈代谢的无用废物（尿）排出去。这个消化管就是第一营养器官以外的第二营养器官。在下等扁虫类，这个构造总是很简单的。像那珊瑚虫类，这个胃管（pharynx）总都是以口向里卷构成的，至于那大些的"涡虫类"（Turbellaria）和"吸虫类"（Trematides），从胃上长出支管，输送营养液到身上的别处。然而那"条虫类"（Cestodes），胃管就萎缩了，这种条虫寄生在动物的肠子或是别的器官里，所以能由其皮的表面直接从动物身上吸取营养液。

　　构造较高的"体腔动物"，和简单的腔肠动物之主要的区别，就在其营养装置的构造和机能比腔肠动物繁杂些。他的这些机能大概总都是分属四类器官，这是腔肠动物所无的——（一）消化器官系；（二）循环器官系；（三）呼吸器官系；（四）排泄器官系。并且体腔动物的消化管总都有两个口子，一个是口，一个是肛门。他们这些体腔动物，都还另有个特别的"体腔"（cœloma），这个体腔是供制造生殖细胞之用，和那消化管全然有别。这个腔子，是在胎里的时候由胃的近口处缺落两个细囊而成的，其中间的壁破坏了，两个囊接触，于是乎合而为一。若是这壁有一部分存留，这部分就做"隔膜"之用，把胃管紧连在"体壁"上。在最下等的最古的体腔动物［蠕虫类（Vermalia）］里，这四系消化器官的动作还是很简单的，但是在那从他进化出来的别种高等动物里，就大有不同，往往有很精微的了。

　　大多数的体腔动物里，消化系成个分化很高的装置，由几个相异的器官构成，好像人类的一般。大概都是由口吃进食物，用颚或牙齿把他磨碎，再用唾腺流到口里的唾液把他软化。这软化了的食物从口里咽到胃管里,加进些腺质物,再通过很狭的食道到胃里去。消化装置的这个最重要的部分,往往分做几部,一个是咀嚼胃,长着牙齿供嚼碎固体食物之用,一个是腺质胃,生出消化液,分解食物。这变了流质的食物于是流到小肠(ileum)里,这小肠吸进流质的食物,并且是消化管之最长的部分。有几种消化腺通这根小肠,其中最重要的就是肝脏。这小肠和大肠显有区别,也有许多腺和盲肠通着大肠。大肠的最后部分就叫作直肠,这直肠把食物之不消化的渣滓由肛门排泄出去。

体腔动物所共有的这种消化系统之一般状态,随着动物种类的不同,应着营养状态的各异,也有种种的变化,其最简单的构造是在蠕虫类里,蠕虫中最下等的那"轮虫",尤其是那"原肠旋毛虫",还是很像他的祖宗涡虫类。从他们进化出来的动物种属之高等范型都各有点特别的构造。像软体动物有个特有的咀嚼装置,他的舌头上有个长几个牙齿的硬片,和他的硬上颚相摩,把食物磨碎。关节动物就用"侧颚"去磨食物,这"侧颚"是些硬的杆子构成的,并且是脚的变形。脊椎动物和那紧连着的"被囊动物",其特异处在其消化道的第一部分变做个特有的呼吸装置。然而在体腔动物的小门类里,因为食物的性质,取得食物消化食物的状况,都各有不同,所以消化管的构造也大有不同。固体的植物性食物,所费之机械的化学的能力最多。所以食植物的蜗牛、食叶的昆虫、食草的反刍动物,其消化器和附属器官都是极长,并且极其复杂。至于那寄生的体腔动物,他既是从别的动物的肠子里吸取现成的液体食物,所以其消化管就极短极简单了。这类的虫,其胃管可全行萎缩,像那蠕虫类里的"钓头类",软体动物里的"内壳类",甲壳类里的"小囊类",都是这样的。

高等动物的身体越大,组织越复杂,其营养液分布全身越要有次序有规律。在腔肠动物里,这件事是消化管去做的(胃管上开许多支管),然而在体腔动物里,那血管做得更好了。这些管子不直接通消化管,是在"中胚叶"周围的"柔软细胞组织"(parenchyma)里独立构成的。这血管把肠壁渗出来的,滤过的,在化学上进步了的"食液",以"血"的形式输运到全身各部分。这血总含有几百万细胞,此等细胞在新陈代谢上极关重要。下等体腔动物的血液细胞总是无色的(白血球),脊椎动物的血液细胞大都是红色的(红血球)。

大多数体腔动物的血液循环都是用个心脏的，这心脏是皮下血管之局部肥厚构成的个收缩性管子，以其筋肉的作用为一定的收缩鼓动。最初"腹壁"里产生两种管子，即是上壁部的"脊管"和下壁部的"腹管"（像在那许多蠕虫类里）。软体动物和关节动物的心脏是由脊管构成的，"被囊类"和脊椎动物的是由腹管构成的。从心脏里引血出来的是动脉，从身体上引血归心脏的是静脉。联络这动静两种脉管的细支管子叫作"毛细管"（capillaries），这"毛细管"以渗透作用使组织里的物质交换。这些血管和呼吸器官一致动作得很密切的。

有机体里的换气（即所谓呼吸，吸进酸素，呼出炭酸），在下等动物并不要有特别的器官。下等动物只用那包着身体表面的"上皮细胞"换气，有外皮层的"外胚叶"和包着内腔的"内胚叶"就行了。这许多腔肠动物，差不多全是生在水里，或是含空气的液体里（像寄生虫），这些水和液体不断的流进流出，所以同时也就换气了。但是高等动物里，除了构造简单的小动物（轮虫类以及别种蠕虫，和软体类、关节类里的最小种属等）之外，不大有这种样的。这些体腔动物的大多数都有很大的身躯，所以要有特别的器官，此等器官要个大些的表面，好在一定的空间里换气，并且算做固定的呼吸器官行那特殊的化学作用。此等器官照着环境的性质分为两类，一类是水里呼吸的鳃，一类是陆地上呼吸的肺。肺直接从大气里吸取酸素，鳃从水中所溶和的空气里吸取。

我们叫作"鳃"的这种水中呼吸器，大抵都是外皮或"内胃皮"之薄削的部分，所以鳃可以分为"外鳃""内鳃"两大类。两者都有许多的血管，从身体上把血引到这里来以便接触空气。表皮鳃即外鳃，是脊椎动物里所特有的，这种鳃作丝线状、栉状、叶状、铅笔状、丛羽状等形状，是从"内胚叶"起的"外皮"之固定的"隆起物"，表面很广的，以备身体和水之间的换气。在软体动物里，离心脏不远，都有一对栉形的鳃，在关节动物里，身体的各节里有几对这样的鳃。肠鳃即内鳃，是脊椎动物，紧连着脊椎动物的"被囊动物"，以及蠕虫类的一小部分"肠鱼类"（enteropneusta）等所特有的。这类的动物，其"前胃管"变成个鳃形，管壁上通着许多鳃孔，口里吸进来的水，从这种裂缝的外口流出去。"无头骨类""圆口类"、鱼类等下等水产脊椎动物，以鳃为唯一的呼吸器官，至于生在空气里的高等动物，就用肺呼吸，全然用不着鳃了。然而遗传性是件极其强固的东西，一直到人类，鳃是久已无用的了，胎儿还有三对至五对的基本鳃孔哩。这是新生学上一件极有趣味的事，据此可以证明有羊膜类（连人类也在内）是从鱼类进化出来的。

水产的"棘皮动物"，有种奇特的呼吸法。此等动物的身体上，有个很大的水管，这水管把海水吸进去，又从特别的皮孔吐出去。这些水管〔即步带管（ambulacral）〕的许多分支，尤其是那皮上丛生的几千细须或脚，都装满了水，这种细须同时供运动、感觉、呼吸三种用处。但是有许多"棘皮动物"又有特别的鳃，海盘车的背部有个小指形的"皮鳃"，海胆有个特别的叶形的"步带鳃"，海参有个内部的"胃鳃"（直肠之树形的内卷）。

呼吸空气的器官都叫作肺。这肺也像呼吸水的器官一般，有时是由身体的外皮构成的，有时是由内皮构成的。有几类的脊椎动物都长皮肤肺（即外肺）。在软体动物里，那陆居的"有肺蜗牛"，因为鳃孔的机能改变了，长出个"肺囊"来。在关节动物里，那"有肺蜘蛛"和蝎子，有两个以上的"气管肺"，就是这皮囊里包着几个扇形的"气管叶"。在别种呼吸空气的关节动物（气管虫类）里，没有这种肺，而有简单的或丛枝状的"空气管"贯通全身，直接把空气传到组织里去。这种动物以皮肤上的特别气孔从外面吸取空气。"多足类"和昆虫类大抵都有几个气孔，蜘蛛却只有一两对气孔，有四对的时候就很稀少了。这种"气管虫类"回到水里去栖息的时候（各类昆虫的幼蛹往往会有这种事），外部的气孔就闭起来，另生出丝状或是叶状的新"气管鳃"来，这种鳃以渗漏作用从四围的水里摄取空气。最古的最下等的气管虫类就是那"原始气管虫"（protracheata），这种虫是古代"环虫类"和多足类中间的连锁。他们的皮肤上丛生着许多很短的空气管，这明明是由那简单的"皮腺"改变了机能进化出来的。

"内脏肺"是只有"四足类""两栖类""有羊膜类"以及其鱼状的祖先"肺鱼类"等高等动物才能有的。这"内脏肺"是"前胃"之囊形的卷褶，原是由鱼类的气胞改变了机能生出来的。这个满装空气的胞，咽喉的囊状附属物，原只是供鱼类增减重量的个"静水器官"。鱼要想下沉，把这胞一缩，身躯就重了，把这气胞再一膨胀，就浮上来了。这肺是由气胞壁上生血管换气而起的。在那现存的最古的肺鱼类里，这肺还是一个简单的囊（单肺类），在别种肺鱼类里，这简单的喉腔早分为两个囊了（双肺类）。那"风管"（和气管有分别，不能混为一物)是由其茎状物的伸长，和脆骨环给予其的力量构成的。两栖类里，呼吸管的前端早已长成个声音言语的重要器官——喉咙。

排泄废物的机能，对于有机体的重要，不在呼吸机能之下。肾脏以尿的形式排除液体、固体的排泄物，恰似呼吸之排除有毒炭酸气一般。这些排泄物有一部分是尿酸、马尿酸等酸类，一部分是尿素、"规林"（guanine）等"亚尔加里"（alkaline）。大多数的体腔动物，既是不断的有水流过他的身体，好似呼吸一般，自然把这些废物流去，所以不再要有特别的排泄器官了。然而在那扁虫类，就有这种叫作尿道的重要的排泄器官，一对简单的分歧的水管在胃管的两边，管口向外开着。这种原始的尿道是由扁虫类传到蠕虫类，再由蠕虫类传到高等的体腔类。在高等体腔动物里，这尿道大都以特别漏斗状管通到内部体腔，这腔所是做第一个容尿器用的。其外口有时贯通外皮在背上开个排泄孔，有时和直肠相合通列肛门。最古关节动物环虫类，其身道的每一节都有一对尿道，每一条尿道分作三部，就是那通体腔的内孔，中间的腔部，和以伸缩来排尿的外胞。有内关节的脊椎动物之排尿系统是和这种很相似的，然而渐渐也就有很精细的构造了，他有一对由许多支尿道构成的、很密致的肾脏。照进化的发生阶级，肾脏的发生分三个程序，第一是最初的"前肾"，中间有第二原始肾，最后才是第三的"后肾"。这"后肾"是要到爬虫类、鸟类、哺乳类三种高等脊椎动物才能有的。软体动物也有一对肾脏。他这肾脏是由一对尿道发达而成的，其口内通心腔，在背上向外开着。"甲壳类"也都有一对尿道。至于那"原始气管动物"，每一个关节有一对尿道，这是由他的祖先环虫类遗传下来的。其他的气管虫类，像那多足类、蜘蛛类、昆虫类，没有这样的尿道而有"马尔必吉管"，这管子是意大利国马尔必吉氏（Malpighi）所发见的，由直肠生出来漏斗状腺，有时只有一两根，有时一大丛。

（**死体寄生**）大多数植物都是纯然造原形质的，大多数动物都是食原形质的，然而这两大有机界里，却也有些种类（尤其是下等种类），因为对于别种有机体的关系，其新陈代谢作用取一种特别的方式。死体寄生物和生体寄生物就都是属于这一类的。所谓死体寄生物者，就是指那专吃别种动物的尸体，或是"不适于高等动物食用的腐败物"之植物和动物。单细胞原生物里，有许多种细菌是属于这类的，此外还有许多藻菌也是的，后生植物里的菌类，后生动物里的海绵类都是的。那到处都有的细菌，其新陈代谢的许多奇特处，我早已经说过了，他们是致腐败的原因，同时也就吃那已死的有机体。菌类大概总都是吃已死的植物和堆在地上的腐败物。他以这种性质，把地上扫除清洁，好似海绵之把海底扫清一般。然而高等植物动物里，也有些小种类，成了死体寄生的后天习惯。后生植物里的水晶兰（德国的石刀柏就属这科的）和 Neottia、Corallorhiza 等兰类都是这样的。他们既是直接从木材的腐烂物里取原形质，所以就失却叶绿素和绿叶了。在后生动物里，有许多种蠕虫类，以及蚯蚓和吃泥的穴居环虫等高一点的动物，都是吃腐败物的。这些死体寄生虫把其最近的亲属所用以捕捉、嚼碎、消化的器官（即眼、颚、牙、消化腺）全然或是大半丧失了。许多种死体寄生物做了到生体寄生物的过渡形式。

（生体寄生） 狭义的"生体寄生物"，从近世生物学讲来，就是指那"寄居在别的有机体里而吸取其滋养物的有机体"。这种寄生物，在动植两界的各大种类里都很多，他们的变形，在"进化论"上有极大的趣味。再没有别的事能像"适应寄生生存"这样对于"有机体"有极深的影响了。除了这种之外，也再没有别的种可以这样的一步一步寻出退化的层次，并且把这作用之机械的性质表现清楚了。所以寄生体学是"成来说"之最确实的根据，并且对于那纷争不决的"后天性质之遗传"提出许多绝好的证据。

在单细胞有机体里，细菌是各样"适应寄生习惯"之最好的证例。我们既把这种无核的原生动物算做最古的最简单的有机体，以为他是造原形质"克罗马塞亚"之变质的，当然他是在"生命历史"的初期里早已变成寄生生活了。就连一部分的"摩内拉"（细菌因为没有核所以一定也要算在这里面），也以为与其自己照遗传的样式行那费力的炭素同化作用，不如吃别的原生物直接同化他的原形质倒反便利。孢子虫类、菌藻类等真有核细胞也是这样的，他们以种种的样法适应寄生的习惯。他们有许多是寄生在高等动物的直肠小肠，或是别的气管里（簇虫），有许多寄生在组织里，例如肉质孢子虫在哺乳动物的筋肉里，贝壳虫和变形孢子虫在脊椎动物的肝脏里。他们内中有许多都是"细胞寄生虫"，生在别的动物的细胞里，把他破坏了，像那种"海摩斯波力的亚"（Hæmosporidia）专破坏人的血细胞，使人害间歇热的病。

在多细胞后生植物里，最是那菌类有各样的寄生生活。许多菌类是高等动植物的大敌，这是人所共知的。各种的菌类对于其所寄生的动植物，发生有毒的作用，使他生各种病症。我们的重要农产物葡萄、芋头、谷子、咖啡等物,被这种菌病损害了多少,这是大家都晓得的,并且有许多高等动物与下等动物也都受他的害。这菌类大约是由藻类变形进化出来的,高等后生植物里,有许多种也是寄生的,像兰草、盐灶草(列当科、山鬣豆科)、旋花科(菟丝子属)、马兜铃科、桑寄生科(槲寄生属、桑寄生属)、大花草科等类都是的。

各类后生动物的寄生,比后生植物的寄生还多些,还有趣些。软体动物和棘皮动物寄生的很少,扁虫类、蠕虫类和关节类最多。甚至于后生动物的先祖原肠体动物里也有是寄生的。这些最古的后生动物在别种动物身体里受的保护,大约就是他们何以能至今不变的原因。海绵类、刺丝胞类里不大有真正的寄生物。扁虫类里寄生的倒很多。吸虫类一部分在动物的外面(外寄生),一部分在里面(内寄生),并且使这动物生极重的病症。他们已经丧失其祖先滴虫类所遗留的颤动的外皮,另长个黏着的装置。完全住在别的动物身体里面的眥虫类,是由吸虫类变出来的,他已经失掉了消化管,从皮肤上吸收营养物。蠕虫类里的疥癣虫,软体动物里的寄生蜗牛,甲壳动物里的头足蟹,也都有这样的退化现象。

甲壳类里,有许多极有趣味的“由寄生而退化”的实例,一来因为这一类里各种各属都有,二来因为其组织很高的身体,把退化的各个阶级在各器官上历历表现出来。独立生活的甲壳虫大都能运动得很敏捷的,他的那许多骨头也连接得很好,极适于各样的运动(跑、泅水、攀缘、掘土等),其感觉器官也很发达的。他寄生到别的动物身上去的时候,这些器官都不再用,就渐渐萎缩消灭了。幼小的甲壳虫都由这样的特殊的“那卜留斯”(nauplaus)形来的,泅水泅得很快,到后来成了寄生的习惯,他的感觉器官运动器官就都萎缩了。照 40 年前(1864 年)佛理兹·缪来尔·德斯特尔罗(Fritz Müller-Desterro)的名著《因为达尔文》里说的,甲壳类对于“成来说”“淘汰说”、进步的遗传、生物发生法则,都有许多明确的证据。看那各种各属的蟹,因为寄生的习惯,也起同样的退化,这些事实是更为要紧了。

(共生)两个相异的有机体之“生命联合”,即是所谓“共生”(symbiosis)或是“互助生活”(mutualism),和这“寄生生活”是全然两件事。寄生物全是以蚕食那被寄生者为生活,“共生”是两个生物因相互的利益联合在一起。共生是原生物里所有的,放射虫里更多。在那包裹着他们单细胞身体的“中央囊”的胶质包皮里,散布着许多不动的黄细胞(zooxanthella)。据说这都是“保罗陀马塞亚"(Paulotomea)类的原生植物，即是单细胞藻。他们受放射虫的保护，以放射虫的身体为家，以造原形质生长，以极快的分裂增殖。他们以炭素同化作用造出来的淀粉和原形质，大半都直接做这放射虫的食料，其余的黄色素依然生长增殖。许多动物的组织里，也有和这个一样的黄细胞或是"绿细胞"(zoochlorella)做共生物。欧洲的普通淡水水螅，其绿的颜色是由于许多"绿细胞"住在他表皮的毡毛细胞里。然而就大概说起来，后生动物里的"共生"比后生植物里稀少些。后生植物里，"地衣"一科都以"共生"为根本的特性。每一个"地衣"，都是由一个造原形质的植物(有时是一个原生植物，有时是一个藻类)和一个食原形质的菌联合而成的。这菌供给绿藻(即是这原生植物)的住宅和水，并且保护他，绿菌供给菌的食物以为酬报。

第九章　生　殖

• Chapter Ⅸ Reproduction •

　　一切个体都有一定的寿命，过了一定的时期就死灭了。连接着生殖并且属于种类的"个体之嗣续"，使那种类的形式可以延得长久。然而这"种类"毕竟也是个一时的，并没有永远的生命。过了一定的期间，不是灭绝了，就是变化成别的"种类"。

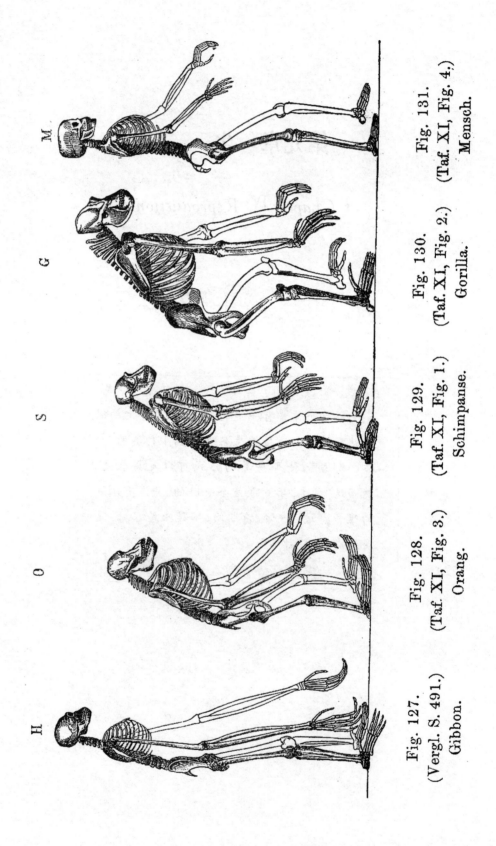

H

Fig. 127.
(Vergl. S. 491.)
Gibbon.

O

Fig. 128.
(Taf. XI, Fig. 3.)
Orang.

S

Fig. 129.
(Taf. XI, Fig. 1.)
Schimpanse.

G

Fig. 130.
(Taf. XI, Fig. 2.)
Gorilla.

M

Fig. 131.
(Taf. XI, Fig. 4.)
Mensch.

营养保持有机的个体，生殖维持有机的"种类"，所谓"种类"，就是别于他种的一定形式。一切个体都有一定的寿命，过了一定的时期就死灭了。连接着生殖并且属于种类的"个体之嗣续"，使那种类的形式可以延得长久。然而这"种类"毕竟也是个一时的，并没有永远的生命。过了一定的期间，不是灭绝了，就是变化成别的"种类"。

(生殖和发生)有机体生出新个体来，也是个有一定时限的自然现象。像这地球的自身既不是个永远的，并且他成立了许久之后，其表面上还不能有有机的生命，所以这生殖的自然现象也就不能在地球上永远存续了。这个现象，要到地球的表面冷了，能存得住液体的水的时候，才会发生的。不到这个时候，炭素不能同酸素、水素、窒素、硫黄等元素化合，构成原形质。这"自然发生"(archigony)的现象，我要留待特别的一章里细讲，此刻且把他摆开，专讲"两亲的发生"(tocogony)。

(单性生殖和两性生殖)生物生殖的各种形式，大概分作两大部，一部是那简单的单性生殖(即 monogony)，一部是那复杂的两性生殖(即 amphigony)。单性生殖只要一个"个体"就行了，他的过度生长之产物就变成个新有机体。两性生殖是要两个相异的个体联合起来，从他们自己的身上产生小新个体来。从人类至一切高等动物，都是以这两性生殖(或 generatio digenea)为唯一的生殖法。然而许多下等动物和植物，都是用"分裂"或是"发芽"等单性生殖法。至于"摩内拉"、原生物、菌类等最下等有机体，就专用这种单性生殖法了。

严密的说起来，单性生殖是个普遍的生命现象，就连组织体所从起的、寻常的"细胞分裂"，也是个"细胞的单性生殖"。所以"历史的生物学"一定要认单性生殖为"两亲的发生"之最古的最原始的形式，两性生殖是后来由他发达出来的。这句话一定要郑重声明，因为不但那些老学者，就连许多近代的学者都以为两性生殖是有机体之普遍的机能，说这是从有机生命的一起初就有的。

(生殖和生长)高等有机体里两性生殖之繁复错杂的现象，只要把他同低

◀海克尔著作中的插图，展示了人类与猿类骨骼的比较，从左至右为：长臂猿、猩猩、黑猩猩、大猩猩、人类

级生命里简单的无性生殖一比较，就可以明白了。我们于是也就晓得，这种现象绝不是不可解的、超自然的奇事，不过是个自然的生理作用，并且也和其他的作用一般，可以归之于简单的物理上力量。藏在一切"两亲生殖"之根柢里的能力形式，只是个生长（crescentia）。因为这种现象既又以重力的形式为结晶体以及其他无机个体生成的原因，所以有机界和无机界中间的界限也就可以撤废了。生殖是有机体之超乎个体标准以外的一种营养和生长，是多出来的部分长成个全体。个体大小的限度，在每一个种类里都是由两个要素制定的，一个是原形质的内面组织，这是由遗传来的，一个是外面环境的关系，这是管"适应"的。超过了这个限度，那多余的生长就取生殖的形式。每一种结晶体，也都有个一定的生长限度，过了这限度，母液里那不再长的，旧个体上就长出新结晶个体来。

（**无性生殖、单性生殖**）无性的，或是单性的生殖（又叫作"生长的繁殖"），总是由一个有机个体行的，所以一定要归之于他的过度生长。要是全身都生长过度了，分裂成两个或是两个以上的平均部分，这种单性的生殖就叫作"分裂生殖"。要只是一部分生长过度，这一部分以"芽"的形式分开来，这种生殖就叫作"发芽生殖"（gemmatio）。所以这两种生殖形式的主要区别就是：在分裂生殖里，母体在其生子的时候消灭，母子一般的年龄、一般的式样。但是在发芽生殖里，母体还保持其个体的存在，比幼芽大些、老些。分裂生殖和发芽生殖中间的这个重要区别（这个区别往往被人忽视），对于单细胞的原生物和多细胞的组织体都适用。分裂的时候个体自己就破坏了，这件事是驳倒魏兹曼氏"单细胞体不死说"的个绝好证据（参看前面和《宇宙之谜》第十一章）。

（**自己分裂**）分裂生殖是一切繁殖法里最普通的形式。不但是许多原生物，就连在组织体的组织细胞里，也都以这个分裂法为单性生殖之规范的形式。并且大多数的"摩内拉"（无论克罗马塞亚和细菌）也都以这个为唯一的繁殖法，因此这种"摩内拉"往往包括在"裂生殖物"一个总名称之下。高等多细胞有机体里也有自己分裂的——像那水螅、水母等刺丝胞类。这种大都总是分裂作两部分，一个身体裂成平均的两半个。

（**发芽**）"发芽的无性生殖"和分裂生殖的主要区别就在一个的过度生长是一部分的，一个是全身的。所以发出来的芽比母体幼稚些，并且小些，母体可以由"再生"补偿其所丧失的部分，并且可以一时或是接连发生许多芽，仍旧不失其个性(要在分裂生殖那就破坏了)。原生物里,发芽生殖是很稀少的,组织体里比较的多些——大多数的组织植物和腔肠体、蠕虫类等下等株状的组织动物都是发芽生殖的。大多数的株都是由个伸出来的芽连在上面长成的。组织植物的层和嫩枝,都是伸出来的芽。发芽分为"顶生"和"侧生"两大部。"顶生发芽"是生在长轴的末端,离横裂不远(例如那无绿膜水母的葎果状和锁链状的绦虫)。"侧生发芽"就更普通得多了,树木和复杂植物的枝柯是他定的,就连海绵、水螅、珊瑚虫、苔虫等的树状株也是他定的。

(孢子之形成) 无性生殖的第三种形式就是长成芽孢或是"孢子细胞",这种芽孢总是在有机体的内部产生得很多,生了出来,并不要受胎就能长成新有机体。芽孢有的是不动的(静止芽孢),有的是有一两根鞭毛助他的游泳(游行芽孢),这种单性繁殖法,在原生物(原生植物和原生动物)里是很普通的。在原生动物里,簇虫类、贝壳类等孢子虫类,长成芽孢的时候,全个单细孢有机体化为乌有,这一点很可注目,在这种时候以及在许多根足类里,这个作用和各样的"细孢分裂"一致。然而在放射虫类、栉水母类,只用亲体细孢的一部分发生芽孢。在隐花植物里,生长芽孢是件很普通的事,总是同两性生殖相交代的。这芽孢大都是长在一个特别的"芽孢蒴"(sporangia)里。在显花植物里,芽孢生殖就看不见了。在淡水海绵等组织动物里,有时也还看得着这种现象,这淡水海绵的"芽孢蒴"却叫作"胎芽"(gemmulœ)。

(有性生殖、两性生殖) 两性生殖的要素,就在两个相异的细胞之结合,一个是雌性的卵细胞,一个是雄性的精虫细胞。这两者结合而成的简单新细胞就是"根干细胞"(cytula),构成组织体的一切细胞都是由这"根干细胞"发生出来的。然而虽是在单细胞的原生物里,也都有两性区别的初步,其征兆是见于两个同种类的细胞[即接合体(gameta)]之结合或是交合。这种"接合生殖"(zygosis)的手续,可以视为一种特殊的并且很合宜的生长,他是同原形质的"转老还少"相连的,"原形质"因为这个作用可以由两边两个相异的"原形质"体之混合,反复分裂,增殖不已。这两个"接合体"要是不平均了,大小形式都不一样了,那大的雌体就叫作"大接合体"(macrogameton, macrogonidion),那小的雄体就叫作"小接合体"(microgameton, microgonidion)。在组织体里,前者叫作"卵细胞"(ovulum),后者叫作"精虫细胞"(spermuim, spermatozoon)。后者大抵总是个能动的毡毛细胞,前者大抵总是个不动的细胞或是"阿米巴的"细胞。精虫细胞的震动是供接近卵细胞使其受胎之用。

（卵细胞和精虫细胞）这两个交合的两性细胞（gonocyta）中间的性质上区别（即雌者的"卵原形质"和雄者的"精虫原形质"中间的化学上区别），是两性生殖之第一条件，并且往往竟是唯一的条件，此外在高等组织体里又另有个后天组织的精微装置。连着这个化学上区别，又有个"感觉的知觉"之特别的二重形式，和一个根据这上头的吸力，这吸力就叫作"两性的趋化性"或是"恋爱的感化性"。这两个"两性细胞"的"性觉"，即"雄原形质"（androplasm）和"雌原形质"（gynoplasm）之选择的和亲力，是互相吸引和联合的原因。大约这个类似嗅觉味觉的性觉机能和其刺激的运动，都是在两个"两性细胞"的细胞体原形质里，而遗传是细胞核原形质的机能（参考《人类进化论》第六、七章）。

（雌雄同体之形成和性的分离）雌细胞的卵原形质和雄细胞的精虫原形质中间之性的区别，在两性分化的一起初就可以在其接合体的大小上看出来，到后来其形状、构造、运动都越发不同，更容易看了。这个区别后来更把"芽胚部位"（两性细胞就在这里面长成的）分配为两个相异的个体。卵细胞和精虫细胞都生在一个个体里，就叫他做"两性俱有体"（hermaphrodite），要是生在雌和雄两个相异的个体里，就叫作"单性"（monosexual）或是"分性体"（gonochorist），照着寻常所分的个体之各种阶级，可以把"一体两性"和"分性"分作下列的几级。

（细胞之雌雄同体）有几种原生物，尤其是那组织很高的毡毛滴虫类，其单细胞有机体里的原形质却也分个雄雌。毡毛滴虫类大都是以反复的分裂繁殖出许多来（以直接的细胞分裂）。但是这个单性生殖也有个限度，时时要被两性生殖遮断了，这两性生殖是个原形质的"转老还少"，由两个相异的细胞之交接和其核质的一部分破坏而起的。所谓"交接"是两个相异的单细胞之部分的、一时的相合，"交合"是个全部的、永久的联合。两个毡毛滴虫相交接的时候，他们并列在一起，用个原形质的桥梁一时互相连接。这时候两者的核，都已经有一部分分作两份，一份做雌的"静核"（paulocaryon），一份做雄的"动核"（planocaryon）。这两个能动的核，通过原形质的桥梁，挤进对手的细胞里去，和那深藏的"静核"合为一体。各个交合的细胞里，照这样以"两性融和作用"（amphimixis）长成了一个新核的时候，他们就又分裂了。这两个

"转少"的细胞,就又得着新力量,长久继续分裂生殖。

(**细胞之雌雄异体**)这种特殊的"细胞之两性俱有的结合"只是毡毛滴虫类和几种别的原生物里有,现在我们从理卡德·海尔特维希(Richard Hertwig)、毛巴斯(Maupas)以及其他学者的研究,已经晓得很详尽了,这件事非常有趣,因为证明了"雌原形质"和"雄原形质"之化学上区别可以求之于一个细胞里。这个恋爱的分业是如此的重要,往日大家都以为是属于两个相异的细胞的。近时精密的研究,洞彻受胎现象的精微,证明了构成新个体(种细胞)的要点是雄核雌核之平均部分(遗传的部分)的结合,这两个交合细胞的核原形质是两亲遗传的搬运器。细胞体原形质是只管适应和营养的。卵的细胞体总都是很大的,并且蓄积着很丰富的蛋白质、脂肪以及其他的滋养料(食物卵黄),好似个食品店一般,精虫细胞的细胞体原形质总都是很小的,大抵都长一根颤动的鞭毛,借这鞭毛行动,去寻那卵。

(**性的分离之交代**)把植物界动物界里的"两性俱有体"和"两性区分"的要点作个比较研究,就晓得这两种"性的活动"之形式,往往见于同群的关系密切的有机体里,有时竟见于同一种类的相异的个体里。例如那牡蛎本都是单性的,然而有时也是"两性俱有"的,有许多种软体类、蠕虫类和关节类也是这样。所以往往起了个问题,"性的区分"的这两个形式,哪一个是原来的呢?这个问题是很难一概回答,或是要与个体的阶级和这个种属在分类上的地位无关。有许多种里,"两性俱有"实在像是原来的,例如在那大多数的下等植物和海绵类、水螅类、扁虫类等许多静止的动物里都是这样的。这里面要有例外的,那都是后天得来的性质。然而在那管水母、栉水母、苔虫、蔓脚类、软体类等动物里,"两性各别"却又真像是原来的。在这种时候,"两性俱有"既原是由单性生殖来的,就明明是副次的了。

(**组织体之生殖腺**)只有几种极下等组织体,像那下等的藻类和海绵类,两种"性细胞"生在其简单组织的各部分里,没有一定的处所。普通的总都有一定的地位,生在组织体的一个特别的层里,并且总都是成群的,作"两性腺"(gonade)的形式。他们在组织体的各种属里都有特别的名称。雌性的腺,在隐花植物里叫作雌性器(archegonia),在显花植物里叫作子房(这子房是由羊齿类的大孢子进化出来的),在后生动物里就叫作卵巢。雄性的腺,在隐花植物里叫作雄性器(antheridia),在显花植物里叫作粉囊(这粉囊是由羊齿类的小芽孢进化出来的），在后生动物里就叫作睾丸（做藏精器）。有许多时候，尤其是在那些水产下等动物，那卵巢产出来的卵直接放射到外面来。然而在大多数的高等有机体里，都长个特别的"两性导管"（gonoductus），把这两种"性的分泌物"（gonocyta）输送到体外去。

（组织体之雌雄同体腺）这两种生殖腺总都是在有机体之相异的部分，然而却也有几种，其生殖细胞直接生在一个腺里。这种腺就叫作"两性俱有腺"。这样的构造，在几种高等后生动物里，是很显著的，并且显然是由低等的单性构造进化发达而来的。栉水母类（Ctenophoræ）里有一种透明的、海产的刺丝胞类，构造很奇特复杂，这大约是从绿膜水母（Hydromedusæ 或 Craspedota）进化出来的。然而绿膜水母只有极简单的单性构造（其放射管或是胃壁里有四个至八个单性腺），而栉水母类里八个"两性俱有管"成个"子午拱"形，由其胡瓜形身体之一端跑到他端。各个管子都通着一个毡毛的细旒，一边做卵巢，一边做睾丸，这些管子的排列是八条肋缝（即八个细旒间的空地）雌雄交错的。那高等组织的、陆居的、呼吸空气的有肺蜗牛（Pulmonaia），其两性俱有腺还更奇怪些，普通庭园里的蛞蝓和葡萄园里的蜗牛就都是属于这一类的。他们的两性俱有腺上有几条管子，每条管子内段做卵巢，外段做精囊。然而两种"性细胞"却分别排泄出来。

（生殖细胞输送管）在大多数的下等水产组织体里，两种"性细胞"成熟了的时候，就直接落到水里，在水里结合到一起。然而在大多数的高等陆居有机体里，为运输"两性的产物"生长特别的"两性导管"，在后生动物里，那雌性的通称为"输卵管"，雄性的通称为"输精管"。在胎生组织体里，有特别的管子供输送精虫到母体的卵里之用，这管子就是隐花植物里雌性器的颈，显花植物的雌蕊，后生动物的膣。在这些输送管的外端，总都发达成一个特别的交接器官。

（第二次的雌雄形质）人类以及高等动物（尤其是脊椎动物、关节动物），其两性生活和高等精神活动中间的许多样亲密关系，生出无数"生命的奇迹"来。维廉·毕尔谢（Wilhelm Bölsche）在他那名著《自然界之恋爱生活》里，已经把这些事说得很详尽，我毋庸再说，只请读者看他这部书好了。我在这里只要说那"副次的性的特征"。这一性的许多特征是那一性所无的，并且和性的器官没有直接关系——像那男子的须髯、女子的乳、狮子的鬣、山羊的角——不过却也有美学上的趣味，据达尔文说，这些特征是由两性的淘汰得来，为雌的求媚于雄，雄的求媚于雌之具。美感在这里面是很要紧的，在鸟类和昆虫类里是尤其要紧，我们所赞赏的那些雄极乐鸟、蜂雀、雉、蝴蝶等类之美丽的色彩形状，都是由两性淘汰而来的。

（单性生殖、处女生殖）在各类的组织体里，男性时常变为无用，那卵不要受胎就能生长。许多扁虫类里的吸虫，关节类里的甲壳虫和昆虫，都是这样的。在蜂类里有个很可注目的特点，他在下蛋的时候决定这蛋受胎不受胎，一个时候的生雌蜂，一个时候的生雄蜂。锡波尔德（Siebold）在缪匿奇（Munich）城证明各种昆虫里的这种奇特受胎法的时候，这城里的天主教大司铎去拜访他，表示谢意，谢他把圣母玛丽亚的清净受胎可以加科学的说明。不料锡波尔德却大扫他的兴，告诉他说：关节动物的"独性生殖"（partheno-genesis）不能扯到脊椎动物上去，一切哺乳动物，也和其余的脊椎动物一样，专是从受了胎的卵生出来的。后生植物里也有"独性生殖"的，例如那藻类里的轮藻，显花植物里的蝶须属和羽衣草都是这样的。这种"独性受胎"的原因，现在还有许多处不大明白。然而由最近的化学上实验（由砂糖和别种溶液的效果），已经得着一线的光明，可以使未受胎的卵独自生长。

（生代交替）在多数的下等动植物里，有性生殖和无性生殖秩序井然的互相交代。这种"生代交替"，在原生物里有原生动物，在后生植物里有苔类和羊齿类，在后生动物里有刺丝胞类、扁虫类和被囊类。这两种生殖，往往构造的形状和等级都大有不同。在苔类里，无性生殖的是长芽孢的苔蒴，有性生殖的却是有茎有叶的苔草。羊齿类却和这个相反，有性生殖的是长芽孢的、单性的。那叶状的、简单的小"前芽"（prothallium）却是有性分化的。在大多数的刺丝胞类里，从游行水母的卵里长出来个静止的小水螅，这水螅不以发芽法生出来水母，这水母达到两性成熟期，在被囊类里，"有性的群集式"和"无性的孤立式"交替，前者的锁链状被囊类，比后者的大"个体被囊类"小些，形状也不同，后者又以发芽法生出锁链状的前者。这种生代交替的特别形式，是诗人夏密梳（Chamisso）于 1819 年周游世界的时候首先观察出来的。在别的时候（例如在那紧相连接的海樽属里），一个有性生殖法和两个（或是两个以上）中性生殖法交替。生代交替这些种形式，可以由"潜伏遗传"（atavism）、分业、变形等法则说明，尤其可以用"生物发生法则"说明。

（**交替生殖**）在真正的生代交替（从严密意义的）里，无性生殖以发芽或以芽孢法繁殖，在异种发生的时候，却都是以单性受胎法的。关节动物能在很短的时期生出许多种类来，就是这个缘故。昆虫类里的蚜虫，甲壳类里的水蚤（*Daphnidea*）都是在热天以未受胎的"夏卵"繁殖出无数。直到秋天才有雄的出现，使那大的"冬卵"受胎，到第二年春天，那第一次的"独性发生生代"从"冬卵"里发生出来。在寄生的吸虫类里，这两个异种发生的生代是很不同的。从两性俱有的"二口虫"（distoma）之已受胎卵，生出那简单的"保姆虫"在这里面，由未受胎的卵生出蝌蚪虫，这蝌蚪虫后来寄生到别种动物的身体里又变成"二口虫"。

（**杂种之形成**）能有性的结合生产子裔的，大概似乎只有那同类的有机体。这句话是往日的一个严重的信条，用他去规定那所谓"种类"之漠然的观念。据说"两个动植物能以受胎生子的，一定是属于一种"。这条原理，曾经维持过"种类不变"的信条，现在却早已作废了。我们由许多正确的实验考究出来，不但是两个相近的种类，就连两个极不相干的种类，在某种情态之下，都可以交媾，并且照这样生出来的杂种，无论是自相配偶或是和其两亲配合，又都可以受胎生子的。然而杂种发生的样数很多，并且是受一种未知的两性和亲律所支配。这种两性的和亲力一定总是在交接细胞原形质的化学性质上，但是其效果却有许多处似乎很欠明了。杂种大概都兼有两亲的特性。

据最近的许多实验，杂种比纯种还要强健，其生殖力也强些，过于纯粹了倒反有害处。加入新血使血统清新些，似乎有时倒是很好的。所以和往日"种类不变"的信条所主张的成一个正反对。总而言之，杂种问题在规定"种类"上没有什么价值。那许多所谓"真种类"看着好像不变，其实恐怕不过是个长久的杂种。下等海产动物，其"性的产物"倾在水里，几百万聚到一起，尤其适用这个理论。以我们所晓得的，各种鱼类、蟹类、海胆类、蠕虫类，用人工授胎法，很容易使他们产生杂种，并且很容易保持，既是如此，我们当然可以确信照这样的杂种也有在自然状态里保持住的了。

（**生殖形式之阶级**）看上文所略举的几多种生殖法，也足够晓得这个奇迹界里无尽藏的一斑了。再要研究得详密些，还有几百样维持种类的生殖法，然而其最大的要点，就是一切"两亲生殖"的各样形式都可以视为一条链子上相连的链环。通过一个长梯子，从原生物之简单的细胞分裂，到组织体的独性生殖，再到高等动物之复杂的两性生殖，一步一步的连接着不断。在那种极简单的，像"摩内拉"的细胞分裂，这种生殖显然不过是个过度的生长。然而就连那两性分化的初步，两个同等细胞的结合（接合体），其实也不过是生长之一种特别的形式。两个接合体在分业上不平均了，那大些的不动的"大接合体"里蓄积着食料，那小些的能动的"小接合体"游泳着去寻他，这时候雌性的卵细胞和雄性的精虫细胞已经现出分别来了。两性生殖的最大要点就在这里。

（**无机体之增殖**）有机体的生殖，往往人都视为生命之最大的神秘，视为分别生物死物之最明显的生活机能。人只要把系统发生次第里一切生殖形式的全阶级，从最简单的细胞分裂，到最精微的两质生殖，平心思量一番，立刻就可以明白这种二元的见解之误谬了。总之过度的生长是构成一切新个体的起点。无机体的生殖也是一理，大之到天体，小之到结晶体都是这样的。旋转的太阳，不断的吸收陨石，吸收得多了，超过生长限度，他的赤道上就以离心力发出星云环，这星云环又长成新行星。每个无机的结晶体也都有个一定的个体生长限度（这限度是由化学上组织和分子上组织定的）。随你加入许多"母液"，他总决不会超过这限度，只是从"母结晶体"上生出新的"子结晶体"来。换一句话说，就是"生长的结晶体也会生殖的"。

海克尔提出了生物分类的"三界说"。在此之前，西方的亚里士多德、林奈等以及我国的李时珍等，都曾在生物分类方面进行过探索。

▣ **亚里士多德雕像，位于希腊亚里士多德大学**　古希腊哲学家亚里士多德（Aristotle，前384—前322）根据动物体内血液的颜色，将动物分为有红色血液的动物与无红色血液的动物。

◁ **李时珍雕像，位于南京军区医院**　明代药学家李时珍（1518—1593）在《本草纲目》中，将生物药材分为草部、谷部、菜部、果部、木部、虫部、鳞部、介部、禽部、兽部和人部。

▣ **现代生物分类学奠基人、瑞典博物学家林奈**（Carl von Linné，1707—1778）　林奈把生物分为"能生长而生活"的植物和"能生长、生活且能运动"的动物这两大界。

海克尔在研究海洋单细胞原生动物的过程中，发现许多单细胞生物兼有动物和植物的一些特征，就提出了生物分类的"三界说"，即在植物界与动物界之间插入一个中间形态的"原生生物界"。

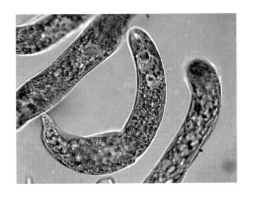

◁ **显微镜下的裸藻**　裸藻又称眼虫，它既有叶绿素，能够进行光合作用，又有鞭毛，能够自由游动和从外界摄取食物，这种"动物植物双重性"使许多科学家相信，地球上动物与植物共同的祖先就是与裸藻类似的某种原生生物。

海克尔提出了"生物发生基本律"（简称"生物发生律""重演律"）。

■ **德国胚胎学家马丁·拉特克（Martin Rathke，1793—1860）**   早在19世纪20年代，马丁·拉特克就曾作出描述：鸟类和哺乳类的胚胎早期存在鳃裂。我们知道，只有低等脊索动物及鱼类终生存在鳃裂，这表明鸟类和哺乳类的胚胎早期出现了低等脊索动物和鱼类的特征。

■ **德裔俄国生物学家、比较胚胎学的创始人冯·贝尔（Karl Ernst von Baer，1792—1876）**   冯·贝尔发现高等动物的胚胎早期阶段与低等动物的胚胎存在相似之处；胚胎发育过程中先出现共同性状，后出现特殊性状。贝尔曾抱怨说："我保存了两个胚胎，可是忘了贴标签，现在一点都看不出来它们是什么动物了。也许是蜥蜴，也许是小鸟，甚至可能是哺乳动物。"

■ **《物种起源》**   达尔文在《物种起源》中详细分析了动物胚胎发育的相似性，指出这是反对神创论的最有力的证据。他质问道：如果生物是神创的，应该让受精卵以最直接的方式发育成成体，何必让整个胚胎发育过程如此迂回曲折？为什么陆栖的脊椎动物的胚胎发育要经过鳃弓阶段？为什么须鲸的胚胎有牙齿？为什么高等脊椎动物的胚胎有脊索？唯一合理的解释，就是这些奇怪的形态是它们的祖先的遗产："胚胎结构相同透露了祖先相同。"

　　海克尔在此基础上，结合自己的胚胎学研究和亲手绘制的胚胎图示，提出了"生物发生基本律"："生物发展史可以分为两个相互密切联系的部分，即个体发生和种系发生，也就是个体的发生历史与由同一起源所产生的生物群的发展历史。个体发生是种系发生的简单而又迅速的重演。"

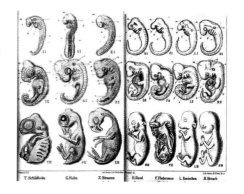

■ **海克尔《人的演化》（1891年版）中的插图**   这幅插图由海克尔亲手绘制，从左到右依次为龟、鸡、鸵鸟、狗、蝙蝠、兔、人的胚胎发育过程，每列自上而下显示了胚胎发育过程中从先到后三个阶段的形态。由图中可以看出，这些隶属于不同门类的动物，其早期胚胎是非常相似的。

　　海克尔提出的"重演律"引起了很多争议，但随着发育生物学研究的深入，生物学家们比较不同物种的发育调控基因，发现历史上较早出现的基因确实更为相似，而较晚出现的基因则更为不同。因此从某种意义上说，发育的基因确实是"重演"了演化的历史。

▣ 海克尔《生物体普通形态学》（1866年版）扉页　1866年，32岁的海克尔见到了57岁的达尔文。同年，海克尔出版了《生物体普通形态学》一书——在此书中，海克尔首次提出"生态学"的概念，并将其定义为"研究生物与其环境之间相互关系的科学"。在1869年的一次演讲中，海克尔进一步将"生态学"界定为"对被达尔文称为生存斗争条件的所有复杂相互关系的研究"。

　　在海克尔提出生态学的概念之前，亚里士多德及其弟子塞奥弗拉斯特，以及布丰、洪堡、林奈等许多学者都曾阐发过与生态学相关的思想。

◀ 塞奥弗拉斯特（Theophrastus，约前371—约前287）及其所著《植物研究》（*Historia Plantarum*）▶
亚里士多德的弟子塞奥弗拉斯特在《植物研究》中提出了类似今日植物群落的概念，并谈及植物与自然环境的关系。

◀ 法国博物学家、科学家、文学家布丰（Georges-Louis Leclerc, Comte de Buffon，1707—1788）及其所著《博物志》▶
布丰在巨著《博物志》中强调了生物变异基于环境的影响。

　　海克尔建立生态学概念后，在人们熟悉的梭罗、利奥波德、卡森等众多学者的作品影响以及许多科学家的努力下，生态学逐渐成为一门重要的基础学科，大众的生态环境保护意识越来越强。

▣ 梭罗（Henry David Thoreau，1817—1862）
梭罗在《瓦尔登湖》中说："感谢上帝，人们还无法飞翔，因而也就无法像糟蹋大地一样糟蹋天空，在天空那一端我们暂时是安全的。"

◀ 卡森（Rachel Louise Carson，1907—1964）
卡森的名作《寂静的春天》对当代环境思想的发展、公众生态意识的形成以及生态学的研究都产生了巨大而广泛的影响。

19世纪末，自然科学取得极大进步，人们对自然界的认识有了巨大进展，并同超自然"启示"的学术传统产生了不可调和的矛盾。海克尔将当时生命科学各个领域所取得的进展，与对生命现象的哲学思考结合在一起，建立了他的"一元论"哲学。他在这方面影响较大的著作有《自然创造史》（1868）、《宇宙之谜》（1899）和《生命的奇迹》（1904）等。

⬆ 海克尔的著作，从左至右为：《自然创造史》德文版、《宇宙之谜》德文版、《生命的奇迹》英文版和日文版。

宇宙的基本规律：由"物质守恒定律"和"力（能量）的守恒定律"结合形成的"实体定律"。

"实体定律"彻底推翻了旧形而上学的三大中心教条——人格化的上帝、意志自由和灵魂不灭。

"一元论"哲学的基本信念：宇宙中只有一个唯一的实体，物质与精神（或能量）只不过是实体的不可分割的两个属性。

坚持以解剖学、生物发生学为依据的心理学，反对心理神秘主义。

信奉进化学说，反对唯心主义（海克尔称之为"二元论"）、宗教神学与不可知论。

◀ 法国化学家拉瓦锡（Antoine-Laurent de Lavoisier，1743—1794）"物质守恒定律"这一化学定律由拉瓦锡验证并总结。

▶ 德国物理学家迈尔（Julius Robert von Mayer，1814—1878）"力（能量）的守恒定律"这一物理定律由迈尔等人发现并表述。

20世纪初，海克尔的思想和学说作为"科学"与"理性"的化身在中国得到广泛的宣传。早在1907年，鲁迅就编译过海克尔的著作。新文化运动期间，海克尔的众多著作被译成中文，成为思想启蒙和思想斗争的武器，参与译介的还有马君武、刘文典、陈独秀等新文化运动领袖。

鲁迅　鲁迅把海克尔与赫胥黎相提并论，称之为"近世达尔文说之讴歌者"，称其学为"近日生物学之峰极"。

陈独秀　陈独秀认为，能根治中国人头脑中那些"无常识之思维，无理由之信仰"的，只有科学。如果事事诉诸科学法则、本诸理性，那么"迷信斩焉，而无知妄作之风息焉"。

刘文典　刘文典认为当时的中国与欧洲的中古时代差不多，"除了唯物的一元论，别无对症良药"，于是发愤要把海克尔的《生命的奇迹》和《宇宙之谜》两本书翻译成中文。

马君武　马君武翻译的《宇宙之谜》是该书第一个完整的中文译本。马君武称海克尔为"达尔文后最有名之进化论学者"，认为"吾国至今尚鲜知赫克尔（海克尔）名者"，乃"学界至大之耻"。

新文化运动期间译介海克尔作品的书刊，从左至右为：马君武译《赫克尔一元哲学》（《宇宙之谜》）、刘文典译《生命之不可思议》（《生命的奇迹》）及刊载译文的刊物《新青年》《学灯》。

海克尔从解剖学、生理学、组织学、系统发生学的研究成果出发，指出人的意识这个"最大的最可惊的"生命奇迹只是头脑的机能，"人类整个灵魂生活与亲缘关系相近的哺乳动物的灵魂生活只有程度上的差别，而没有种类的区别，只有量的不同而没有质的不同"。

◀ 黑猩猩 ▶
黑猩猩与人类的基因只有约 1.5% 的差异。黑猩猩能做出喜、怒、哀、乐等表情，能够依靠不同的声音、各种各样的姿势和手势来表达较为复杂的感情。

在当时，即便是许多知名科学家，如阿加西斯等，也仍然信仰神创论，海克尔却说："我们接近真理与知识的庄严女神的道路是对自然及其规律进行亲切的研究，对无限巨大的星球用望远镜来观察，对无限微小的细胞世界用显微镜来观察——而不是无意义的礼拜、无思想的祈祷，不是赎罪的贡物和捐献。"

▶ **瑞士－美国生物学家、地质学家阿加西斯（Louis Agassiz，1807—1873）** 阿加西斯以对鱼类分类和冰川学的贡献而闻名。阿加西斯信仰神创论，拒绝接受进化论，认为动植物都是"造物主"思想的化身。

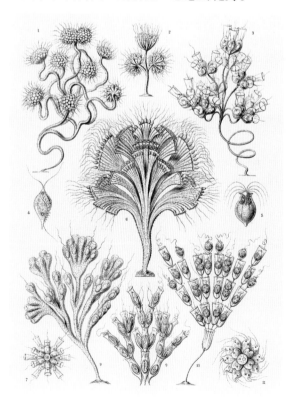

◀ **海克尔绘制的鞭毛虫** 大小只有数微米（1微米＝0.0001厘米）至数十微米的鞭毛虫，在海克尔的画笔下竟如此的纤毫毕现。海克尔在《生命的奇迹》中，通过描述从低等生物如鞭毛虫等的运动，到高等生物如人的运动，揭示了高等有机体的有目的的运动乃起于"下等有机体之简单的物理的运动"。

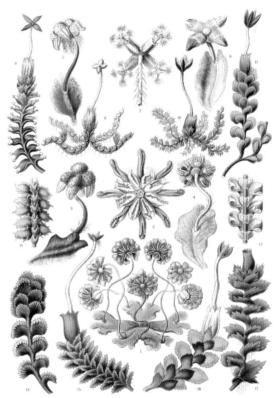

海克尔绘制的猪笼草 猪笼草代表着高等植物的消化器官因适应特殊情形而产生的特异构造。海克尔认为，在"生命的奇迹"中，营养算是有机个体维持生命的第一个要素，而一切营养作用没有一个不是服从实体定律（即"物质守恒""能量守恒"）的。

海克尔绘制的苔纲植物

法国微生物学家路易·巴斯德
（Louis Pasteur，1822—1895）

关于"生命的起源"，曾有一种无稽的说法，即"下等有机体是生于高等有机体之腐败的分解的有机成分"，巴斯德通过实验，证明大气里有许多微生物的胚种，甚至包括微细的高等动植物如地衣、苔类，一遇着水就苏醒或生长繁殖起来，并由此发明了著名的"巴氏灭菌法"。

安徽大学校园内的刘文典雕像　本书译者、著名文史学家、校勘学家刘文典曾自述："看见书上常说到生物进化的话，不懂进化论究竟是怎么一回事，拿起 Darwin（达尔文）的《种源论》（《物种起源》），看不出味来，后来读了日本人丘浅次郎和石川千代松的，略的晓得一点，后来又寻着了 Haeckel（海克尔）的《宇宙之谜》和《生命之不可思议》（《生命的奇迹》）两部书，读了真是无异'披云见日'……我从此才真晓得近世科学的可贵。"

　　刘文典（1889—1958），原名文聪，字叔雅，安徽合肥人。幼年得入私塾读书，又随美国传教士学习英文，受到东西方文化的双重熏陶，国学功底、外文基础均十分扎实。1906 年入安徽公学，师从陈独秀、刘师培等，学习之余投身民主革命，1909 年又留学日本，师从国学大师章太炎。

安徽公学旧址资料图　位于芜湖米捐局巷的安徽公学曾聘请了不少著名的革命志士来校任教或讲课，被称为"中江流域新文化摇篮"。

《淮南鸿烈集解》《庄子补正》　刘文典学贯中西，自 1917 年起，历任北京大学、清华大学、西南联大、云南大学教授，并曾任安徽大学首任校长。他一生著述甚丰，《淮南鸿烈集解》奠定了他在学术界的地位，《庄子补正》则是他作为庄子研究专家的得意之作。

 刘文典手迹

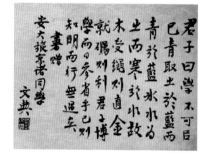

刘文典墓　刘文典墓位于安徽省安庆市宜秀区大龙山镇燎原社区。墓前所刻对联为其老师章太炎所赠："养生未羡嵇中散，疾恶真推祢正平"，以三国名士嵇康和东汉名士祢衡作比，颂扬了刘文典不畏强权的风骨气节。

第十章 运　动

• Chapter X Movement •

　　一切形而上学的、超自然的、目的观的观念，都是由于误认意志自由和高等有机体之"有目的的构造"。这些思想家没有想到，这种"目的"由系统发生学上去寻求，都是起于下等有机体之简单的物理的运动。

　　世界上一切事物都是永远运动的。宇宙是个永远的动体。世间无论何处都没有绝对的"休息"，总只有那貌似的，相对的。那变化不居的热，也只是一种运动。在那永远不息的天体运行里，无数的太阳和行星在无限的空间里到处游行。在化学上的化合分解，原子和原子所构成的分子都运动。活的实质之不断的新陈代谢作用，都是其分子之不断的运动和原形质微分子的造成破坏。但是在这里且把这些种运动摆开，略讲有机生命所特有的各种运动以及他和无机物运动之比较。

　　(生活运动之化学作用)据我们的一元的原理，有机生命之内里的性质，是个化学作用，并且是由原形质微分子和其原子之不断的运动而定的。这新陈代谢作用，我在第八章已经说过，在这里无须赘语。只要声明一件事，分子的原形质运动之普遍现象和这种运动在各种动植物里的特别方向，都可以归之于化学法则，并且和有机无机体里一切化学作用都受同一个机械律的支配。关于现在所要讲的那些"生物之可见的运动"，我们先要分个受动的和主动的，并且这主动的又分个反射的和自动的。

　　(主动的运动和受动的运动)有许多活有机体的运动，在门外汉惯把他认为"生命"自身的活动，其实都是纯然受动的，这种运动不是由于活原形质里所没有的外界原因，就是由于"有机而不活的实质"之物理的构造。在"活理学"(bionomy)和"生物分布学"(chorology)很占重要的这种纯粹受动的运动，在水的流、风的吹里都含得有这种运动，使动植物的分布迁徙受绝大的变迁。再者，纯粹物理的运动，就是那用极强的显微镜在死的活的细胞里都看得见的，通称做"布朗氏(Brown)分子运动"的那种运动。木炭粉等类的细粒，平均撒布在有一定密度的液体里，都不断的摇动或是跳动。这种固体分子的运动是受动的，是由于那液体之万不见的微分子互相冲突不已。根足类是一种很可注目的原生动物，其单细胞的构造，对于那暧昧难明的"生命的奇迹"放绝大的光明，在他的活原形质里，有些奇特的细粒。在"阿米巴"的细胞体原形质里，许多分子向各方面上下游行。放射类和"有孔虫类"之单细胞体上伸出

──────────────

◀赴意大利西西里岛科学考察期间的海克尔(1859—1860)

──────────────

来的"伪足"上有成千上万的微细分子在上面游行,好似街上的游人一般。这种运动并非起于那受动的细粒,乃是起于那主动的、看不见的原形质微分子,这种微分子时常变更其关系的地位。就连我们能用显微镜在透明的小鱼之血液循环里,或是在蝌蚪的尾子上看得见的那种血细胞的运动,也不是血细胞自己在动,乃是起于心脏之鼓动所致的血液涨溢。

(膨胀运动,浸湿作用之机械的原理) 高等植物以及许多种有机体生命的要素,是个叫作"吸入作用"的物理现象,这个现象是微分子的引力使固体物的微分子中间浸水,水因此又使微分子变换位置。固体物用这个法子增加容积,并且生出种种运动,这些运动现出生活作用的样子来。这些吸入体的能力是很强大的,例如一块浸水的木片插入岩石的罅隙里,可以把一块很大的岩石胀裂开来。植物细胞的薄膜里,不论生细胞死细胞,都有很强的吸入性,所以他所起的运动,在生理上很是重要。细胞壁的吸入作用要是偏于一边,使细胞起了偏倚的时候,那就尤其重要了。有许多种果实干燥起来,张力不平均,就裂开来,把种子抛得甚远(像那罂粟和聚藻都是这样)。苔藓也以芽孢囊口子上牙齿的吸入作用把芽孢弹射出来。鹭嘴草(*Erodium*)的尖端干燥的时候就缩起,润湿了就伸开,所以构造气象测候所的时候就用他做湿度计。那所谓"复生植物",像耶利哥(Jericho)城的蔷薇类含生草属和鳞叶卷柏,干燥的时候卷成个拳头,润湿的时候叶子就舒开(叶子紧吸在里边)。许多人都相信这是死而复苏,其实植物没有真正的复苏,也像人死了不能复生。然而这些吸入现象也不是主动的生活作用,和活原形质无关,而是起于死细胞膜之物理的构造。

(自发的运动和反射运动) 有机体的这许多受动运动之外,又有活原形质所起的许多主动的运动。分析到最后,这些主动的运动,也都可以归之于物理法则的作用,和受动的运动是一般的。但是其原因却不大明了,这种运动是和活原形质之复杂的化学上微分子作用相关联的,其错综的机械原理虽然还没有懂,然而其物理上的规律现在已经完全晓得了。这许多种运动,自来叫作狭义的生活作用,视为神秘的生活力之确证的,大体可以随其刺激之能否直接得知,分为两大类。第一类是刺激的(或是反射的)运动,第二类是自发的(或是自动的)运动。在自发的运动里,意志像是自由的,许多生理学家就不去管他,让那些形而上学的心理学家去研究。据我们的一元论看来,这是一个大错，就是那所谓"精神一元论"诉之于虚谬的知识论也是枉然，不见会有进益。有意识的意志（连有意识的感觉）和无意识的、无意的运动（连无意识的情感）一般，都是个物理的、化学的作用。两者都是一样的服从实质法则。不过却有一层分别，激起反射运动的外面刺激，我们都能晓得并且实验得出来，至于那发动意志的内面刺激，大都不晓得并且不能直接去考验。这种刺激是由"心的原形质"（psychoplasm）之复杂的构造而起的，这种构造是千百万年来由系统发生的作用渐次得来的。

（混合运动）但是有意的（自动的）运动和无意的（反射的）运动之区别，在理论上虽是清楚，在实际上却极难分别。这两种运动往往互相混淆，并没有截然的界限（像有意识感觉和无意识感觉一般）。同一个动作，起先像是意志之有意识的动作（例如行走、说话等），随后反复几次又像是无意识的反射的动作了。此外更有许多重要的混合运动或是"本能运动"，其冲动一部分是由于内里的刺激，一部分是由于外面的刺激。生长的运动就是属于这一类的。

（生活运动之方向）有许多种生活运动，具一种特性，就是都显示个一定的方向，这运动通称做"有目的的运动"。"目的论派"把这种运动当作新旧活力说二元的见解之绝好的证据。一切形而上学的、超自然的、目的观的观念，都是由于误认意志自由和高等有机体之"有目的的构造"。这些思想家没有想到，这种"目的"由系统发生学上去寻求，都是起于下等有机体之简单的物理的运动。况且他们又没有见到或是不肯承认能量之无机的形式也有一定方向，这种方向，在结晶体的起源里，全世界的构造里，人心的趋向里，星辰的轨道上，都是一般的清清楚楚的。请读者时时牢记机械的能量这两种形式，确信这种形式是和生活运动的方向一致，要紧要紧。

（结晶力之方向）简单化合物结晶时之引力，其所显示之一定方向，和构造细胞时原形质里所现的方向是一般的。细胞说之建立者施来敦和西万在1838 年也曾说过的那"细胞和结晶体之比较观"，在别处虽有不合，关于以上所说的几点，却是全然确当的。结晶体在"母液"里长成的时候，化学实质之同类的分子，对一定的方向，顺一定次序排列，于是内里起均齐对称的数学上平面，定外面上的角度。近世结晶学，赖此分六种结晶的方式。然而同一种实质，在相异的状态之下，可以结成两三种方式（结晶体的"同质二形"或"同质三形"），例如那石灰炭化物在六边晶形结成方解石，在斜方晶形结成霞石。

（宇宙运动之方向）要是把空间一切天体的全部运动包括在"天体动学"（cosmokinesis）一个总名称之下，纵然我们对于其方向的知识很不完全，然而不能不承认这些天体的运动虽极微细处都有个一定的方向。我们能把环绕太阳诸行星的距离、速度、运动用数学计算得很精确的，由天文学上的观察和计算，可以推定无限空间中无数天体的运动里，也有个同样的规律。但是这些复杂的运动之最初的原动力和最后的究竟目的，我们却不晓得。我们只能从近世物理学的许多大发明，借着分光分析法和天体摄影法的助力，断定那一实质法则、进化法则，其支配大天体的运动，恰似其支配我们这地球上千百万年以来所栖息的微细有机体的运动一般。

（原生生物的运动）在高等有机体里到处有的那许多生活运动之等级，就连在原生物界里也并非无所表现。关于这一点，那植物性"摩内拉"里最简单的"克罗马塞亚"以及那由前者变质而成的动物性细菌，都是极有兴味的。这种无核细胞里，用显微镜既看不出一点有目的的构造，其同种类的原形质体上又寻不见什么相异的器官，我们只得把他的运动视为其化学上分子组织之直接效果。但是原生植物和原生动物里有几种有核细胞也是这样的，不过这种情况下其细胞核和细胞体在间接分裂的时候原形质里现出复杂的运动，其组织不如无核细胞那样简单。然而除此之外，许多单细胞体里也不再有什么值得叫作"生活运动"的了。关于运动一层，在有机无机的境界上，有那"克罗马塞亚"之最简单的形式，就是"克罗阿珂加塞亚"。这种无组织的原形质分子，除了他当分裂生殖的时候略变形状之外，不再看得着什么"生活运动"。使活物质里起"造原形质的新陈代谢"和生长的这种内部分子运动，是我们眼所看不见的。"生殖"这个现象，在其最简单的形式"自己分裂"里，不过是个超过同种类原形质球之个体限制的额外生长。

（内部的原形质运动）大多数的原生物，都好像是真正有核细胞。因此我们可以把单细胞有机体的运动分为两种，一种是核原形质里的"内部运动"，一种是细胞体原形质里的"外部运动"，这两种运动，在那核起一部分分解作用（caryolysis）的时候，结成密切的相互关系。间接细胞分裂的时候，其组成体之这种变化和部分的分解里，起某种复杂的运动（其真相还是全不晓得），这是染色体的核粒和非染色体的核丝共同运动，并且是包括在"核之运动"（caryokinesis）一个总名称之下。近来有许多人要想用纯物理的原理去说明这种运动。"阿米巴"和动物菌之原形体里以及许多原生植物原生动物之"内原形质"里，那许多"原形质"之内部的涨溢也都是一样的。

(阿米巴状运动)这些"原形质运动"之根底上的原形质微分子之缓慢的"转换位置"，在简单的裸细胞里，也起许多样外面的"形式变更"。其细胞的表面上，现各样的褶状或是指状(lobopodia)。这种现象在普通的阿米巴(最简单的一种有核裸细胞)里最容易看得见，所以就叫作"阿米巴状运动"。放射虫和水母等大根足类的各样运动里，其裸原形质体的表面上放出几百条细线，这也是此等运动之一种。毕茨奇利、理卡德·海尔特维希、卢姆布理尔(Rhumbler)等近世的根足类专门研究家，都要把这各样伪足之构成和其枝状、网状的组织归之于纯粹物理的原因。

在滴虫类那样分化很高的原生动物，要把他的这种组织归之于物理的原因，那就更不容易了。这种单细胞原生动物，其细胞面上生成永久的毛状物(鞭毛类生一根长鞭毛，毡毛类生许多根毡毛)，用这毛状物伸缩运动，和高等动物的肢体、触角、腿一般，所以其自由运动是进步得多了。这种细胞脚的运动看着好似自发的，又很有步调，极似后生动物之自动的有意的运动，至于有许多研究滴虫的专家，看见他这样的运动，以为他真有个体的灵魂(竟有说他是"有意识的灵魂"的)。由此看来，各种生活运动中间的差别，在原生物界里，已经就很大了。像"克罗马塞亚"那种极下等的摩内拉，其运动是和无机的现象相近的。像毡毛虫那样分化很高的滴虫类，其自发的运动酷似高等动物，至于有人相信他有"自由的意志"。截然的区别是绝没有的。

(筋肉收缩的运动)有一大部分的高等原生动物，长得有分化了的运动器官，这种器官可以比之于后生动物的筋肉。其细胞体原形质里，长得有线纬状可以伸缩的构造，这种构造有对于一定方向伸缩的力量，好似后生动物的筋肉线纬一般，鞭毛毡毛两类的滴虫，这些筋肉状物(myophæna 或 myonema)在"表原形质"(exoplasm)即细胞膜的底下，长成个特别的平行状或是交叉状线纬的薄层。滴虫类之变化的身体，可以由这种筋肉状物之自动的收缩变成各种样子。这种筋肉状物之特别的例，就是"有刺类"(Acantharia)的"肉刺"(myophrisca)，一种能伸缩的线纬，围绕着这些放射虫(指有刺类)的放射针，好似个王冕一般。这种器官是在他外面的胶质包皮里，由其伸缩力把他扩张开来，以减少重力。

　　(**原生生物之水静的运动**)许多种水产的原生植物和原生动物,都有自动的独立的运动能力,这种能力往往像是有意志的。在那极简单的淡水产原生动物里,有 *Diffugia*、*Arcella* 等小根足类,他和裸体"阿米巴"的分别,就在有个坚韧的包皮。这种动物总是在水底的黏土里爬行,但是在某种状态之下也会浮到水面上来。据维廉·埃恩格尔曼(Wilhelm Engelmann)氏的实验,他们这种水静的运动,是用一个炭酸气的小胞,这小胞把他的单细胞的身体,涨成个轻气球一般,他那本来比水重些的身体,这一来就比水轻得多了。在海里各样深浅处浮游的那些美丽的放射虫类,也用这个方法。他们的单细胞体(本来是球形的),由一层薄膜,分为坚韧的内部中心小囊,和柔软的外部胶质包皮。这包皮叫作 calymma,是由几多个水胞或是空胞隔开的。由一种渗透作用的结果,这些空胞里可以生炭酸气或是吸入纯洁的水(没有海水的盐质在里面),用这个方法减轻了重量,浮到水面上来。他要想下沉的时候,那空胞就把里面很轻的内容物放射出来。放射虫类这种水静的运动(有刺类还用构造更复杂的肉刺),以很简单的器官方法,和管水母类、鱼类之满装空气、伸缩自由的气胞收同一的效用。

　　(**原生生物之分泌的运动**)有几种单细胞体,其变更位置的方法非常的奇特,他由身体的一段,分泌浓厚的黏液,把他黏在地上。他分泌不已,就形成个长长的冻子一般的茎状物,全细胞体用他徐徐前进,好似船用棹一般。这种"分泌的运动",在原生植物里有带藻和硅藻,在原生动物里有几种簇虫类和根足类。摇曳藻(切近克罗马塞亚的一种青绿色无核细胞结成的线纬状物)之特殊的波动运动,也是由于分泌黏液的。在他一方面,许多种硅藻类的"滑走运动",大约是由于原形质里微细的突起物(恐怕是毡毛),这突起物不是从两瓣硅酸质壳的缝口里突出来,就是从壳子上细孔穿出来的。

　　(**原生生物之毡毛运动**)许多种单细胞体,其容易而且敏捷的行动,最要紧的是在其身体的表面上生出纤细的毛状物,这种毛状物,从广义说来,就叫作"震动毛"。要是只有几根长的鞭状线,就谓之"鞭毛"(flagella),要是许多根短的,就谓之"毡毛"(cilia)。有几种细胞菌是为这种"鞭毛运动",更有是那"鞭毛滴虫类",原生植物里的"鞭毛藻"(*Mastigota*),原生动物里的鞭毛虫。这许多种里,通例都有一两根(再多的就不大有了)长而且薄的鞭状物,从其卵形、圆形或长形细胞体长轴的一端伸出来。这种鞭毛为各样的颤动,不但是供游泳爬行之用,并且做感觉和求食的器官。组织动物的身体里,也常有同样的"鞭毛细胞"(cellutæ flagellatæ),大都总是在内面或是外面结成一个大层(即纤毛上皮)。若是一个细胞离了群,还能独立生活一些时间,继续其运动,好似游离的滴虫一般。许多藻类的游行芽孢以及动植物的精虫、精子等一切毡毛细胞都是这样的。

此等毡毛细胞,通例都是圆锥形的,有个卵形或是梨形的头(往往也作杆形),这头渐渐细成一条线。当200年前,初在雄性精液里发见其活泼运动的时候(每一滴里有几百万个),以为他和滴虫一样也是真正的独立的微生物,所以得了"精虫"(spermatozoa)这个名字。直到久后(60年前)我们才晓得他是发射出来的腺细胞,有使卵受胎的机能。同时又发见藻类、苔类、羊齿类等许多植物里也有同样的震动细胞。许多种植物的震动细胞(例如苏铁类的精子),不生长的鞭毛而生许多短的毡毛,好像更高等的"毡毛滴虫"一般。

滴虫类的毡毛运动要算是"震动运动"之更完备的形式,因为他上面所生的许多短毡毛是供各样的用处,并且其分业也就照着取各样的形式。有的毡毛供他游泳行走,有的毡毛供他把捉或是抵触以及其他种种用处。高等动物"毡毛上皮"的毡毛细胞,就有社会的结合,例如脊椎动物的肺里、鼻孔里、输卵管里都是的。

(组织体之运动)在单细胞的、无组织的原生物里,一切生活运动都好像是单一细胞原形质之主动的机能,然而在多细胞的组织体里,生活运动却是组织体里许多细胞联合运动的结果。所以原动力之解剖的研究和实验的生理的考察,是先说明"构造组织体之特别细胞"的性质和活动,然后再说明组织体自身的构造和机能。我们要是从这个见地去综观组织体全体的各样生动的活动现象,立刻就能看出来后生植物后生动物两界在动学上有个主要的一致点,即是在低级的运动里其化学的、物理的性质可以看得明明白白,并且可以归之于构成组织体的那许多细胞之原形质里的"能量交换"。然而在高级的运动里,就大不相同了,高等动物许多自动运动,显然是自发的,于是刺激运动、生长运动等纯粹生理学的问题上又加上个"意志自由"的大问题了。

况且后生动物感觉器官的分化更高,其神经系统又集中一处,他的运动比后生植物更复杂,花样也更多。后生动物大抵都能自由行动,后生植物却不能。两者运动器官之特别的机械学也很不一样。大多数的后生动物,其主要的发动器官是筋肉,这筋肉有极其发达的对一定方向的伸缩力。至于大多数的后生植物,其运动大半都是靠活原形质的紧张,即所谓植物细胞的"膨胀性"(turgor)。这是由于内部"细胞液"之渗透的压力,和被压迫的"细胞壁"之弹力。然而动植物二者的运动以及一切生活现象,其真正的原因,分析到最后,还只是主动的原形质里能力之化学的变化。

(**后生植物的运动**)后生植物,除了极少的几个例外,都是终生固定在一个地点,或者在幼稚的时候,有个很短的期间可以移动。他这一点很像海绵、水螅、珊瑚虫、苔虫等下等后生动物。他们都不能自由行动。他们里面的发动现象,只能影响特别的部分或是器官。这些大抵都是由外面刺激而起的反射运动。只有一小部分高等植物现出自动的运动,其刺激的原因,我们还不晓得,这种运动可以和高等动物之貌似自发的运动比较。有种印度蝴蝶花(*Hedysarum gyrans*),其侧面的羽状叶子,并不要外部的刺激,自己会在空中绕圈子运动,好似一双手臂在舞,两三分钟绕一个圈子。光线的强弱对于他不生影响。有几种苜蓿(*Trifolium*)和酸模(*Oxalis*)的叶子,在黑暗处也起同样的自发运动,在明亮的时候却不动。草地上生的苜蓿,其顶上的叶子,每两个钟头至四个钟头,画个百二十度以上的弧线回转一次。这些种自发运动之机械的原因,好像都是在乎膨胀性的。

(**后生植物之膨胀运动**)这种自发的自动的"膨胀运动"只是几种高等植物里有,但是由同样机械原理而起的"刺激运动",在植物界里却是很普遍的。许多种植物都有那"睡眠"或是"夜眠运动"。许多叶子和花都直对着日光。天黑了他就收缩起来,花的萼也就闭了。许多种花一天只开几点钟的工夫。这种膨胀运动之机械的原理,是内部细胞液之渗透的压力和紧张的细胞膜之弹力共同作用。原形质的"初生囊"上外部细胞膜,其紧张力随渗透的主动物质而增加,至于内部的压力等于各个气压,而有弹性的、紧张的膜伸张十分之一至二。这些膨胀细胞要是没有了水,那膜就收缩,细胞也缩小了,组织也松了。除了光之外,热度、压力、电气等刺激也可以生这种膨胀的变化,其结果也有反射运动。其最显著而又最常见的例,就是那肉食的捕蝇草(*Dionœa muscipula*)和有感觉敏锐的知羞草(*Mimosa pudica*),此等植物的收缩,是由于机械的刺激,诸如摇动、压迫、抵触其叶子。

(**后生动物的运动**)大多数的高等动物,都有自由自在行动的能力。然而那较低的种类,其生涯大部分都在水底下,和植物一般,就没有这种能力了。所以往日人把腔肠类里的海绵、水螅、珊瑚虫等都认作植物。有几种体腔动物也作静止的生活,像那蠕虫里的苔虫类和鳃脚甲壳类,许多贻贝类(牡蛎等),被囊动物里的海鞘类,棘皮动物里的海百合(*Crinoidea*),甚至于构造很高的关节动物,环虫里的管虫类(*Tubicolæ*),和甲壳动物里的某种蟹类(*Cirripedia*)都是这样的。这许多不动的后生动物,在幼小的时候都能自由运动,或作"胚囊"(gastrulæ),或以别种幼虫的形式在水中游泳。他们是渐渐的形成了静止的习惯,并且受了很大的变化,往往因此大为退化,例如丧失了高等的感觉器官,丧失了腿,甚至于丧失了全个的头。亚尔罗德·蓝格(Arnold Lang)所著的专论《静止生活对于动物之影响》的书里,把这些事讲得很清楚。关于这些"逆行的变形"之研究,在进步的遗传和淘汰说上是很要紧的,由这种现象,也可见"自由的行动"在动物和人类之高等感觉和智能的发达上有绝大的价值。

(后生动物的毡毛运动)许多下等水产后生动物,其身体的表面上都包着一层"震动的上皮"。什么叫作震动的上皮呢?就是一层"皮肤细胞",长着一条长的鞭毛或是许多根短的毡毛。鞭毛上皮是刺丝胞类和扁虫类所特有的,毡毛上皮是蠕虫类和软体类所有的。这种毛状突起物的毡毛运动,使身体的表面不断的接触新鲜水,所以他们(指这些毛)先就实现皮肤的呼吸。然而在许多小些的后生动物里,这些毛也供行动之用,像在那原肠类、滴虫类、轮虫类、纽虫类以及许多别种后生动物的幼虫里,都是这样的。这种震动的装置,在栉水母类里,发达到极点了。这许多小胡瓜形刺丝胞类之极其脆弱柔嫩的身体,用几千只小桨在水里荡着,慢慢的游行。这些桨排成八个纵列,从口直排到尾。每一根桨都是"上皮细胞"群的长毡毛胶结而成的。

(后生动物的筋肉运动)后生动物之主要的发动器官,是其身体上的筋肉。筋肉的组织,是由"收缩细胞"组成的,所谓"收缩细胞"就是那具有收缩特性的细胞。筋肉细胞收缩的时候,这条筋肉就变短了,其直径就加大了。于是他两端所联结的身体上两部分就接近了。在下等后生动物里,其筋肉细胞大抵都没有什么特别的构造,但是在高等动物里,其"收缩的原形质"生特别的分化,在显微镜下现长细胞的横条子。以这横条子为准,可以分有线条的筋肉和简单的、无线条的、平滑的筋肉。筋肉的收缩越活泼、敏捷而且正确,那线条子也越显著,而二重屈折的筋肉分子和一重屈折的筋肉分子之区别也越明确。有线条的筋肉是维尔佛尔浓所谓"我们所晓得的最完美的发动机"。据曾慈(Zuntz)氏的计算.寻常一个人的心脏,每天做两万"公斤米"(kilogrammetre)的事,换言之,就是其能力足够把两万公斤重的东西举起一米高。许多飞的昆虫(例如那蚊蚋),其飞动的筋肉,一秒钟收缩到三四百次。

(**皮肤筋肉**)后生动物,不论高等下等,其筋肉都不过是皮下的一个薄肉层。这肉层是由筋肉细胞组织而成的,这种细胞,在那水螅里,原来是由"外胚叶"以"皮肤细胞之内部的收缩性突起物"的形式发达出来的。在别的时候,筋肉细胞是由中胚叶(即中皮层)的"连续组织细胞"发达而成的,像在那栉水母类里,就是这样的。这种"中胚叶的筋肉",比"上皮层的筋肉"稀少些。在大多数的"无骨骼蠕虫类"里,皮下的筋肉分为两层,一层是外部的"集中筋肉",一层是内部的"纵线筋肉"。在线虫、簇虫等圆筒形虫类里,这内部的纵线筋肉层分做四个纵形的带,一对是上部的(脊部的)筋肉带,一对是下部的(腹部的)筋肉带。身体上专供移动用的部分,其筋肉是尤其发达强固,像那些爬行虫类和软体动物的腹部都是这样的。这种"筋肉的表面",发达成一种"肉脚"(podium),各种软体动物有各种的样式。在硬地上爬的蜗牛里,长成一个筋肉的"平脚"(*Gasteropoda*)。在那犁锄似的掘着软泥走的,就长成个锐利的"斧脚"(*Pelecypoda*)。那"龙骨蜗牛"(*Heteropoda*)用"龙骨脚"游行,好似轮船用暗轮一般,"浮游蜗牛"(*Pteropoda*)用前足部发达出来的一双折褶,上下不定的游泳,好似蝴蝶飞翔一般。在乌贼那种最高等的软体类里,这前足分为四五双折褶,长成很长的筋肉性"头足",这"头足"上附着的许多坚强的"吸子"也有特别的筋肉。在这许多无关节的软体类和蠕虫类里,或是全无硬的骨骼,或是纵有也和发动的筋肉没有机能上的关系(像那软体类的外壳)。在高等动物里就又是一样了,坚硬的骨骼都和筋肉有机能上的关系,变做个受动的发动装置。

(**主动的运动器官和受动的运动器官**)高等动物界里,具特殊的坚硬骨骼作筋肉的基点且支持保卫全身的,有棘皮动物、关节动物和脊椎动物三大种。这三大种的形状很多,其行动装置之完备,超越动物界里其余的一切种类。然则其受动支持器官,即那骨骼的配列和发达以及其主动的器官,那筋肉和他的互相关系,这三大种里大有不同,各种类之特殊的式样也由此而定。纵然除去别项根本上的区别,单就这些关系看来,也足证明这三大种类是由蠕虫族类的三个相异的根源各自发达出来的。棘皮动物之石灰质骨骼,是真皮上堆积的白垩质做的,关节动物的骨骼是表皮的角质分泌物做的,脊椎动物的骨骼是内部"脊索"的软骨做成的(参见《人类进化论》第二十六章)。

(棘皮动物的运动器官)海产的棘皮动物,他那所谓"棘皮"有许多极其奇特的地方,和一切别种动物不同,就中尤奇特的是其主动的和受动的发动器官之特别构造,和其个体发达之奇妙的形式。这样的"个体发生"里,有两个全然相异的形式次第发见,一个是简单的"星状幼虫",一个是构造很复杂而两性很成熟的射形动物。那自由游泳的小星状幼虫,其构造很像蠕虫类里的轮虫,所以据生物发生法则看来,这棘皮动物之原来的"种型"(海瓶)是属于这种蠕虫的。这些构造,我在《自然创造史》的第二十二章里已经略略说过,在 1896 年《海瓶和海林檎》的论文里,说得更详尽些。这星状幼虫并没有筋肉,也没有水管或是血管。他用震动的毡毛运动,这毡毛是长在其表面上特别的腕状突起物上的。这种腕状突起物,在这两边均称的幼虫之左右两侧整整齐齐的发生出来(不过却还没有现出"五线构造"的痕迹来)。这两边均称的小星状幼虫,经了一种很奇妙的变化,变作一个全不相同的射形动物,成了一个两性很成熟的,有"五线构造"的大棘皮动物了。(参见《自然界的艺术形态》第 10、20、30、40、60、70、80、90、95 图)这棘皮动物有极其精细的构造,也有筋肉和上皮的骨骼,也有水管和血管了。现存的海百合(Crinoidea)、古有今无的海芽(Blastoidea)、海林檎、海瓶等类射形动物,在海底下作静止的生活。其余海参、海盘车(Asteridea 和 Ophoidea 两种)、海胆等四种现存的,在海里爬行。他们的爬行运动,是以"水脚"和"皮肤的筋肉"两种器官行之。这"皮肤的筋肉"是靠真皮上白垩质堆积物所成的石灰质硬针撑持的。这些石灰质的针(在海胆里最为显著),在上皮骨骼石灰质甲壳的特别凸起物上可以转动,由筋肉的小针运动他,所以这些棘皮动物用他行走好似挂着拐杖一般。然而这中间又有许多"水脚"从内面生出来——一种薄的管子,好像手套的指管,由内部的导管系(即所谓水管系)把他装满了水,才得硬起来。这些水脚,其闭塞的外端,往往有个"吸片",供他的爬行、吸入、抵触、把捉之用。棘皮动物的这些发动器官——连那带着精致水管的水足和那带着关节筋肉的针——每一个五线的射形动物身上有几百几千,所以棘皮动物的发动器官可以说是一个动物中之最进步的最精细的了。其历史的发达，自从理卡德·锡蒙（Richard Semon）于 1888 年创立"五趾说"（pentactæa theory），已经由其最初的阶级起，完全明白了，至于其奇妙的胎生状态之正确的意义，是 1845 年约翰尼斯·缪来尔发明的。我于 1896 年，在前述关于海瓶和海林檎的论文里，也曾就古生物学上的发明，极力仔细去建设这个学说。

（关节动物的运动器官）关节动物一大门类里（一切动物里以这一门类的式样为最多）包括环虫、甲壳虫、气管虫三大种。这三大种类，组织上要点都是一致，那两边相称的长身体之外部的关节，以及每一节里内部的器官之反复，这两点是尤其一致。每一个关节里，原来都有一个腹部神经系的神经节（腹髓），一个脊部的心房，一个皮肤骨骼的角质环和一个相当的筋肉群。

关节动物的三大种里，环虫类是从蠕虫直接发达出来的，这里面的"线虫"和"纽虫"和蠕虫是很相近的。其余甲壳虫和气管虫两个组织较高的种类，是后起的种类，从环虫类的两个相异的种属独立进化出来的。环虫类（蚯蚓就属于这类）大抵都有个同样的关节构造，他的关节，尤其是那皮下的筋肉，翻来覆去总都是一样的构造。在其横断面里，每一节上，集中筋肉层底下，都有一双脊部的筋肉和一双腹部的筋肉。其上皮分泌出一个角质的薄包皮，在"气管虫"类里就成一个皮革状的或是石灰质的管子。最古的环虫类都没有脚，新些的"刚毛虫"（Polychæta），每一节上有一对至两对很短的"无关节的脚"（Parapodia）。

关节动物之其余的两大种类（甲壳类和气管类），长得有各式各样很长的有关节的脚，并且在分业上作肢体之各样的形式。全体的组织越高，这异样的关节构造越明显。水产的、用鳃呼吸的甲壳类（蟹等），和陆居的、用气管呼吸的气管虫类（多脚虫、蜘蛛、昆虫等）也都是如此的。高等的甲壳类和气管虫类，其肢体的数大都不出十五至二十，这些肢体分布于头部、胸部、臀部等三大部。那角质的包皮，在环虫类里总是很软很薄的，在甲壳类和气管虫类却厚得多了，并且往往以一种石灰质的堆积物弄得很硬的，这包皮在每一节上成个角质的坚硬的环，发动的筋肉就附着在其内侧上。这些硬环由那很薄的、能动的、中间的环联结着，所以其全身能紧相联结，又很有弹力，又能自由运动。各关节上一对一对的那有关节的长腿，其构造也是这样的。所以甲壳动物发动器官的特质就在于一件事，什么事呢？即是在身体里以及在肢体里,筋肉都附着在角质管子的里面,由这里面节节相通。

(脊椎动物的运动器官)脊椎动物的构造,和这个恰是相反的。脊椎动物都是沿着身体的纵轴生成一个坚固的内部骨骼,筋肉是长在这支持器官(指骨骼)之外的。由外面看不见他的关节构造,一定要剥去他那"无关节的皮"才能从筋肉系统里看出来。就连"无头骨类"那样极下等的、没有颅骨的脊椎动物,其内部的骨骼只是个圆筒形的、坚硬的、有弹力的轴状杆子(chorda),一边也有一片筋肉[蛞蝓类(amphioxus)有 50 至 80 片]。这类动物是没有四肢,和最古的有头骨动物"圆口鱼类"[盲鳗(myxinoida)和八目鳗(petromy-zonta)]一般。只是第三类的脊椎动物,真正的鱼类(pisces),才有"胸鳍"和"腹鳍"两对肢体发现出来。其陆居的子孙,炭化时代最古的"两栖类",其两对有关节的前腿和后腿,就是从这鳍变出来的。这四个五趾的肢体,其内面的骨骼和包着这骨骼的筋肉系统,都有很特殊很复杂的关节构造。这个行动的器官,由最初的四肢的两栖动物,遗传给其子孙爬虫类、鸟类、哺乳类三种高等脊椎动物。这许多重要的构造,我在《人类进化论》第二十六章里已经详细说过,并且加了许多图解,请读者去看那本书,我在这里只要就哺乳类略加考察罢了。

(哺乳动物的运动器官)在哺乳类里,内部的骨骼(受动的支持器官)和外部的筋肉系统(主动的发动机)两部发动的装置,因为适应许多样的习惯和机能,所以其构造也有种种的不同。我们要把那跑的肉食类和有蹄类,跳的袋鼠和飞鼠,掘洞的鼹鼠和 hyperdæi,飞的"翼手类"和蝙蝠,游泳的海牛和鲸鱼,攀缘的"狐猿"和猴类,作一个比较,就看得出来了。在这许多以及其余一切的哺乳类里,发动器官之全部整齐的构造,是恰恰适应生活的习惯,这生活的习惯,是"适应"本身养成的。然而仔细看来,哺乳类所以别于他类的,内部组织之主要的特质,却不是受这"适应"的影响,乃是由"遗传"不断的维持他。这许多比较解剖学和系统发生学上既定的事实,和古生物学上相符的结果,确实证明一切现存的以及化石的哺乳动物,从最低的有蹄类、有袋类到猿类和人类,都是从三叠纪时期里原始哺乳类一个共同的种型降下来的,再溯上去,其更远的祖宗,在二叠纪里是爬虫,在石炭纪里是两栖类。哺乳类行动器官之特有的性质,一面是脊柱和头骨的构造,一面是附着在支持器官上的筋肉组织。在头骨里,尤可注目的就是那下颚的构造和那连接下颚与颞颥骨的关节。这个关节是颞颥骨的,和别种脊椎动物的方形骨关节不同。在哺乳动物里,这方形骨关节是长在"中耳"的"鼓膜穴"里,介乎"槌骨"和"砧骨"之间。应乎颚骨关节的这种变化,筋肉的形状自然也大为改变了。哺乳类专有块特别的筋肉,调他的呼吸,隔开他的腹腔和胸腔,就是那"横隔膜",在别种脊椎动物里,构成这横隔膜的各样筋肉,还是各自分开的。

(**人类的运动器官**)人类用以为各种运动的许多器官,和猿类的运动器官是同样的,即其动作的机械原理也绝无二致。同样的 200 块骨头,以同样的次序结构,结成我们的内部骨骼,同样的 300 条筋肉,起我们的运动。筋肉骨骼的形式大小虽有不同,这不过是由适应的不同。至于其全部发动装置的构造之完全一致,可以说是人类和猿类由共同的祖先遗传而来。人类和猿类运动之不同,是由于人类之适应直立的姿势,而猿类惯于攀树。至于人类是由猿类进化出来的,这却是毫无疑义的。在有蹄类里的飞鼠,和有袋类里的袋鼠上也可以看得着这样的变化。这两种动物,跳跃的时候,只用强壮的后腿,不用那软弱的前肢,他们的姿势,于是也就有些直立了。在鸟类里,那企鹅也和这个相类的,他既不用那萎缩的翼去飞翔,只用以游泳,所以他在陆地上的姿势也就直立起来。

人类的意志和猿类及别种哺乳类的意志也没有什么大分别,头脑里的神经细胞,肉里的筋肉细胞等微细的器官,以同样的"能量形式"动作,并且一样的受实质法则支配。所以人皈依古代"非决定论"的信条,相信意志自由也好,或是以近代"决定论"的论证,从科学上驳倒他也好,这都没甚要紧,无论怎样,人类和猿类,其意志的发动和自发的运动总都是遵从同一的法则。文明人的高等机能、言语、道德、艺术、科学的许多分别,一言以蔽之,对于高等文化意志之伦理的意义,同这个一元的,根据动物学的见解绝不会有什么矛盾。

第十一章 感　觉

• Chapter XI Sensation •

　　科学家以光、热、电气、化学作用等各样的刺激，在一定的装置之下，施之于各个感觉器官和传感器官，能把一大部分的刺激现象，用数学计算，画成精确的方式。刺激和其效果之科学，得着精确的物理学的性质了。

　　"感觉"这两个字，也是个时常可以作各样解释的名词。他的意义还是十分的暧昧，和"灵魂"这个观念一般。在 18 世纪的时候，大家都相信感觉的机能是动物所特有的，植物却没有这个机能。最能代表这种意见的是林雷（Linné）的《自然系统论》里的几句话："石头生长，植物生长而且生活，动物生长、生活，而又感觉。"哈来尔 1766 年著的《生理学纲要》把当时关于有机生命的知识网罗尽了，他这书里还把"感受性"和"感应性"分出来作为生物的两大特质，他把感受性专归之于神经，把感应性归之于筋肉。这个谬见后来是打破了，到现在都把"感应性"认为一切生活物质之通有的性质了。

　　19 世纪上半期里，动植物的比较解剖学和实验生理学上的大进步，证明了感应性、感受性是一切有机体的通性，并且是"活力"之一个主要的特征。其实验研究的首功是属于那著名的约翰尼斯·缪来尔，他 1840 年著的那不朽之作《人体生理学要义》里，建立那"神经之特殊能力"的学说，并且阐明其一面与感觉器官相倚，一面和精神生活相联。他在第五章里力说其与感觉器官的关系，在第六章里力说其与精神生活的联络。他的一般心理学上意见和斯宾挪莎很相接近，他把心理学当作生理学的一部分，并且照这样把"心理学在生物学系统里的位置"之自然派的概念，置于健全的科学基础之上，这种概念是我们今日所认为正确的。他同时又证明感觉也是有机体的一个机能，犹之乎运动和营养一般。

　　19 世纪下半期里，世人对于感觉的见解却和上半期的见解差得远了。一面关于感觉器官和神经系统之实验的比较的生理学，发明许多新研究法，一面物理学化学的应用又很进步，供给了我们无数正确的知识。我们由海尔姆何尔慈（Helmholtz）、海尔特维希对于感官之物理学的研究，马铁奇（Matteucci）、慈波亚·李蒙对于筋肉和神经之电学的研究，萨克斯、卜理佛尔对于"植物生理学"的大发明，摩理少特、班吉对于"生理化学"之贡献，晓得"生命的奇迹"中最大的神秘，也是由于物理和化学的作用。科学家以光、热、电气、化学作用等各样的刺激，在一定的装置之下，施之于各个感觉器官和传感器官，能把

◀海克尔在耶拿大学与其他科学家的合影，正中一手叉腰者为海克尔

一大部分的刺激现象,用数学计算,画成精确的方式。刺激和其效果之科学,得着精确的物理学的性质了。

　　然而一面实验生理学尽管有绝大的进步,一面大家对于各样生活作用之一般的概念,尤其是那化感觉官能为精神生活之内里的精神作用,竟被轻轻地看过,这真是奇极了。连那最主要的感觉之根本观念也渐渐的没人睬了。许多最有价值的近世生理学书里,对于刺激说得都很详细,对于感觉的自身却都不肯细说,或竟不提起。这都是由于生理学和心理学中间屡经被人误划的那条鸿沟,那纯正的生理学家,觉得研究感官动作和感觉里的内部精神作用,既很费事,又无益处,所以把这暧昧难明的事业,欣然让给"专门的心理学家",就是那以"灵魂不灭"和"神的意识"等信仰,为其空想之出发点的形而上学家。在心理学家这边呢,把近世头脑的解剖生理学所专管的那些"经验"和"后天知识"之研究,早已抛到九霄云外去了。

　　近世生理学在这里所犯的最大误谬,就是不该容许那无根的独断说,说一切感觉都有意识随着。

　　(无意识的感觉)把我们个人在感觉和意识时候的经验,加以公平的反省,立刻就晓得这是两个相异的生理机能,绝不是定要联在一起的,就连灵魂之第三个主要的机能,那意志,也是如此。我们学习一种技艺,例如学绘画、学弹洋琴,都要许多个月的天天练习,才得成个行家。我们学习的时候,每天经验几千几万次的感觉和运动,都要以十分清醒的意识去反复练习。实习得越长久,机能越熟悉,也就越容易,越不要用意识。练习许多年之后,我们就能于不识不知之间绘画弹琴,绝不用再想那学习时所必需的意识和意志了。只要有"再画一张"或是"再弹一曲"的个意志冲动,就足够把原先费许多事用十分的意识所慢慢学来的许多复杂运动和随着的许多感觉之全部连锁解开了。熟练的琴师,只要练习过几千次,就能把极难的曲调,于半有意半无意之间弹了出来。然而只要遇见了一个极轻微的障害,有了个错误或是忽然间断,就能唤回注意。这时候这曲调就是用清醒的意识弹了。我们自幼先用心学的,后来却天天于不知不识之间行的那许多感觉和运动,像那行步、饮食、言语等类,都是这样的。这许多常见的事实,就足以证明意识是头脑的一个复杂机能,绝非一定要和感觉或是意志相关联的。要把意识和感觉两个观念联到一起,那就更是无理。因为意识之机械的原理或是真正的性质,我们很不明白，而其观念却十分清楚，我晓得我们自己的知觉意。

（**感觉性和刺激感应性**）"感应性"这个名词，在近世生理学讲来，大概都解作"活物质对于刺激有反应的性质"，即是应乎环境变迁，其自己内里也变迁。然而刺激（即外部能力的作用），一定是在那由刺激而起的运动（以能力之各种表现的形式）尚未起来之前，被原形质觉察。所以这感觉是和意识联合呢（在某种时候）？还是无意识的呢（在大抵的时候）？不过是个第二义的问题。植物受了光的刺激开他的花萼，其无意识等于珊瑚虫之见了日光就伸开他的须冠，有感觉的食虫植物（*Dionœa* 或 *Drosera*）收起叶子去捕食落在上面的昆虫，和菟葵草、珊瑚虫之收起须冠是一个原理，两者都是无意识的。这种无意识的运动，我们叫他作"反射运动"。这"反射运动"我在《宇宙之谜》第七章里讲得似乎很详细了，请读者去看一看。这个初步的心的机能，总都是由于感觉和运动（从广义的）之会合。刺激惹起的运动总都是起在动力的感觉之后的。

（**反射感觉和刺激之知觉**）近世生理学死命的把"感觉"两个字避去不用，以什么"刺激之知觉"去代替。这个容易误会的说法，是误于不该把心理学从生理学上分开。人都以为生理学是专管物质的现象和物理的变化，把高等的精神现象和形而上学的问题都让给心理学去讲。我们既是根据一元的原理完全不承认这个区分，所以也不能承认"感觉"和"刺激之知觉"有什么分别，无论这感觉是否随着有意识都不管的。再者，近世生理学，虽然想要和心理学撇清，说到感觉器官的时候，却处处都免不了要用"感觉"和"感觉的"等等的字样。

（**感觉和能力**）我们所谓"感觉"或是"刺激之知觉"，可以认作生活力或"现实能力"（阿斯特瓦德的话）之一种特别的形式。"感性"或"感应性"却是可能的、能动的能力之一种形式。静止的活实质（有感觉的、感应的）对于环境是处于个平衡的无偏倚的状态。但是那主动的原形质，感受个刺激，他的平衡破了，就应着其环境和其内部状态的变化。有机体照这样的答应刺激，就叫作"反应"，这个名词，化学上也用他"以同样的意义"去表示物体之相互作用。每次刺激的时候，原形质之可能的能力（感受性）转变成生活的或是运动的力（感觉）。刺激在这个转变里所起的作用就叫作能力之"解放"。

（**对于刺激之反应**）"反应"这个名词，是一个物体受他一物体动作时所起变化之总称。举个最简单的例，在化学里两种实质的相互作用，他叫作"反应"。在化学的分析里，这个名词却用作狭义，说一个物体对于他一物体显示其性质的作用。就在这种地方，我们也须假定这两个物体能互觉其相异的性质，除此之外他们不能相互起作用。所以个个化学家多少总都有些倡导"有感觉的反应"。然而这个作用，和活有机体对于外界刺激之"反应"，无论其化学的或是物理的性质如何，在原理上并无二致。并且在那连着个心的"原形质"之变化和能力之化学上转变的"心理反应"里，也没有什么分别。不过在这"心理反应"里，反应作用却复杂多了，我们可以把他分作几层：（一）外面的刺激，（二）感觉器官的反应，（三）修正过的印象之传达于中央器官，（四）传达到的印象之内部的感觉，（五）印象之意识。

（**由刺激的解放**）能力解放——我们说刺激效果的名词——这个重要的观念，物理学里也用的。我们若是把一片点着火的木头，放到一桶火药里，那火焰能使他爆发。再要说炸弹，一个简单的机械的震动，足以使爆发物里生极大的"能力消耗"。我们射箭的时候，指头在那张紧了的弓弦上轻轻一拉，足以把箭送出去伤人。所以那刺激耳目的音响和光线，足够由神经系生出许多复杂的效果来。雄性精虫使卵受胎的时候，这两个要素之化学的结合，足够使"种细胞"（受精卵）那样微细的原形质球长成一个人。在这些以及其余无数的反应里，一个极轻微的震动，足以使那被刺激的实质生出极大的效果来。这个震动我们叫作能力之解放，并不是那宏大效果之直接的原因，只是诱发的机会。在这种时候，总有很多的可能的能力，变为生活力或事业。这两个力之大小，和引起变化的震动之小，没有一点关系。刺激的作用和两个物体之互相的简单机械作用之分别就在这里，后者两边所费的能力之量相等，并没有刺激的。

（**外部刺激和内部刺激**）一个刺激在活物质上的直接效果，最常见于光、热、压力、声音、电气、化学作用等类外部的物理化学刺激。在这种时候，物理的科学常常能把生命现象归之于无机自然界的法则。至于有机体内里的内部刺激，只有一小部分可以加以生理学的考察，那就难些了。科学在这个地方的任务，也是要把一切生物学上的现象归之于物理的、化学的法则。然而这个困难的事业，科学只做得到一小部分，因为现象过于复杂，其状况也不得其详，并非是我们的研究法粗疏。虽然如此，比较的以及系统发生的生理学，也还能使我们确信：纵是那极复杂的内部刺激，纵是那头脑之精神的活动，也都是由于物理的作用，和外部刺激一般，并且同是一样的服从实质法则。理性和意识实际也是如此的。

（**刺激之传达**）在人类以及一切高等动物里，都是先由感觉器官受刺激，再由其神经传达到中央器官。这些刺激在头脑里不是变作感觉中枢里的特种感觉，就是传达到发动的部位，由这部位里引起运动。在下等动物里，这刺激之传达较为简单些，那组织细胞不是直接互相影响，就是由一条原形质的细线去传达。单细胞原生物，其表面上一处受了刺激，立即能传达到其原形质体的各部分。

（**感觉和感应**）我们研究到后来就可以晓得，最简单的广义的"感觉"是无机体和有机体所共有的，感受性实在是一切物质之根本的特性，再要说得正确些，是一切实质之根本的特征。所以我们可以把感觉归之于物质之组成的原子。这个"物活论"（hylozoism）的根本思想，希腊的埃姆倍德克理兹早有过了，后来经了费希纳等的倡导，成了个确定的学说。然而这位极有才能的"精神物理学"创建者，却也主张意识（或斯宾挪莎所谓思想）总是伴着这个感觉的普遍性质。据我的意见，意识是个副次的精神机能，只是人类和高等动物里有，并且一定要神经系的集中。所以倒不如把原子之无意识的感觉叫作"感情"（œsthesis），把其无意识的意志叫作"癖性"（tropesis）。在刺激之一边的作用里，谓之"受指使的运动"或是谓之"受刺激的运动"（tropismus 或 taxis）。

（**感觉和感受**）那常见的"感觉"（sensation）和"感受"（feeling）两个观念，往往混淆不清，在生理学和心理学上，用法却大有不同。那要把这两门科学截然分开的形而上学的倾向，和同此趣旨的生理学倾向，把"感受"认为一个纯粹精神的机能，至于"感觉"，却认为是关联着身体的机能，是属于感官的。据我的意见，两者都是纯粹生理的机能，不能截然分开，就是勉强加以区别，也只能说"感觉"和"感觉的神经作用"之外面的（客观的）部分关系深些，"感受"和其内面的（主观的）部分关系深些。所以我们可以把这个分别定得概括些，说"感觉"能觉察刺激之种种性质，"感受"只能知道刺激之分量和正的或负的作用（乐或是苦）。从这个最后的最广的意义，我们可以把乐和苦的感受（和性质不同的原子接触）归之于一切原子，并且以此说明化学上的选择的和亲力（相爱原子的总合，谓之"性向"，相憎原子的分解，谓之"拒斥"）。

（**无机的感觉和有机的感觉**）我们的一元论（随你认为"能力论"也好，认为唯物论、认为物活论也好）把一切实质都视为有"灵魂"的，就是都具有能量。把有机体加以化学的分析，绝看不出一种要素为无机物界所无的，却看得出有机体里的运动和无机体里的运动服从同一的机械法则，我们确信活物质里的能量转变，和在无机物里一般，同一的起法，由同一的刺激引起来。由这许多的经验，可以断言"刺激之知觉"——在客观的意义谓之感觉，在主观的意义谓之感受——是有机物和无机物所通有的。一切的体，从某种意味上说起来，都是有感觉的。一元论和唯物论的主要区别就在这个对于实质之"动的观念"上，那唯物论把一部分的物质认为死的，没有感觉的。这一点很可以把彻底的唯物论、实在论和彻底的唯心论、理想论联成一致。但是第一个条件，我们一定要要求承认，有机的生命和无机自然界受同一样法则的支配。不论有机无机，外界都刺激到物体的内界。我们只要一看应乎各样刺激的各样感觉，就容易明白这个道理了。光和热，内里的和外面的化学上刺激，压力和电气，其效力能叫有机体和无机体起相类的感觉，生相类的变化。

（**光觉**）光的刺激对于活物质的效力，其所生由之"光觉"，以及那随着来的"能量之化学变化"，在一切有机体的生理上都是很重要的。我们简直可以说日光是有机生命之最初的、最古的、最大的根源，其他一切力的发现，毕竟都是靠日光的放射能力。原形质之最古的、最重要的机能——又是他生成的原因——就是炭素同化作用，这个制造原形质的作用也是直接依靠日光的。这个作用若是起于一边，就生出来特种的刺激，即是所谓"向光趋动"（phototaxis），又叫作"向日性"（heliotropism）。这是大多数的有机体，不论原生物或是组织体里，一个正面的性质——他们转向光的来源。窗户里长的花朵都是向着窗外的阳光，这是人所共知的。然而也有许多生来就惯于黑暗生活的有机体，都有避光性的，他们专好背明投暗，像那菌类、避明的苔类和羊齿类，以及许多深海里的动物，都是如此的。

（**眼和视力**）高等动物光觉的主要器官就是眼，许多下等动物以及植物都是没有眼的。真正的眼和那仅能对于光有感觉的一块皮肤，其主要的区别就在眼能把外界的物体构成个影像。这个"视力"自构成一个小的辐集的晶状体起的，这晶状体是表面某处一个两面凸的折光体。其周围的暗"色素细胞"吸收光线。从这个"视官"之初步的系统发生的形式起，到精致的人眼止，其中有个很长的进化阶级，其由简趋繁的状况，不亚于由一个简单的镜片进化成近世极精巧的千里镜、显微镜。眼之进化阶级，这个大"生命的奇迹"在一般生理学和发生学的许多重大问题上，都是很有趣味的。由这件事，我们可以清清楚楚的看见，一个极复杂的、有意的装置不要预定的图样计划，怎样能从纯粹机械的方法生了出来。换言之，即是我们可以看得着有机体里一个全然新的机能，怎样的用机械的方法生了出来。

（原形质之光觉）高等动物之进步的视觉是由许多样机能构成的，其眼之解剖上的构造，也极其复杂精微。除了头脑之外，在高等动物之各样生活活动上，眼要算最必要的了。在文明人的精神生活上，在艺术科学的进步上，尤其少不了眼。试问我们若是不能读书，不能写字，不能绘画，不能用眼睛直接知道外界的形状色彩，我们的心里成个什么境界呢？这个无价宝的构造，起初也只是原形质之对于光的感觉性或是对于光的感应性，经过极长久的进化，才达到这最高最完全的一个地步。然而就连单细胞原生物里，甚至于这里面的最古最低的"摩内拉"，都具有各样各等的视觉。各种的"克罗马塞亚"和细菌，都有等等的向日性，对于光的刺激力都有很好的感觉性。

（无机体之光觉）光在"摩内拉"的同种类原形质上的刺激效力，在许多种无机物里也是有的。在这种时候，光的刺激，一部分生化学的变化，一部分生机械的变化。个个化学家都道实质对于光有些感觉，照相的人有感光板，画师有"感光色"。许多种化合物见了日光立刻就坏了，要藏到暗处，其对于光的感觉有如此之大。各原子在日光之下生出如此显著的变化来，他这种态度，除了"感觉"两个字，另外还有什么才能形容得出来？据我看起来，这个现象是我们"物活的一元论"的一个明证，"物活的一元论"是说一切物质都有灵的（psychic）。形而上学却硬要说感觉是灵魂的一个主要特性。

（温觉）热的刺激在有机体上起作用，大概和光是一个样子，也起一种感觉，有时使人舒服，有时不舒服，就是我们叫作热、温、凉、寒等主观的感受。接收这些温度印象的感觉器官，在原生物里，是那单细胞原形质体的表面，在组织体里，是那保护其表面的皮肤。四围的温度（水或空气），对于一切生物的生命有重大的影响。在那固定在一处的动物和植物，地面的温度最有关系。因为流质的水是活物质之吸入作用和原形质里分子运动所不可少的，所以这温度总要是在水的冰点和沸点之间的。然而"克罗马塞亚"和细菌等下等原生物能耐极高和极低的温度,不过也只是在很短的时候。有几种原生物(摩内拉和硅藻类)能在摄氏200度的高温度里过几天,其余许多种热至沸点以上都不会死。北极和高山上的动植物,可能冰封几个月,冰解了还能再活。然而这个抵抗力也只保得个有限的时期,在冰冻的状态之下一切生活机能都停止了。

(温度的界限)大多数的生物,其生活的活动都只限于狭隘的一定温度之内。许多热带的动植物,千万年来习惯了赤道上酷热的天气,只能耐极有限的温度变化。像那中央西比利亚(Siberia)的居民,因为那地方在短的夏天气候极热,在长的冬天气候极冷,所以能忍受极大的温度变化。照这样活的原形质,因为适应各样的环境,其温度的感觉曾经受过很大的变化,不但最高点和最低点,就连"最适点"都有很大的变更范围。这种事在"向热运动"(thermotaxis 或 thermotropism)的现象,即热的刺激之一偏的作用之效果里,很容易观察,也容易实验的。有机体降到最低点之下就会冻死,升到最高点之上就会热死了。

(物质感觉)研究到终极,我们既把全部的有机生命只认为一个极精微的化学作用,所以"化学刺激"可以认作感觉之最重大的要因。并且事实上也是如此,由极简单的"摩内拉"到分化极高的细胞,植物上的花,人的精神生活,其生活现象都是为化学的力和能量的转变所支配,这种力和转变,是由外面或内面的化学刺激促起的。他们所生的刺激,通称做"物质感觉"或是"化学感觉"(chemæsthesis),其基础就是那叫作"化学和亲力"的化学元素之相互关系。这和亲力里,有那元素本性,尤其是那组成原子之特性里的引力作用,这种作用,除非承认原子有无意识的感觉(从广义上说),即原子相接触时有快与不快的感情(埃姆倍德克理兹所谓原子之爱憎),才能解释得来。

(化学的刺激)使原形质起"物质感觉"的那许多化学刺激可以分为两类,就是外部的刺激和内部的刺激。内部的刺激,在有机体的自身里,使其生内部的"有机感觉",外部的刺激是外界的,使其生味、臭、性的冲动等感觉。高等动物为这些化学的刺激长得有特别的"化学感觉器官"。这些事实是我们由自己的经验所深晓得的,并且由比较生理学上看得出高等动物里都有这个样的构造,所以我们就先论他。大概这种外部的化学刺激和光热等刺激可以适用同一个法则,我们可以识得其作用之最高限度,其刺激力之最低限度,和其效力最强之"最宜点"。

(味觉)味觉和味的快感在人类生活中的重要,这是人所深知的。食物之选择和烹调,已经成了割烹术的一种技艺,口腹主义的一种人生哲学,在两千年前,希腊人、罗马人早已把这件事看得很重,不亚于今日那些王侯豪富的华筵盛馔。在许多演说与祝词上显露出来的那种与饮食调和相关的兴奋作用,其哲学上的根据就在于口味感觉之适合,和佳肴美酒在舌头上颚等味觉器官上所施刺激之变化。口舌上这种微细的器官就是"味觉突起物",他是个杯状的构造,上面有一层纺锤状的味觉细胞,并且有细孔通着口腔。酒浆、汤汁或是食物的香脆分子等有味的物质,触着了味觉细胞,就刺激味觉神经的末梢,这神经末梢刺入细胞里。高等动物既都有和这个相类似的构造,他们也很留心去选择食物,所以我们可以断定他们也有味觉,和人类一般。然而下等动物里就没有了,他们的味觉和嗅觉没有什么分别。

(嗅觉)人类以及呼吸空气的高等脊椎动物,其嗅觉的地位都是在鼻孔里。在人类里是那叫作"嗅官"的鼻腔黏膜之一部(即"鼻壁"的最上部,鼻道的上部和中部)。在嗅觉上所必要的,就是要那有香气的物质(即"嗅的刺激",分得极细,吸到湿的嗅觉膜上来。这种物质或是刺激触着了那杆状的有细毛的嗅觉细胞,就激动那连着细胞的嗅觉神经之末端。

许多种动物,尤其是哺乳类,其生活上靠嗅觉的地方比人类还要多些,人类的嗅觉倒比较的弱些。狗和别的肉食类以及有蹄类,其嗅觉比人敏锐得多了,这是人所共知的。他们那司嗅觉的鼻腔,比人类的大些,这里面的筋肉也强些。呼吸空气的脊椎动物之鼻孔,是由鱼类头皮上的一对"鼻凹孔"发达而成的。但是在鱼类这种水产的脊椎动物里,香气刺激之化学作用必然另是一样,像那味觉一般。在鱼类里,有香气的物质是以流动体形式与嗅觉膜接触的(在这种状态之下,人类却闻不着气味)。事实上,在下等动物里,嗅觉和味觉全然没有分别。这两类"化学的感觉"关系非常密切,在皮肤之有感觉的部分上,其刺激之直接的化学作用,是一个样子。

(植物的味觉)有几类肉食的高等植物,具有一种化学的物质感觉,和高等动物之真正的味觉全然相合。毛毡苔(*Drosera rotundifolia*)的叶子,是个感觉很灵的捕虫器,其边上长着有节状的须、黏性的毛,这毛分泌一类消化肉类的酸汁。要有固体物(雨点却不行)触着了这叶子的表面,刺激动了那须的尖子，叶子就收缩。但是那消化的酸汁（和动物的消化液相类）必定要那固体物是窒素质的，像肉类和干酪等类，才肯分泌出来，由此看来，食虫植物的叶子很知味的，能辨别他所喜欢的肉食和别类固体物。要从广义说来，植物的根也都算是一类味觉器官，他避开瘠地，专向那滋养丰富的肥地里钻。在单细胞的动植物里，化学刺激的作用要是偏于一边的时候就尤为显著，并且能够引起一方的一定运动，即化学向动。

（**化学向动**）所谓"化学向动"（从前叫 chemotropism，近来叫 chemotaxis）即化学刺激所惹起的单细胞有机体之运动，是特别的有趣，因为这类运动证明极下等有机体，甚至于"摩内拉"的同种类原形质里，都有个化学的感觉性，好像嗅觉和味觉。据维廉·埃恩格尔曼、马克斯·维尔佛尔浓，以及其他学者的反复试验，许多细菌类、硅藻类、滴虫类、根足类以及别类原生物，都有个类似的味觉，在显微镜下，水滴里要是哪一边有某种酸类（例如林檎酸）或是酸素的小泡，他们就向那边运动。许多种病源菌，都分泌有害人体的毒质。人血里的白血球，对于这种细菌的毒质有个特别的味觉，向人体里分泌了毒质的地方以"阿米巴状运动"集聚得很多。白血球和细菌的战争，白血球要战胜了，就把细菌灭尽，防止人体的感染，好似卫生官吏一般。然而细菌倘若战胜了，他们就由白血球传播到全身的各部，他们用味觉辨别其原形质，可以使人感染丧命。

（**春情向动**）两性细胞的相互引力里，有一类非常有趣的、极其重要的化学上刺激，30 年前我把他取个名字叫"春情向动"，认他为两性恋爱之最初的系统发生学上的根源。两性生殖之最重要的作用，那显著的受胎现象，是由于雌性的卵和雄性的精虫细胞之结合，这两种细胞若是没有各自化学组织的感觉和要结合的心意，就不会有这受胎的现象。他们是受了这种冲动才走到一起的，这个两性的和亲力，在原生植物和藻类等极下等的植物生活里都看得着。在这种时候，两种细胞——雄的小接合体和雌的大接合体——往往都能运动，到处游行以求结合。在高等动植物里，大抵总只是小些的雄细胞能运动，向着那大些的不能动的雌卵进行，好同他结合。那促起这种结合的感觉是属于化学的性质，和味觉嗅觉相联的。这是卜理佛尔之精确的实验所证明的，据他的实验，那羊齿类的雄性毡毛细胞受林檎酸的吸引，苔类的雄细胞受蔗糖的吸引，和受雌卵的气味吸引一个样了。一切高等有机体的受胎，也全靠同样的"恋爱春情向动"。

（器官感觉）所谓"器官的感觉"，照近世生理学的解释，就是一种对身体内部状况的知觉，这种状况大都是由器官自身里的化学刺激引起的（也有由机械以及他种刺激引起的，但是极少）。作为有机体自身之主观的感觉，这种状况最好叫作"感受"，正的就是快乐、舒畅、喜悦，负的就是不舒服、痛苦等类。这些有机的感觉（又叫作"普通感觉"或叫作"感受"），在复杂的有机体之"自我统御"上，是极其重要的。正的有机感觉，不但有饱满、安静、舒畅等肉体的感受，并且连欢乐、愉快、暇豫等精神上的感受也都属之。负的普通感受里，不但有饥渴、劳倦、痛苦、晕船等类，并且有那晕眩、郁陶、烦闷以及其他种种的不快。这正负二者之间，又有那第三个中性的有机感觉，这种感觉，无所谓苦，也无所谓乐，不过某种内部状况之知觉而已，像那举重时候的筋肉伸张，交腿时候的四肢措置之类，都是这种中性感觉。

（压力感觉）自然界里，遍处都有个对于引力之机械刺激的感觉，这件事是牛顿的"引力原理"说得最为绵密。据他这个根本的无所不包的原理，两个物质分子的互相引力，和其质量作正比例，和其距离的自乘作反比例。这个引力的形式，也可以认为是互相吸引的原子之"物质感觉"。物体接触有机体之表面的时候，其所引起之一处的感觉，就是压觉（baros）。独自引出这种压觉的刺激，又引起个"反压力"的反应，和一个使两者相消的运动，就是那压力运动（barotaxis 或 barotropism）。有机界里到处都有对于压力或固体接触的感觉性，这是在原生物以及组织体里都能用实验法证明的。高等动物的皮肤上长得有特别的器官，以"触觉球"的形式，作压觉的器具，指尖上以及其他感觉敏锐的部分上这种"触觉球"最多。许多高等动物的触须上，高等关节动物的触角上，都有敏锐的触觉。许多高等植物也都有这种捕捉或是触觉的器官，像葡萄等类的攀缘植物，那就尤为显著了。他那作螺旋形缠绕的细蔓，对于其撑持物的性质有极微妙的感觉，他可以辨别撑持物的光滑和粗糙、坚厚和脆薄，专拣那粗糙而又脆薄的缠绕。许多压觉极锐的高等植物，都有特别的触觉器官（触须），以其叶子的运动显示这种触觉（如含羞草、酢浆草等有感觉的植物）。虽是单细胞原生物，接触着固体也都起一种刺激，其知觉也引起相应的运动［向坚向动（thigmotaxis, thigmotropismus）］。在许多种有机体里，液体的流动也生一种特殊的感觉，例如在动物菌上引起反应的运动［向流运动（rheotaxis，rheotropismus）］，像埃恩斯特·斯托拉尔（Ernst Strahl）所实验的。

（弹性）钢棒等类坚硬的无机物体之弹性，有一件事很类似黏性活原形质的"向坚向动"。这有弹力的钢棒，借着其弹性，对于那使他弯的压力起反动，要复其先前的地位。发条使钟表走动，就是由于他的这种弹力。

（向地向动）植物的生长，重力的作用是很重要的。地心的吸力使那向地的根直往地下长，但那背地的干仍直向着天长。许多种生根在地上的静止动物，像那水螅、珊瑚虫、苔虫等类，也都是这个理。就连自由行动的动物，其身体之向地，其四肢之位置姿势，也都有一部分是由重力的感觉而决定，一部分是由于适应那抗拒重力的某种机能，像行走游泳等类。一切这些向地的感觉，都是属于压觉现象的一类，犹一石头坠地等类的重力效用之属于引力的无机感觉。

（空间感觉）由于以上种种适应的结果，高等自由行动的动物里，发达出来一个明白的空间感觉。空间三维的感觉变成了一个定方向的要具，在脊椎动物里，从鱼类到人类，内耳里发达出三个螺旋的孔道做这件事的特别器官。这三个半环形的孔道，在空间的三维垂直的相叉，乃是指导头颅运动的感觉器官，并且由此保持身体的姿势，兼司平衡的感觉。这三个螺旋的孔道要是坏了，身体就失却平衡，颠仆下来。所以这些器官不是听觉的，乃是静止的，趋地性的，并且许多下等动物的所谓听觉小胞（圆形小胞，里面有一种液体和一种固体的"内耳石"）也是这样的。这内耳石随着全身的姿势变换了位置的时候，就压着那纤细的"听毛"或是听神经的末梢，这听神经传入小胞。就事实说来，平衡的感觉是往往和听觉合而为一的。

（听觉）我们通称做听觉的那种对于"喧声"和"音调"的知觉，是限于一类自由行动的高等动物才有的，上文所说的下等动物之"听觉小胞"不能兼备听的和静止的两种感觉。这特种的听觉来自动物所栖息的水或空气之震动，或是来自其所接触的固体物（例如音叉等物）之震动。这震动若是不规则的，就觉得他是"喧声"，若是有规则的，就是"音调"，几个音调在一起激起复杂的感觉，这就是"音色"。发音体的震动是传到听觉神经末梢的听觉细胞上去。所以特种的听觉可以归根于压觉，听觉是由这压觉进化出来的。听官也和眼睛一般，是高等精神生活的一个主要器具，并且人往往把文明人之优美的音乐听觉视为灵魂的一种神力，所以必须指明其起点也是个纯物理的，就是这种感觉也起于物质压力或是重力的感觉。

(电气感觉)电气在有机无机两大自然界里的重要，是到最近才完全懂得的。电气的变化，纵是如现在的推测，不能说和一切的化学上、光学上作用相连接，却和许多的相连接。人类和大多数的高等动物，都没有电气的器官(除了眼之外)，也没有受特种"电气感觉"的感觉器官。至于许多下等动物，尤其是那自由发电的，像那"电鱼"之类，大约不是如此。蛙的蝌蚪和鱼的胚胎，放到通着电流的水盆里，都顺着电流横着，头向着阳极，尾对着阴极(据赫尔曼氏说)。海里发光的动物、萤火以及其余的发光有机体，大约都有个对于电力的无意识感觉。许多种植物对于电气刺激都有直接的反应，例如送个电流在他的根尖上通过几时，他这根都向着阴极弯曲(这根是感觉极敏的器官，达尔文曾把他比作人的头脑)。

(原生生物之走电性)据马克斯·维尔佛尔浓精巧的实验，许多原生物对于电流都有很敏锐的感觉。大多数的毡毛滴虫和许多根足类(阿米巴)，都是对于阴极有感觉的。一滴含着千万个草履虫的水，要是通个电流，这许多滴虫立刻就头向着阴极游泳起来，聚集得很多。电流的方向若是改变了，他们立刻就随着变更，总仍向着阴极。大多数的鞭毛滴虫却是正相反的，他们都是对于阳极有感觉的。一滴含着淡水鞭毛虫在里面游泳的水，通着个电流，这许多细胞就立刻向着阳极游泳起来。把这两类滴虫混在一滴水里，再通着个电流，那就非常有趣了。电流一进去，毡毛滴虫立刻向阴极跑，鞭毛滴虫立刻向阳极跑。若将电流的方向倒转过来，这两群滴虫立刻也反转对跑，好似两军相搏一般，穿过中心各聚到相反的两极。这些电流感觉的现象，明明的证实了那活原形质，也和电流把水分解成水素酸素一般，都是受同一的物理法则支配。这两种元素，感觉相反的电气。

第十二章　精神的生活

• Chapter XII Mental Life •

　　精神之个体发生——即人类灵魂之发生——把每一个人自生至死精神发展的层次，排列在我们的眼前，可以直接观察得出来。精神之系统发生——即人类灵魂之祖先的历史——是直接观察不来的。只有一面把由历史与历史前研究所得的历史上迹象作个比较，作个综合，一面把野蛮人和高等脊椎动物之精神生活的各种阶级作个批评的研究，才可以推究出来。

一切"生命的奇迹"里，其最大的、最显著的奇迹，不消说是人的精神了。我们叫作"精神"的这个人体的机能，不但是人类自己生活上一切高等乐趣之源泉，并且照自来的所信，"人禽之分"也就在这个力量上头。所以我们这生物哲学的第一件要事，就是要把其性质、起源、发达以及其与身体之关系，仔细研究一番。

(精神和灵魂) 我们的心理学上研究，一起初就遇着一个大难题，就是怎样把"精神"（mind）这个名词下个明确的定义，并且怎样把他和"灵魂"（soul）分别开来。"精神"和"灵魂"两个观念都是极其暧昧难明，这两个观念的内容含义，科学家的见解是各人各样的。就大概说来，"精神"这词就是指个人生活之和意识思想相关联的一部，所以这是那有智慧有理性的高等动物所特有的。狭义的理性，人都当他是"精神"的一个特别机能，当他是人类首出庶物的一种特权。康德尤其极力要去确立这种意味的精神作用之概念，并且以他那《纯理性批评》把哲学改成个理性的科学。这个概念在科学界里还很流行的，所以我们先要把理性作用里的精神生活研究一番，想把这个大的"生命的奇迹"构成个明确的观念。

(智慧和理性) 关于智慧和理性的区别，心理学家、形而上学家的意见各有不同。例如萧本豪埃尔以为因果关系是智慧之唯一的机能，概念之构成是属于理性的分野的，据他的意见，这"概念构成力"就是人禽之分。然而这由许多相异的表象里采集共同要点的"抽象力"，许多高等动物里也是有的。很伶俐的狗，不但能辨别一个个的人、一个个的猫，对他们有爱有憎，并且有人、猫的普通观念，对于二者的态度大有分别。至于那野蛮人种，其概念构成力却还是异常的微弱，比狗马等类高不了许多，野蛮人和文明人之精神上的距离是极其辽远的。但是有个很长的理性等级，把那到"概念之构成"为止的"联络表象"之各种阶级连在一起。要把动物之高等精神机能和下等精神机能之间，或动物之高等精神机能和理性之间，下个严密的界线，是绝做不到的。所以这两个头脑机能之区别只是相对的，智慧所包的范围狭些，只管那具体的切近的联络,理性的范围宽些,管那抽象的广泛的联络。所以在精神的科学里,智慧总是从事于实验的考察,理性总是从事于思索的知识。然而二者同是神经中枢的机能,同是凭着思想器官之规定的解剖上、化学上条件的。

（纯粹理性）自从康德1781年著的一部《纯理性批评》,把"纯粹理性"这个观念在近代哲学上挣得了一个绝高的地位,这个观念在近世形而上学的知识论上就经了许多的论辩。然而这个观念却也和其他的观念一般,随着时势的推移,意义也很有变迁。康德自己起先把纯粹理性解作"超乎一切经验的理性"。但是公允的近世心理学,根据头脑的生理学和头脑机能的系统发生学,证明世间并没有这种超乎一切经验的纯粹的先天知识。那些现在看着好像是先天的理性,其实是由无数的经验得来的。这是个真理之实在知识的问题,关于这点康德自己也有些觉悟。他1783年著的《对于将来可称为科学的形而上学之序论》第204页上明明的说道:"由纯粹理性或是纯粹智慧得来的事物之知识,只是个空相,经验的里面才有真理。"在我们这方面,赞成他知识的经验论,反对他超验的知识论,可以把"纯粹理性"解作"无偏见的知识""脱离一切独断说、一切信仰虚构的知识"。

（康德的二元论）近世形而上学家"复返康德"的呼声,在德国非常之高,不但那些形而上学家——大学校里的哲学官僚,就连许多著名的科学家都把康德的二元知识论认为求真理的要道。康德之统治19世纪的哲学,好似亚理斯多德之统治中世纪的哲学。基督教相信他的"实际理性"撑持本教的"神之人格""灵魂不灭""意志自由"三大根本的教义,康德的威权就越发增长起来。他们却没有看见康德在其《纯理性批评》里竟绝寻不出这些教义的证据。就连许多守旧的政府,也都嘉赏这二元的哲学。所以康德这两种理性的矛盾,虽是现在经人驳得体无完肤毋庸再论,我们还是不得不把他这贻害无穷的哲学系统再议论一番。

（康德的人类学）这位大哲学家,虽是把人生的各方面都加了绵密的研究,他依旧把人看作个二元的生物,由一个物质的肉体和一个超越的精神凑合而成的,和卜拉图、亚理斯多德、基督、狄卡尔之视人一样。为一元人类学提供形态学基础的比较解剖学和进化论,是到19世纪的初年才得成立的。这些学问,康德是一无所知。然而据佛理慈·修尔财1875年著的《康德和达尔文》一书，康德对于这些学问的重要却也有些预知。他的话很有许多处可认为是"达尔文主义"的先河。他也曾讲过"实际人类学"，研究过各人种各民族的心理。不过有一件事应当注意，就是他不曾把人的精神作个系统发生学上的研究，不曾承认人的精神可以由别种脊椎动物的精神进化出来。他分明是被其理性说之神秘的倾向，和灵魂不灭、意志自由、无上命令等独断说控制住了，不能作此等的研究。康德总把理性认作个超验的现象，这个二元的谬见，在其哲学的全部组织上有重大的影响。民族心理学的知识，在那时候当然是很不完全的，然而就当时已知的事实，作个批判的研究，却也足够使他知道其精神发达之低微近于禽兽。康德若是有子女，仔细观察儿童精神发达的状态，像一世纪后的卜理埃尔所为，他怕也不会固执那种谬见，硬说理性与其获得先天知识的能力，是个超验的、超自然的"生命的奇迹"，是个上天特赐予人类的无双宝物了。

康德之谬误的根源，就在他不晓得精神之自然的进化。我们在 19 世纪下半期里借其成了许多科学上大功的比较研究法和发生的研究法，他都未曾用过。康德和其门徒都专用"内观法""反省法"看他们自己的精神，把哲学家之极其发达的、很聪明的精神，认作人精神的标本，儿童和野蛮人的低级精神生活，他们却全未留心。

(现代的人类学) 19 世纪下半期里人类科学的大进步，把旧式人类学和康德的二元论从根本推翻了。这件事业是几个新兴的科学通力合作的。比较解剖学证明我们身上全部复杂的构造和别种哺乳动物的构造很相似的，和那"人猿"尤其相似，只有发达的程度上，器官的微细处，略略有点不同。头脑之比较组织学，证明作为精神器官的头脑也是如此的。我们由比较胎生学，晓得人也是由个简单的卵发达出来的，和"人猿"并无二致。其实人和猿的胎儿，就到长得快完全了的时候，都还很难分辨的。比较生物化学，阐明构成人体器官的化合物，以及其新陈代谢时的能量转变，和别种脊椎动物的很相像的。比较生理学告诉我们，人类的一切生活机能、营养、生殖、运动、感觉等等，和别种脊椎动物的一切生活机能，都可以归之于同一的物理法则。况且感觉器官和头脑各部之比较的实验的研究，证明此等精神器官，在人类里和在其他猿类里，是一个样的动作。近世古生物学教给我们，人类的年纪才得十多万年，是"第三纪"的末年才出现于地球之上的。历史前的研究和比较人种学证明文明民族之前,有更古的下等人种,下等人种之前,有那身体精神都和猿类相似的野蛮人种。到最后,改良的"成来说"(1859 年)出来,我们才能把各科人类学研究的结果贯串到一起,说人类是由人猿、狒狒、狐猿等猿类发达出来,从系统发生学上说明这些结果。近世人类学就以此得了个新的一元的根据,二元形而上学所给的人类在自然界里之位置,眼见得维持不住了。①

由"成来说"得了动物学上根据的对于人类身心的一元见解,当然要遭二元派和形而上学派的激烈反对。然而许多近世实验派的人类学家,也深不谓然,那些专以研究人体组织、考量记载人身各部为事的,更不消说了。我们原可以期望这许多记载派人类学家、人种学家,采纳这新兴的人类发生学,利用人类发生学的主要观念,把他们乱堆着的那许多实验材料联络贯串起来明其因果,成一系统才是。但是能够如此做的没有几位。大多数的人类学家,都还把进化论,尤其是人类进化论,视为一个未经证明的臆说。他们专是搜集许多生硬的实验材料,并没有什么明确的目的,或是什么一定的见解。德国的"人类学与历史前研究会"由卢德夫·蔚萧指导了 30 年之久,所以德国这种学风就更甚了。这位著名的科学家,自从 19 世纪中叶,以其细胞病理学改革了医学,又对于病理解剖学、组织学有许多贡献,挣得了绝大的荣誉。但是他自从 1856 年移居柏林以后,专心去研究政治社会的问题,就没有见到生物学其余科目上的大进步。生物学的最大功绩——达尔文之建立进化学,他却全然不知道尊重。这一定是心理的变态,和汪德、贝尔、慈波亚·李蒙的情形仿佛,关于这种事我在《宇宙之谜》的第六章里已经说过了。蔚萧之绝大的威势,和他反对人类进化论至死方休(他是 1903 年死的)的热心,使进化论受了无穷的障碍。人类学会的书记,缪匿奇的约翰尼斯·兰凯(Johannes Ranke)尤其是助他张目。幸而近来情形变了。然而 30 年来,以胎生学眼光研究人类祖先历史的书,还只有我的一部《人类进化论》。

(精神之发达)如我在《宇宙之谜》第八、九两章所述,我们的一元心理学之最坚实的根基,就在"人类精神生长"一事。我们的精神活动,也和其他一切机能一般,对着两个方向发展,在每一个人为个体的发展,在全体民族为系统的发展。精神之个体发生——即人类灵魂之发生——把每一个人自生至

---

① 译至此,罗君志希来言赫凯尔先生死矣!——译者注

死精神发展的层次，排列在我们的眼前，可以直接观察得出来。精神之系统发生——即人类灵魂之祖先的历史——是直接观察不来的。只有一面把由历史与历史前研究所得的历史上迹象作个比较，作个综合，一面把野蛮人和高等脊椎动物之精神生活的各种阶级作个批评的研究，才可以推究出来。作这种研究，生物发生法则是很得力的。

（精神之胎生史）初生的婴儿，一点什么心思、理性、意识都还没有，这是人人都晓得的，婴儿之全然缺少这些机能，和九个月在母腹里的胎儿一样。就连第九个月一切器官都长全了的时候，都还没有什么精神生活，比其所从来的卵和精虫不相上下。这两个两性细胞结合的时候，就是个体存在之真正的起点，所以也就是灵魂（作为原形质之潜在机能）之起点了。但是真正的"精神"——即理性，亦即灵魂之高等有意识的机能——是生产后许多时才慢慢渐渐发达出来的。据佛理希锡希由解剖学上所证明，新生婴儿的脑皮层还没有构造成，还不能发什么机能。就连儿童能开口说话的时候，都还不能有合理的意识，要到一岁之后，儿童会自称为"我"的时候才行哩。这个"自意识"之外，又随着来个体对外界的"世界意识"。这才是精神生活真正的起点。

（始见的精神）既以"自意识"之觉醒定个体精神之发见，于是就可以由一元的生理学上的见地，把灵魂（soul）和精神（spirit）的区别分出来。母的卵里和父的精虫里也都有灵魂，卵和精虫结合成的"茎细胞"里也有个体的灵魂。但是真正的"精神"（mind），即有思索力的理性，是要有对于外界与自己人格之意识，才得从儿童之动物的智能（或最初的本能）进化发达出来。这时候儿童达到人格的高级，这人格法律永久的加以保障，教育使他对社会负道德的责任。由此可知从生理学的见地看来，我们的法典里对于胎儿和新生儿之精神灵魂之观念，是怎样的荒谬难恃了。这些荒谬的观念大半都是从天主教的教律来的。

教皇所定入教律，做信徒之道德上科律的那许多狂悖的谬见，对于胎儿精神的见解也是其中之一。他以为那"不死的灵魂"是受胎几个星期之后就进到胎里去的。神学家和形而上学家，对于灵魂入胎的时期，主张各有不同，关于胎儿的构造和其发达的程序又一无所知，所以我们只要提明一件事，就是人胎长到六个星期之后，和"人猿"等哺乳动物的胎都还没有分别。五个脑小胞和鼻、眼、耳三个高等感觉器官小胞，在头上现出些轮廓，四肢作四个简单的圆形无关节突起物，下部还有个尾尖突出，这是我们长尾猿祖宗的遗物。胎儿在这种时期虽然还未长脑皮层，也可以认为有个灵魂了（参看我的《人类进化论》第十四、十五两章和第八图至第十四图）。

人都说首推法律上的保障及于胎儿，把堕胎办成死罪，这算是教律的大功大德。但是这灵魂入胎的神秘说，现在已被科学驳倒，他们要保障胎儿，纵不保障那卵，也该保障初成的胎才是。成熟女子的卵巢里藏着约有七万个卵，这每一个卵，离了卵巢，要是碰巧和男子的精虫结合，都能长成一个人的。国家如是急于增殖人口，视多生子女为人民的义务，这确乎算得一件"遗弃罪"。由此用几年的监禁惩罚堕胎。但是民法如此的秉承教律，却忘了一件生理学上的事实，就是那卵也是母体的一部，他有全权可以自由处置的，并且那由卵长成的胎以及新生的婴儿，是全无意识，只是个"反射的机械"，和别种脊椎动物一样。新生儿还没有"精神"，要等一年以后，"精神"的器官，脑皮层里的思想中枢分化出来，才会有的。这件很有趣味的事由生物发生法则说明了。据这法则说来，脑之个体发生，是借遗传法则把脑之系统发生的要点，略略重演一遍。

（**精神之系统发生**）生物发生法则对于思想器官的头脑和人体的其他器官都是一样的适用。由那直接观察得着的个体发生上事实，可以推测得我们的动物祖先之系统发生上也有个相应的发达。这种推测的确证是在比较解剖学上。据比较解剖学所证明，一切"有颅骨动物"，由鱼类、两栖类以至猿类人类，头脑都是由一个路径发达出来的，都是外胚叶里髓管之球茎状膨胀。这简单的卵形脑泡先分成三个，后来又由横缩分成五个接连的小泡（看《人类进化论》第二十四章、第二十四图）。这些小泡中之第一个，就是大脑，后来变做"精神"的化学实验室。鱼类、两栖类等下等有颅骨动物的大脑还是很小的，很简单的。要到脊椎动物的三大种属，有羊膜类，才有可观的程度。这些陆居的吸空气的有颅骨类，在竞存争生上比其下等的水产的祖先艰难得多了，所以其习惯也就复杂得多了，习惯的样式也多得多了。这些习惯，渐渐由机能的适应和进步的遗传变成了本能，并且在高等哺乳类里，随着意识之发达，最后就有理性发见。精神生活之渐次开展，是步步随着其解剖上器官——脑皮层里的思想中枢——之进化的。近来佛理希锡希、希奇希、爱丁格尔、奇亨(Ziehen)、佛阿格特(Oscar Vogt)诸君对于精神起源之组织学上、个体发生学上精密的研究,使我们可以窥见其系统发生上的神秘作用了。

(精神之古生物学)脑皮层的比较解剖学,使我们对于高等脊椎动物里精神之历史的发达得着个良好的观念,我们同时又从其化石的遗物上,得着了关于这系统发生初起的时期之确征。各种脊椎动物在地球的有机时代里次第变化之历史上程序,由其化石的遗物直接把他证明——这化石是自然创造史上的真正纪念物——给了我们一部人种史上、精神发达史上极有价值的记录。含有脊椎动物之化石的最古地层,是"志留利亚纪层",这"志留利亚纪层",据最近的测算,已经有一万万年以上了。这里面含着些鱼类的化石。其次的"泥盆纪层"里有肺鱼类的化石,这肺鱼类是介乎鱼类和两栖类中间的过渡形式。两栖类是最古的四足五趾脊椎动物,到"石炭纪时代"才出现的。到"二叠纪"里就有最古的有羊膜类,即原始的爬虫类。到"三叠纪"才有小的原始单孔类(Pantotheria)等最古的哺乳动物出现,到"侏罗纪"才有有袋类,到"白垩纪"才初见有胎盘类。哺乳类里这个第三科目所包含的无数样构造极高的形式,是到后来第三纪时期才出现的。这些有胎盘类所遗留的几个保存完善的颅骨化石是非常的重要,因为检验这几个化石就可以晓得各族类头脑之分量上和性质上的构造,例如近世肉食类的头脑,比其第三纪时代祖宗的大二倍至四倍,近世有蹄类的头脑,比其第三纪时代祖宗的大六倍至八倍(以身躯的大小为比例)。由此等化石又看出来,脑皮层(精神之真正的器官)是在第三纪时期里以头脑的其他部分为牺牲发达出来的。这个第三纪时期的长久,据最近的推算,约有 300 万年,又据其他地质学家的推算,约有 1200 至 1400 万年以上。总之无论据哪家的计算,都足够由猿类之低级智慧和古胎盘类之本能,渐渐发达为人类的精神了。

(精神和思想中枢)我们已经把人类心思所从起的那一部分脑皮层,加了个生理学上的名称,叫作"思想中枢",视他为精神的真正器官,理性的真正器具。近几十年对于这灰白脑皮层(即大脑之外皮的实质)的细微组织之研究,证明这灰白脑皮层的构造,是原形质之形态上最完美的产物,其生理的机能(精神),是一部发动机之最完美的动作,以我们所知这要算自然界里最高的功绩。几百万个精神细胞——每个都有极精巧的分子构造——在脑皮层的一定部分上联结为特别的思想器官(phroneta),这些器官更构成一个秩序极整齐、能力极大的和谐系统。每一个思想细胞就是个小小的化学实验室,对于精神之统一的中央机能,即理性之有意识的动作,有一部分的贡献。关于思想中枢在脑皮层里的范围,和其与相邻的感觉中枢之界限,科学家的意见还远不能一致。但是却一致承认有这样的一个"精神之中央器官",承认其正经的解剖上化学上状态是人类精神生活之第一必要条件。此种信念,为一元心理学的一个基础,是由精神病学之研究所确实证明的。

(精神病)我们关于有机体正常构造之知识,很多都是由其疾病之研究得来的。疾病就是"自然"自己所行的生理学特别实验,这种实验往往是人为的生理学实验所不能及的。深思的医学家、病理学家,往往由病时细心观察器官的机能,得着了极重要的知识。这种事在精神病上尤其确实,精神病的直接原因总是在于头脑某部分之解剖上化学上变化的。关于精神机能的部位,和其与思想器官之关联,我们所得的知识,都是由于看见这一个坏了那一个就停止。近世病理学——精神病之实验的科学——于是变做我们一元心理学之重要分子。康德若是研究过这种学问,若是往疯人院里看过几个月,他的哲学里一定可以免却那二元的谬论了。那些近世形而上派的心理学家,不解头脑之解剖、生理、病理,虚构个灵魂不死的神秘学说,他们若是研究过精神病学,若是看过疯人院的,定然也可以不谈那种种的谬说了。

(精神力)头脑之比较解剖学、生理学、病理学连同个体发生学、系统发生学的结果,导我们于这个健全的一元原理:"人的精神是思想中枢之一个机能,思想中枢之思想细胞,是精神生活之真正本质的器官。"所以近世"能力论"把各样精神能力和各样神经能力,以及有机自然界无机自然界一切能力之发现,从一样的见地看去,这是全然确当的。费希纳的《精神物理学》,已经证明一部分的这种神经能力是可以计量的,并且可以用数学法归之于物理学的机械法则的(《宇宙之谜》第六章)。近来阿斯特瓦德的《自然哲学》一书,又力言一切精神生活之表现,不仅感觉和意志,就连思想和意识都可以归之于神经能力。所以我们可以把所谓"精神的力"叫作"思想能力",以别于其他神经能力。阿斯特瓦德对于精神生活(第十八章)、意识(第十九章)、意志(第二十章)里能力作用之一元的研究,是很可注目的,并且证实了我在《宇宙之谜》第六、第十、第十一各章里所发的见解。然而阿斯特瓦德固执以其能力的观念代替实质的纯粹理念(如斯宾挪莎所作方式),又弃却实质之第二个属性

（物质），不免引起些误会。他那想象的"唯物论驳议"全是无的放矢，他的能力论（莱布尼兹等的物力论）和其反对之德摩克理塔斯、何尔巴哈的唯物论，同是一偏之见。德摩克理塔斯和何尔巴哈的唯物论以为物质在能力之先，阿斯特瓦德的《能力论》认物质为能力之产物。一元论却免了两者的偏倚，算是一种"物活论"，不把实质之两大属性，占空间的物质和能动的能力，分别开来。这个理论，对于精神生活和一切自然现象，都是一样的适用，人的心力（即精神的能力）和"神经原形质"（即脑皮层里神经之活原形质）的关系，犹之筋肉之机械的能力和那伸缩的"筋肉原形质"的关系一般。

（有意识的精神生活和无意识的精神生活）在《宇宙之谜》第十章里，我把"意识"详加研究，要证明这玄妙的机能——心理学之中心的玄奥——不是个超验的问题，乃是个自然的现象，其也和其他精神的力量一般服从实质法则。儿童的意识要到一岁之后的许久才得发达，和别的精神机能一般的都是渐渐增长，既然如此，意识也是基于其器官（脑皮层里的思想中枢）之解剖的、化学的状况了。意识原是由无意识的机能发达出来的，无论什么时候，脑皮层里的无意识作用，可以由注意而进入意识。另一方面，那很要注意才学得会的有意识动作（像弹琴），反复练习久了，也能变作无意识的。但看劳心久了头脑里也疲乏，和劳力久了筋肉疲乏一般，就可见无论上述哪样动作的时候，化学能力都在思想细胞里转变了。要能继续劳心，先要由食品供给新鲜物质的。况且那咖啡、茶、啤酒、葡萄酒等类的各种饮料，对于意识上有很大的影响，这是人所共知的，那氯仿、乙醚等麻醉药使人暂时停止意识，也是一理。再者，梦、错觉、幻觉、幻视等常见的现象，在公允的思想家看起来，一定确信此等精神的机能并不带形而上的性质，乃是头脑之神经原形质里的物理作用，并且全然受实质法则的支配。

（哺乳动物的精神生活）近世人类发生学把进化论已视为一个历史上的实事了。我们身体上一切各样器官，其组织结构和我们的近亲人猿的器官很相似的。所不同的只有形式和大小的细微处，这种差违也由生长时遗传的变化而定。但是机能以及机能的器官总是人类由其猿类的祖宗遗传下来的。精神也是如此，精神只是思想中枢之集合的机能。试把人猿、野蛮人二者的精神生活，作一个公平的比较，就晓得二者精神的差别比头脑构造的差别大不了许多了。所以人若是承认卜拉图、康德所倡导，许多近世心理学家所赞成的那二元的灵魂说,一定就要承认人猿和高等哺乳动物(尤其是家狗)都有个不灭的灵魂,和野蛮人、文明人一样(参看《宇宙之谜》第十一章)。

(野蛮人的精神生活)对于野蛮人精神生活之详密的研究,借着人类发生学和"人种志"(ethnography)的助力,在近 40 年里,解决了关于文明起源的种种学说之纷争。神学家和见神论者所爱谈的,那根据宗教信仰的旧式"堕落说",主张作为"神之影像"的人,身体与精神本都创造得极其完美,因为有了原初的罪恶,才堕落下来的。照他们这样说来,现在的野蛮人是那最初像神的人之堕落的子孙了。(在热带地方,土人也把人猿视为自家种族之堕落的支派哩。)这种圣经上的"堕落说",虽是许多学校还在那里教,甚至于有几位神秘派哲学家还在那里维持,然而不等到 19 世纪的末年,早已尽失科学的面目了。现在近世的进化论已经代兴,这进化论是一世纪前拉马克、盖推、海尔德尔(Herder)所倡导,达尔文和腊白克(Lubbock)所抬举到"人种志"之卓绝地位的。据进化论说,人类的文明是千万年来渐渐进化之产物。今日的文明种族是起自文化较低的种族,越溯上去越低,直到那绝不见文化踪影的野蛮人为止。

(未开化人的精神生活)人种学家把那介乎文野之间的人种另分为一级。他们的分类和特征,等到第十五章里再细讲。这样的人种,其工艺的本能,比那野蛮人有时也会的工艺,略略高些,并且他们兽性的好奇心已经发达为人性的好奇心,起了对现象原因的追问,这就是一切科学之萌芽。

(文明人的精神生活)在他们上一级的文明人种,比他们高的处所就在建立较大的国家,行较繁的分业。各种职工各专所事,生活较为快乐,艺术科学也就越能发达了。现存的人种里,大多数的蒙古种,以及上古中古时代欧罗巴(Europe)、亚细亚(Asia)两洲大部分的居民,都是属于这一级的。中国、南部印度、小亚细亚(Asia Minor)、埃及的古文明,其后希腊、意大利的文明,不但是艺术科学很是发达,并且也用之于立法、宗教、教育,又用写的书籍传播知识。

(文化最高的人的精神生活)狭义的文明,就是艺术科学很高,并且应用之于立法、教育等实际生活,古时已经有几国达到这种境界了,亚洲有中国人、南部印度人、巴比伦人、埃及人,欧洲有古典时代的希腊人、罗马人。然而他们的效果先初就限于狭隘的范围,并且在中世纪的时候大都丧失掉了。近世文明到 15 世纪的末年勃然兴起,这时候印刷术发明,可以把知识传播得极远极广,亚美利加洲(America)的发现和世界周航扩张了人的眼界,柯卜尼加斯的"太阳中心说"改正了"地球中心说"的谬误。于是文明向各方面增进,由科学之异常的发达,在 19 世纪里达到如此惊人的高度。于是自由的理性终究能战胜盛行的中世纪迷信了。

第十三章　生命之起源

· Chapter XIII　Origin of Life ·

　　现在所有的植物学家都一致承认这个植物生命之最重要的作用，一切有机生命、一切有机构造之根本的作用，是个纯粹的化学作用（从广义说来亦可谓之物理的作用），并且一致承认这里面绝没有什么特殊的活力或是神秘的造物者（像那著名的"生命机器师"），以及其他超验的动力。

生命起源的问题，是个最重要的而且最有趣的，然而又是个最困难的最复杂的。为这个问题，人类已经费了几千年的心血了。除了意志自由、灵魂不灭等问题之外，再没有如生命起源问题这样异说纷纭、至今不决的了。也再没如这个问题这样，连卓绝的思想家也意见相差到如此之远，陷溺谬说到如此之深的了。这一半是由于这个问题极难下严正的科学上解决，一半是由于这种纷争里观念混乱，缺乏明了合理的识见，而现行宗教的信仰信条又威不可当。

（**生命起源之奇迹**）最省事最直截了当的法子就是信仰，只要肯相信个超自然的创造，这问题就算解决了。然而今日再要找一位主张这样学说的科学家，也就很难。那位得天极厚的路易·亚劦西兹 1858 年著的《分类论》就是如此做法，他这部书和达尔文的《种之起源》差不多同时出版，以神秘的见解说生物学上一般问题，和达尔文正相反对。据亚劦西兹说，动植物的每个种类，都是个"造物主的具体思想"。

马尔堡（Marburg）的魏刚德（Wigand）和奇尔（Kiel）的莱因克两位植物学家，近来把那天上造物主的行动大加限制了，他们只承认造物主创造原始的细胞，以为这造物主赋予细胞以发达为高等有机体的力量。魏刚德以为每个种类的起源都是由于个特别的原始细胞和其极长的系统上发达，莱因克却主张是个许多种类合成的支派。他们这种近世的"创造说"和亚劦西兹的话一般的都是没有科学上价值，他们一般的都是迷信。

（**不可知论**）又有许多科学家的意见，和这种不合理的迷信全然不同，他们以为生命起源的问题是个解决不了的，超乎人类智识以上的问题。达尔文和蔚萧就是这"不可知论"的代表，他两位主张最初有机体的起源我们绝不知道，并且绝不能知道。例如达尔文的《种之起源》里说他自己"对于根本精神力，即生命自身，绝不能有所说明"。这竟是放弃责任，把一个该要和其他进化问题研究得一样清楚的科学上大问题置之不论了。我们地球上的生命起源，算是地球历史上的一个固定点。然而科学家要是不肯去研究，还有什么

◀海克尔 1865 年 8 月赴黑尔戈兰岛科学考察途中与同伴的合影，右一站立者为海克尔

说的呢？许多著名的近世科学家都还是主张"不可知论"，他们多少也有些相信这生命起源是个自然现象，但是都以为我们现在还没有法子可以去说明。

（生命起源为宇宙大问题）更不同的就是那第三种的态度，取这种态度的，以为生命起源的问题，是极端的难得解决，却也还不是不能解决的。慈波亚·李蒙就是取这种态度的，他把生命起源算做第三个大的宇宙问题。研究这个问题的近世科学家，其对于解决法的意见虽然是各有不同，对于解决之可能，大多数的意见却也都一致的。我们先要举出两个相异的假说，一个可以叫作"永久说"，一个可以叫作"自生说"或是"自然发生说"。照"永久说"讲来，有机生命是永远有的，照"自生说"讲来，只是一定时期里发生的。"永久说"有两种迥然不同的形式，一个是取二元的根据，一个是取一元的根据。海尔姆何尔慈是前说的代表，卜理埃尔是后说的代表。

（二元的永远的臆说）1865 年，赫尔曼·埃伯尔哈德·理希特尔（Hermann Eberhard Richter）倡导一个假说，道无限的空间里布满了生物的胚种，恰似布满了无机体一般，生物和无机体都是永远发达的。这无所不在的胚种，要是遇着了成熟的可以居住的天体，这天体上的热度湿度适于他的发达，他就发生生命，可以成个生物的全世界。理希特尔以为这种无所不在的胚种是有生命的细胞. 就定了一条原理：一切生物都是永远的，都是来自一个细胞的（Omne vivum ab œternitate e cellula）。植物学家安同·凯尔纳尔（Anton Kerner）也和他差不多一样，硬说有机生命是永远的，是和无机界全然独立的。但是凯尔纳尔给这假说以无定的形式，遭着许多极大的难关，弄得没有人肯承认这种假说。

然而这"宇宙生物的假说"（cosmozoic hypothesis），后来经海尔姆何尔慈和汤姆生勋爵［Sir W. Thomson（Lord Kelvin）］两位最著名的物理学家倡导起来，又很盛行的了。海尔姆何尔慈 1884 年立了个可选项，说道："有机生命要不是起于一时定就永远的。"他主张是永远的，他的论据就是我们不能用人工制造生物。他假定那回翔于天空中的流星上可以含有有机体的胚种，这些流星碰巧可以落到地球或其他的行星上，就在这上面发达起来。海尔姆何尔慈的这种"宇宙生物的假说"是不可信的，因为太空中的物理状况（极端的温度、绝对的干燥、全无空气等）绝不容原形质在流星上作有机的胚种，具生活的能力。况且这个假说在理论上也是无用，因为他不但没有解决有机生命起

源的问题,反而耽搁了别人的解决。要是一直再追求下去,就引到了纯粹的
"宇宙二元论"了。

(生命永久说) 费希纳(在 1873 年)和卜理埃尔(在 1880 年)又另外想出一
种和这个极不相同的"生命永久说"来。这两位科学家都把"生命"这个观念
扩充到宇宙的全体,都不承认向来所划定的有机无机之区别。费希纳甚至把
宇宙的全体和其中的各个单体都认作有意识的,把有机的个体只当做大宇宙
有机体的一部分。他有些神神秘秘的把"有意识的上帝"这个观念和"有生命
的宇宙"这个观念连到一起,所以他的学说是"泛灵论"的,同时又是"泛神论"
的。卜理埃尔和他大致相同,也把"生命"这个观念扩张到宇宙全体,也把宇
宙认为一个有机体。他把他的理论用作个表象的意义,我在第二章里已经说
过,这是不能实用的。卜理埃尔把那初形成地球的灼热大块认作个大有机
体,把他那回旋的运动(即引力的能力)叫作"生命"。说这大块渐渐冷了,那
重些的金属类(死的无机物)就分离出来,剩下的就先变成简单的、后变成复
杂的炭化物,最后就变成蛋白质和原形质。把"有机体"三个字这样扩大起
来,在生物学上很难得承认的。这徒然是愈弄愈混乱,教那在实际上所必须、
在理论上所当然的生物学和"无生物学"之区别更难得划分。

(原生之臆说) 据我们的意见,若是"生命永久说"不比"神造说"的价值高
些,要答解生命起源的大问题,那就只得我所统称为"自生说"的第三派学说
了。这派学说的出发点略述如下:(一)有机生命处处都是靠原形质的,这原
形质是一种有黏性的化学上实质,以蛋白类和水为主要成分。(二)这种活实
质之特殊的运动,就是我们所谓有机的生命,是物理和化学的作用,这种作用
只能起于一定的温度之间(在水的沸点和冰点之间)。(三)出了这限度之外,
有机生命在某种境况之下可以潜伏的支持得一时(假死、潜生活等),但是这
潜伏状态大抵也只限于很短的时间。(四)这地球也和其他行星一般,曾经长
久是灼热的,有几千度的热度,活有机物(黏性的蛋白质物)不能在这上面生
存,所以不可能是永久的。(五)有机生命出现之第一个要件,那流质的水,不
等表面地壳冷到沸点以下是不能形成的。(六)在这一发达程度里所首先起
的化学作用,必然是"接触作用",由这作用生成蛋白化合物,最后生成原形
质。(七)照这样生成的最初有机物,只会有那制造原形质的"摩内拉",一种
无组织无器官的有机体;活物质形成个体的最初形式,大约总是那同种类的

原形质小球，像那某种真正的"克罗马塞亚"（克罗阿珂加斯）。（八）最初的细胞是后来再由这种原始的"摩内拉"以中央"核原形质"和周围"细胞体原始质"之区分而发达出来的。

严密的科学上意义之"无生发生说"或"自生说"等一元的假说，是我于1866 年在《一般形态学》的第二卷里首先创立的。这"自生说"之确实的根据，就在我所讲的"摩内拉"里，这极简单的无器官的有机体，直到那时候都被人轻轻看过，置之不论。要把生命起源的问题下个自然派的解决，不似寻常由细胞起手而由这种无组织的生物质细粒起手，这"摩内拉"就是根本上的要件。细胞这类有核的初等有机体，不能算最初的自生的生物，这一定是后来由无核的"摩内拉"进化出来的。我于是在我的《摩内拉说》（1870 年）里把这种初等的有机体作个很周密的研究，后来又在《系统发生学》的第一编里极力把他详细阐述出来。于原形质之最初的生成和其无机的基础等化学上问题，爱德华·卜佛留格尔（Edward Pflüger）曾有些有价值的考究，认青素基为活原形质的主要成分。所以这种学说可以分为相异的两级，就是我自己早先的"自生说"，和后来的"青素说"。

（无生发生说即摩内拉的假说）我 1866 年所首倡，后来著作里所详说的那"无生发生说"或自生说，是直接诉之于近世植物生理学上所确定的生物化学上事实的。这种事实里最主要的就是一件，虽是活的绿色植物细胞，也有制造原形质作用，即炭素同化作用之综合的能力。换言之，就是他能以化学上综合作用和还原作用，由水、炭酸、硝酸、阿摩尼亚等简单的无机化合物，造成我们所叫作"原形质"，视为能动的活实质和一切生活机能之真正物质基础的蛋白化合物（参看第六章）。现在所有的植物学家都一致承认这个植物生命之最重要的作用，一切有机生命、一切有机构造之根本的作用，是个纯粹的化学作用（从广义说来亦可谓之物理的作用），并且一致承认这里面绝没有什么特殊的活力或是神秘的造物者（像那著名的"生命机器师"），以及其他超验的动力。在日光的势力之下起这种显著的"创造有机作用"之微细的化学实验室，在极简单的植物，即"克罗马塞亚"里，不是那同种类原形质小球（克罗阿珂加斯）之全体，就是其青绿色表皮层上活跃的色素原理［色素小胞（chromatophore）］。然而在大多数的植物里，这种还原作用的实验室却是那"色素小胞"，这种"色素小胞"是由细胞之其余的原形质分化出来的，即细胞之不透明内部的无色小球状白黏质,或其透光外部的绿色叶绿质细粒。我的"自生说",只说那每个植物细胞在日光下晒着的时候每秒钟所起的,并且已经变成绿色植物细胞之"遗传习惯"的这种制造原形质的化学作用,是在有机生命初起的时候自己发达出来的,换言之,这是个接触作用(或是类似接触作用的一个作用),其物理的和化学的状况是那时候无机自然界的状况里所具足的。

(细胞原形质说)我的这种假说,20 年前由植物学大家雷吉理的赞成,已经得确实的证明了。他 1884 年著的《机械的生理的进化论》,对于我 1866 年所倡导的生命自然起源之主要观念,尽都赞成。他把这些观念编成一条原理如下:

有机之起于无机,首先不是个经验和试验上的问题,而是从物质不灭、能力不灭等法则上推求出来的一件事实。物质界里一切事物如果是有因果的关系,一切现象如果是起于自然的原理,那成毁于同一物质的有机体就必然是由无机化合物生出来的了。

这位著名的科学家、深邃的思想家之这样尽善的明晰的言论,那班常常要骂一元的自生说为未经证明的臆说,或是认这个问题为不可解决的"严正"科学家,该要紧紧记着才是。雷吉理更进一层,把这里面微分子的顺序作了个渊博的研究,把研究的结果合拢来成为他的那"细胞原形质说"。他确信有机体初起的时候,那原形质极小的同种类分子之一定的自起的配列,是最为要紧的。据他的意见,这些"密塞拉"(micella)是晶质的分子群,结成各样丝状的和平行的条子。

("管状生原"的假说)1899 年卢德维希·曾德尔(Ludwig Zehnder)著了一部《生命之起源》,照样想把自生说的过程加以物理学的说明,并且归之于分子的机械的构造,说得更加精细。他以为那最小最低等的生命单位(即雷吉理的密塞拉丝、魏兹曼的生原、我的生质微分子)是个管状的,所以叫他做"管状生原"(fistella)。他想象着这种看不见的分子构造是有成百万的在细胞的原形质里整整齐齐的排列着,其分化的状态是有的司渗透作用,有的司伸缩作用,有的司传达刺激,各司各事的。这个分子的假说,也和雷吉理等人的著作里一般,其价值就在激励我们要去以物理学的原理说"自生说"上原形质微分子配列、运动的方式。

(青素说)1875 年,生理学家卜佛留格尔的《活有机体中之生理的燃烧论》里,作了个更有趣更可贵的研究,想要直探"自生说"里化学作用之蕴奥。他的学说之出发点是:"原形质是一切生活现象之物质基础,这生物质的性质是由于蛋白质(无论视为化学单位,或视为各种化合物之混合物)之化学上性质。"然而卜佛留格尔把那造成一切有机体的原形质之活蛋白质,和那鸡蛋等类里的死蛋白质截然分开。只有那活蛋白质(即原形质)自己微微分解并且很受外界的刺激影响,至于那死蛋白质,若在相宜的状态之下,可以久久不变。活蛋白质如此脆弱易坏的原因是其微分子中的酸素,就是那吸进原形质微分子内部,引起分裂,环绕原子四周,破坏新群落的酸素。

原形质之如此快的分解,和分解时之发生炭酸,其真正原因是在青素[①],这青素是一种一个炭素原子和一个窒素原子的合体,要再和钾结合,就成那著名的毒质青化钾。活蛋白质和死蛋白质之不含窒素的分解产物大略相同,但是其含窒素的产物就全然不同了。尿酸、肌酸、鸟嘌呤以及其他原形质之分解的产物,都含有"青素基",其中最重要的,就是 1828 年吴来尔(Wöhler)所发见的,那可以由青化物里用人工造出的尿素。我们由此可以断定,活蛋白质里一定都含有"青素基",那作滋养物的死蛋白质里却没有。说"原形质之许多特殊生活性质是青素给的"这个信念是由青酸(CNOH)等青化物和活蛋白质之间的许多类似处证明了的。这两种物体,在低温度里都是液体透明的,两种物体见了水都化为炭酸和"阿摩尼亚",两种物体分解了都发生尿素(这是由于原子的分子内变化,并非由于直接的酸化)。卜佛留格尔说:"这两种实质是很相似的,我简直可以把青酸叫做半活的微分子。"这两种实质一样的以原子之连接而生长,同种类的原子群联结成锁链状的很多。

关于"自生说"和其物理的基础,在化学的事实上还有一件特别有趣味的,就是青素和其化合物(青化钾、青酸、水素青化物等)非在白热里不能生成,换言之,就是要把那必须的无机窒化物放入赤灼的煤火里,或是把这混合物热到白热点的时候才行。蛋白质之其他的主要成分,像炭化水素或是"酒精基",也可以由热调和而成的。卜佛留格尔说:"这样看来青化物之可以在地球全部或一部白热或高热时生成,这是件再明显没有的事了。我们也就晓

---

① 青素对应氰(cyanogen)。——本书编辑注

得一切化学上的事如何都把火当作个以综合作用产生蛋白质组成分子的力了。所以生命是生于火的，生命出现的主要条件是和地球为火块的时候相关的。我们只要想想地球表面慢慢冷却的那种计算不来的长时间，就晓得那青素和含青素的化合物，以及炭化水素，有很够的时间，很多的机会，可以尽量发挥其变换位置构成'原子列'的大倾向，并且和酸素合力，后来又合着水和盐的力，进化成这种活物质，自己能分解的蛋白质了。"关于活物质，有句话要郑重说明，就是青素在白热时之生成，和含水的活原形质之出现，这中间必然还有一串很长的化学上"中间阶级"哩。

卜佛留格尔的"青素说"和我的"摩内拉说"不但不冲突，并且他对于原始的生物发生之最初程序（即蛋白质生成之最初的预备时期）那种精细而且周密的科学上研究，反倒足以补我"摩内拉说"的不足。近来脑伊迈斯特尔和其他活力论派对于青素说的攻击，这倒要请读者紧紧记着，他们说"青素说"是靠不住的，因为"青素化合物和蛋白质中间有一道不得通过的深渊"。这个批评是由活蛋白质自己答解清楚了的，活蛋白质的窒化分解产物里总都含得有"青素基"或是其他可以由青化物里用人工造出的实质（尿素）。此外的驳论就是说"白热的时候生成的青素化合物，等到随后水出现了的时候，必然立即要灭绝的"。这种驳论也是没有力量的，因为我们关于那时候化学作用的特别状态，不能有一定的观念。我们只能说，在这个长时期（有几百万年之久）里的状态，和今日地球面上化学作用的状态全然不同罢了。脑伊迈斯特尔等活力说家所持反对论的真正根据，就是他们对于"自然"之二元的见解，这种见解是无论如何都要把有机界和无机界中间划一道鸿沟，绝不肯让他泯灭的。

马克斯·维尔佛尔浓的《一般生理学》里，把关于地球上生命发现的各家学说，评述得很详尽的。他以为卜佛留格尔的"青素说"有极大的价值，说"青素说把这紧联着生理化学上事实的问题作了个严密的科学上研究，并且钻研到极周详的处所"。他表明自己的意思，说道："所以我可以说，最初生成的蛋白质，实在就是活物质，其所有一切的'基'里，具有一种特性，能以很大的力量和选择力，专去吸引同种类的部分，好去以化学作用把他们造成微分子，并且如是生长到无限。照这样看来，活蛋白质无须有个不变的'分子重量'，因为他是一个生成不已而又分解不已的大微分子，他对于寻常的化学上微分子的作用,大约好像太阳对于小流星的作用一般。"他这些话是和卜佛留格尔一致的。他这个学说,我固然相信是正确不差的,许多曾经研究过蛋白类之性质起源等难题的近世科学家,也都赞成。

(自然发生)现在我们既已把各种近世的"自生说"中之值得研究的说过一番,承认雷吉理所说"有机出于无机"是件事实,我们可以再说说那统称做自然发生说(spontane generation)、生出许多争论的旧学说。这些旧学说,现在虽然是差不多无人过问,但是关于这些旧学说的实验,却引起了许多兴趣,并且招出许多误解来。

(旧自然发生说)旧"自然发生说"与我们的"自生说"问题(即活物质源于无生命的无机炭化物)无涉,只是说"下等有机体是生于高等有机体之腐败的分解的有机成分"。要把这种假说和那全然不同的"自生说"分别清楚,最好把这种假说名为"腐败发生说",这类学说古来又叫作"尸体发生说"。"腐败发生说"的意思,就是生物生于死的或是腐败的有机物。倒是叫"腐败发生说"妥当些,因为"尸体发生"这个词,最好用作别样意义,指那渐渐导致生体死亡的"死有机部分"(参看第五章)。古人都相信下等有机体是生于高等有机体的死尸,诸如说跳蚤生于肥料,虱子生于皮层上脓疱,蠹虫生于败革,淡菜生于水里的淤泥。这些说头,既有亚理斯多德的威权护持,圣亚辔斯丁(St. Augustine)以及其他高僧因此又都相信,又与信仰相合,所以直到18世纪的初年,人都还是如此主张。甚至于到1713年,植物学家何海卢斯(Heucherus)还说那绿色的浮萍只是凝聚了的污池里死水面上的浮沫,那水芹是在清洁的活水里由他变出来的哩。

这些无稽的古话,是1674年意大利医学家佛兰锡斯珂·李逊(Francisco Redi),根据极精细的实验,首先加以科学上驳论的。他就因为这个得了"离经叛道"的罪名,很受人的迫害。他证明这类的生物,都是由雌者在粪、革、毛皮、淤泥等物上所下之卵而生的。然而在当时,对于那种寄生于动物之肠、血、脑、肝里的绦虫、蛔虫以及其他"肠虫"(entozoa),都还拿不出证据来。直到19世纪的中期,大家都还相信这类的生物,是生于其所寄生的动物身上之患处。到1840—1860年的时候,才由季波尔德(Siebold)、刘加尔特(Leuckert)、班纳敦(Beneden)、蔚萧以及其他著名生物学家的实验,证明一切此等"肠虫"都是由外界侵入动物的体内,更由下卵繁殖起来。到近年这个证据是施之到处而皆准了。

然而直到最近的几年,这"腐败发生说",对于一类极微细极下等的有机体,还能维持其地位,这类的有机体即是那肉眼看不见的显微镜下的生命,往日所谓"滴虫",今日所谓"原生物"或"单细胞体"。1675 年,李温核克(Leeu-wenhoek)用新发明的显微镜初发见了滴虫,证明这种虫在腐草、苔藓、肉类以及其他腐败有机物的浸液里生得很多,那时候大家都相信这滴虫是在这浸液里自然发生的。1687 年,斯巴兰札尼(Spallanzani)法师证明只要把这类浸液煮沸,把盛浸液的器皿严密封固,就万不会有滴虫发生,煮沸所以杀他的胚种,封固不透气所以杜绝新胚种的侵入。虽然如此,许多显微镜学家(用显微镜研究微生物者)还相信某种滴虫,尤其是那极小极简单的细菌,可以从有机体之腐败的有病的组织里或是从分解的有机液体物里,直接发生出来的。1858 年鲍谢特(Pouchet)在巴黎固执这种意见,后来的加尔顿·巴斯亭(Charlton Bastian)也是如此。大家为这件事争论,纷纷不决,于是巴黎学士院在 1858 年就悬了个赏,征求"能对于自然发生问题开一道新光明的精密研究"。这赏金被著名的路易·巴斯特尔(Louis Pasteur)得去了,他以许多巧妙的实验,证明大气里有许多微生物的胚种在尘埃中到处飞扬,一遇着水就生长繁殖起来。不但是滴虫,就连微细的高等动植物,像那地衣类、苔类、轮虫类、水熊类,都能干燥着几个月不死,被风吹到各处,遇着水又苏醒过来。巴斯特尔一面又确实证明,有机体的浸液,煮透了之后,四围接触的大气,又用化学法弄纯洁了,这浸液里就再不会发生有机体。他那些严正实验的结果,罗伯特·柯和(Robert Koch)以及其他细菌学家都证明认可,并且开了近世消毒预防法的先路。他自己把这些结果编作一句格言道:"自然发生或原因不明的发生,是个无稽之谈。"

(自生说和旧自然发生说)巴斯特尔和其继起者所做的那些有名的实验,把"腐败发生说"的无稽臆说破坏尽了,然而并不曾伤着"自生说"。世人往往把"腐败发生说"和"自生说"两个迥然不同的假说混为一谈,因为二者都叫作"自然发生说"这个旧名称。我们时时还看见书上说:"相信无生发生的那种非科学的思想,被这些实验确乎驳倒了,并且生命起源的问题于是变成了个不可解的谜语了。"这种话之浅薄糊涂,真令人吃惊,这是在别科学问里所不会有的。但是在生物学里,许多著名的大家都还是说:"我们只是观察事实,作正确的记载，至于对这些事实作明晰的观察，用深邃的思想，这不但是不必，而且很危险，所以这一层是该要避开的。"我们的"自生说"现在还受人攻击，受人冷淡，就是由于生物学的研究方法尚在这种可怜的状况。何以呢？因为那"腐败发生"的谬说，被巴斯特尔和其同志的实验驳倒了，其实"腐败发生说"和"自生说"除了同叫"自然发生说"一个名称之外，其余绝对没有相同处。巴斯特尔辈的那些实验，只是证明新有机体不是生于在一定人工状态下的有机物浸液，此外并没有什么。对于我们所独感兴趣的那个切要问题"地球上最初的有机居住者，那原始的有机体，是怎样从无机化合物里生出来的呢？"他们的那些实验，连触都没有触着。

（关于自生的实验）我们想要用实验来解决的问题是："活物质（原形质）在何等状态之下，作什么样子，从无生命的无机化合物里生出来呢？"我们可以断言，生命自生的时期，即"老连志亚代"（Laurentian age）初期，地球之冷却的表面上初现有机生命的时候，生存的状态和今日的状态迥然不同。然而当时究竟是怎样，我们万难有明确的观念，要想用人工使那种状态再现，也是万难的。对于原形质所隶属的蛋白类化合物，我们所有的化学上知识，也是一般的不完全、不清楚。我们只能说原形质微分子是极大，由 1000 个以上的原子构成，这微分子里原子的排列结合是非常的繁复而且很不稳定。然而这种错杂构造之真正的形状，我们还是不明白。蛋白质之复杂的分子构造我们一日不晓得，一日毋庸想去用人工制造他。还在这样的地步，世人就想用人工去制造生命之巨大的奇迹——原形质，等实验失败了（这样的失败是我们所预料得到的），就要呐喊，说："自然发生是不可能的了。"

（关于旧自然发生说的消极实验）把关于"自生说"所行的那些试验，照上述的情形，仔细想想，就明白这些试验之失败和我们的问题毫不相干了。巴斯特尔一派大得人称赞的实验，仅仅证明，在某种人工状态之下，滴虫不在分解的有机化合物（或高等组织体的死组织）里发生罢了，他们恐怕不能证明这种的"腐败发生"在别的状态之下也不会有。关于"自生说"的可能，"自生说"的实际，他们一点什么话都没说。我在 1866 年提出的科学假说，这些实验就全然未曾触到了。纵然只作为一时的假说，他总还是根据近世科学，对于自然哲学上的一个主要问题，要下个暂时答解，且如今仍无损伤。

（原生的阶级）我在《一般形态学》（1866 年著的）和后来著的《摩内拉与其

他原生物之生物学的研究》及《系统发生学》(1894 年著的)的第一卷里,曾想把我所名为"自生说"的程序阶级详细说清。我把他分为两个主要的阶级,一个是"自生"(autogony),就是最初的活物质之由窒炭化物生成,一个是"原形质生"(plasmogony),就是最初的成了个体的原形质之生成,也就是作"摩内拉"形的最初有机个体之生成。我近来很利用雷吉理对于这件事研究所得的结果(1884 年得的)。雷吉理的《机械的生理的进化论》第二章里,把"自生"作用之化学物理方面的几个要点,说得更加精微。他把那原形质之"单细胞组织"作用由简单无机化合物里生成的最初生物,叫作"卜罗必亚"(probia)或是"卜罗必盎塔"(probionta),以为其构造,比我的所谓"摩内拉"还更简单些。他这个见解,似乎是由于一种误会。雷吉理并没有严密的遵从我对"无器官的有机体"(就是那无组织的活原形质分子,没有形态学上的分化)的界说,他只记着我起先认作"摩内拉"的那些单个的根足状有机体。依我现在的意见,那造原形质的"植物性摩内拉",即"克罗马塞亚",比这些食原形质的"动物性摩内拉"重要多了。雷吉理虽然有把这些最原始的活有机体认作"单细胞藻类"的功劳,却未曾尽利用其原始的结构去建立他的学说,这真是奇怪了。究其实际,这极简单的克罗马塞亚(克罗阿珂加斯之类),和他所假说的"卜罗必亚""卜罗必盎塔"极其近似,在"克罗阿珂加塞亚"里,可以认作结构之端绪的,只有那同种类原形质小球四周保护膜之分泌,和那青绿色外皮与无色中心小粒之区分。雷吉理后来的结论里,更重要的就是关于那原始"无生发生"的方式,和这个物理作用之反复。

近来加梳维兹在他的《一般生物学》(1899 年著的)第二卷里,由生理化学的见地,把自然发生的各样阶级叙得极其详尽,做他的原形质消长变形说的归结。他说得很确实的,无生物之发达为生物,绝不是一件突然兴起的事,现在做生命基础的那极其复杂的化合作用,乃是经过不可量数的长时期,由简单进于复杂,慢慢渐渐进化出来的。他这些见解和我早年的论断大致相合,我们可以把他的这些话,参酌卜佛留格尔的青素说,列为下面的几条——

(一)"自生"之最初的阶级就是某种窒炭化合物之生成,这种窒炭化合物是可以列于青类的(青酸等)。

(二)地壳坚硬了的时候,就生出液状的水,由水的效力和那满含炭酸的大气里的大变化,许多复杂的窒炭化合物就从这些简单的青化物生了出来,于是初生蛋白质或蛋白类。

（三）蛋白质的分子以某种方式自行排列，照其不坚定的化学上引力，排作大分子群。

（四）蛋白质"密塞拉"结合成大些的群集，并产生同种类的原形质细粒。

（五）他们既生长，那同种类的原形质细粒就分裂，并且生成大些的同质的原形质细粒（即摩内拉）。

（六）因为表面张力或化学上分化的结果，于是就由柔软的髓层（中心细粒）分出个坚韧的表皮层（膜），像许多"克罗马塞亚"都是如此。

（七）后来由这种无核的细胞质，就生成极简单的有核细胞，原形质之遗传体集在"摩内拉"里，凝聚成个坚固的核。

（自生之反复） "自生"作用是只起一次呢，还是常常起呢？这是个有趣的现在还未曾解决的问题。这两种见解都有理由可讲。卜佛留格尔说："在植物里，那活蛋白质只继续做他自原始以来所做的事，就是不断的自己新生，自己生长，所以我相信世间一切蛋白质都由那个根源来的。因此我很不信今日还会有'自然发生'的事。况且比较生物学直接告诉我们：一切生命都起于一个根源。"然而却不能因他这个见解，就说"自然制造原形质"的化学作用，在和太古时一般的状态之下，也不能常常反复。

另一面雷吉理又特特指摘出来，"自生"未尝不可反复几度，就到现在也还可以。无论什么时候，只要所需的物理上条件完备，制造原形质的化学作用是随处随时可以再起的。要论到处所，大约海岸上是最为相宜，例如在那细而湿的沙砾面上，物质的各样"分子力"——气体的、液体的、黏质的、固体的——都最好互相起作用。今日生物之一切各样进化形式，自极简单的"摩内拉"（克罗阿珂加斯）至有核细胞，自有核细胞至放射虫、滴虫之高等构造的细胞，自简单的卵至高等动植物之极精细的组织构造，自鱼类以至人类，实在都有个一连的顺序。要说明这件事实，只有两个方法。一说是：那极简单的活有机体，"克罗马塞亚"和细菌，"巴尔美拉"（palmella）和"阿米巴"，从一万万年以前生命初起的时候直到现在，其构造上都没有变化，没有进步。一说是：此等极简单有机体之系统发生上的变化，在这些年岁里常常反复，至今不已。纵然第二说是对的，我们却也很难直接观察出来。

（自生之观察） 假定这些极简单的有机体还在由"无生发生"生了出来，要想去直接观察也是不能的,纵能,也是极端困难的,其原因如下:(一)最初的最简单的有机体,大抵总都是原形质的球形细粒,绝没有什么看得见的组织,像那现存的极简单的"克罗马塞亚"(克罗阿珂加斯)一般。(二)此等造原形质的"摩内拉"和那生在植物细胞内细胞死后还能独自以分裂法繁殖的叶绿质,二者不能区别。(三)我们一定要承认雷吉理的话,这种"卜罗必益塔",其分子虽是很大,其原来的大小实在是极其微细,虽是极好的显微镜也看他不出。(四)照这样,此等"摩内拉"之原始的新陈代谢作用,和其迟缓的简单的生长,都是直接观察不着的了。(五)我们在死水里和海水里,实在往往发见许多原形质构成的,或像是原形质构成的细粒。我们惯把这种细粒认作死动物或是死植物身上剥落下来的部分,把那到处都有的孤立的叶绿质细粒,视为植物细胞之排泄产物。但是谁能有凭据,说这不是真正的、幼稚的"摩内拉",不能慢慢的生长,和同类的分子结合,生成大原形质体呢?

(原形质之合成)人往往反对我们自然的一元的"自生说",说我们还不能在化学实验室里,用人工的合成法,造出蛋白质体,造出原形质,由此就引出那牵强的二元论来,说唯有那超自然的活力可以做得到。却不知我们还没有晓得蛋白质体之复杂的组织,我们还没有晓得,那在每个植物细胞里,把日光的放射能力转变为新生原形质之可能能力的叶绿质细粒里面,究竟是怎么一回事。一种性质都还没有分清的精微的化学作用,用现在化学上这种粗浅不完全的方法,教我们如何能做得来呢?然而这种驳论之毫无价值,也是显而易见的。一个自然的现象,万不能因为人工做不来,就说他是超自然的。

第十四章　生命之进化

· *Chapter* XIV *Evolution of Life* ·

　　有机体之发展是个生理的作用，全靠机械的原因或是生理化学上的运动。个体发生，即有机个体之发展，是由系统发生，即其所隶属的有机种族之进化直接决定的。个体发生是系统发生的一个短而且速的"概约反复"，由遗传和适应之生理的机能而决定的。

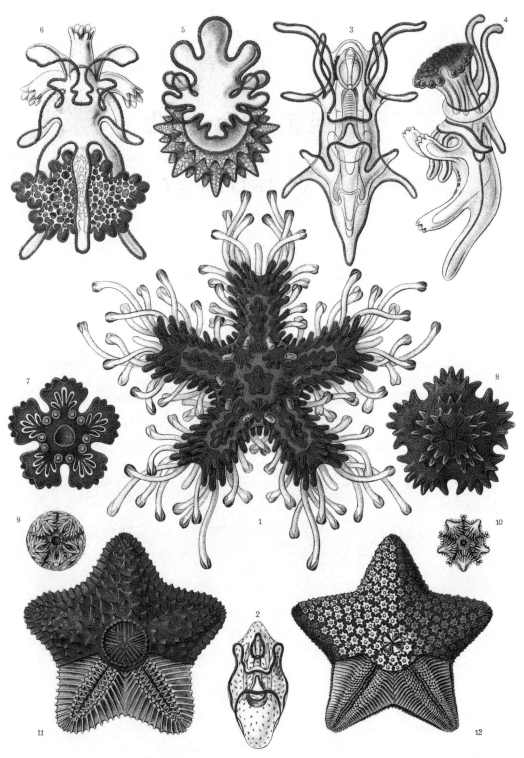

Asteridea. — Seesterne.

　　我在 1866 年著的《一般形态学》里，把进化学对于我们的一元哲学的重要关系说得很详尽。在《自然创造史》里又讲了个通俗的概要，在《宇宙之谜》的第十三章里又略略重讲过一遍。读者可去看这几部书，尤其要看《宇宙之谜》，这里我只把进化论上几个主要的一般问题，仗着近世科学的光明，略加讨论。起首的第一件事，就是要把对于生物发生之性质旨趣的那些纷纭的意见作一个比较，这些意见直到 20 世纪的初年都还是相持不下的。

　　（生物的发生和宇宙的发生）我们若是把生物发生（biogeny）解作地球上有机的进化程序之全部，把地质发生（geogeny）解作地球自身生成的程序，把宇宙发生（cosmogonic）解作全宇宙发生的程序，"生物发生"显然就是"地质发生"的一小部分，"地质发生"更是那广大的"宇宙发生"之一小科目了。这个重要的关系是很明了的了，人往往忽略。这是在时间上空间上都对的。我们纵是悬想这个生物发生的程序约占一万万年以上，这个时期，比我们地球发达为一个天体所需的时间还短得多了（地球发达所需的时间就是：由那皱缩的太阳初分出星云环，到这星云环凝聚成一个旋转的瓦斯体，再由这瓦斯体到其生成个白热的球，表面上结成壳子，最后注下液体的水）。要到最后的这一级，炭素才能起其"有机发生的作用"，生出原形质来。但是就连这极长的地质发生程序，论到空间时间，也只算是那无限的世界史中极小的一部分。纵然我们再进一层，假定别的天体上也像我们的地球一般，有机生命在类似的条件之下发达（《宇宙之谜》第二十章），一切这些生物发生的程序之全部，也只是那无所不包的宇宙发生程序之一小部分。那活力论的信仰，说其机械的进路时时受那超自然的有机体创造之干涉，这种话和纯粹理性，和自然之统一，和实质法则都相违背的。所以我们一定要首先认定，一切生物发生的程序，和其他一切自然现象，是一般的都可以归之于实质的机械原理。

　　（发生之机械的性质）无机自然界（地球和物质世界的全体）发达之机械的、自然的性质，是 18 世纪末年，无神论巨子拉卜拉斯著《天体机械论》，才得由数学上确立起来的。康德 1755 年在其《天体之一般自然史》里所倡导的那

◀ 海克尔绘制的海星

类似的天地开辟论,是更迟些时方才得世人承认的。但是有机自然界之可以加机械的说明,是直到 1859 年,达尔文用他的"淘汰说"与了"成来说"一个坚实的基础,此前都还无人做到。我于 1866 年,在我的《一般形态学》里,试了一试,但是大多数的生物学家都以为我这种尝试是不对的,对"达尔文说"他们自然是反对的了,他们对于我的话,也像对于"达尔文说"似的。慈波亚·李蒙那样的名家,作为一位生理学家,本该欢迎的,连他也骂我是"荒唐",他说我之根据古生物学、比较解剖学、个体发生学,要来编有机界的系统表,好比是语文学家要来编何马(Homer)所作传奇里那些英雄好汉的谱系一般。其实我自己早说我这种不完全的研究不过是个暂定的草案,一时的假说,为后人更精的研究开一条路罢了。只要看一看今日系统发生学的那无数的著作,就晓得这领域有了多少的成就,晓得那些能干的古生物学家、解剖学家、胎生学家通力合作来建立进化论,已经猛进到哪步田地了。我十年前在我的《系统发生学》第三卷里,已经试把所得的结果细细陈述了一遍。我的主要目的是一面要根据有机体祖先的历史建立个有机体的自然系统,一面要证明系统发生上程序之机械的性质。

(进化论变形说)1809 年,伟人拉马克著《动物哲学》建立"变形说"(transformism),这件事一元哲学家很该崇敬,因为这是第一次对于地球上有机界无数种类之起源下自然的解释。在拉马克之前,人总都以为种类是起于造物主的神功。这种形而上学的"创造论"到此刻都是和物理上的"进化论"对抗的。拉马克用"适应"和"遗传"两个生理上机能之相互作用,解释有机的种类之次第构成。"适应"就是指器官之用则进化,不用则退化,"遗传"就是把如此得来的性质要点传给后裔。新种类是由旧种类生理上变化出来的。这个伟大的思想,虽是埋没了半个世纪之久,其精深的意义,倒还未因此减少。不过到 1859 年达尔文以"淘汰说"把他的脱略处补正了,他这学说才得一般人的承认。除了这达尔文的特点之外,"变形说"的根本观念,现在也已得一般人的承认了,今日连那 30 年来极力反对他的形而上学家,也都承认了。种类之改进,只有照拉马克的学说,今种为古种之变形的子孙,可以解释得来。任他反对说如何之多,反对如何之力,这个学说总确乎不可动摇,再也没有人能另提倡个更好的学说来代替他。其最要紧的就是"人类乃由其他哺乳动物(最近由猿类)进化出来"这句话。

（达尔文氏的淘汰说）现在所有有资格的、公允的生物学家，都一致承认达尔文的淘汰说对于一元的生物学有极高的价值了。自其浸入生物学各分科以来，44 年中，有一百多部大书和几千篇论文都用他去说明生物学上的现象。单就这一点，也足见他之极其重要了。近来颇有人说，"达尔文说"渐渐不行了，甚至于说已经是"死了、埋了"，这只是不懂这个理，没看这类书罢了。然而一些荒谬的著作［像邓纳尔特（Dennert）的《达尔文说之将死》等类的书］还有一种实际的势力，因为这种书和神学、形而上学里的那些迷信合到一起。不幸有几位植物学家依然极力攻击"达尔文说"，由这个情形，此类的书又似乎还得人注意。这中间最显著的是汉斯·德莱希，他说一切达尔文派的学者（就是大多数的近世生物学家）都是有脑髓软化症的，"达尔文说"也像海格尔的哲学一般，是个时代的迷想。这位执迷的著作家，其态度既极其蛮横，其生物学上见解也极其糊涂，杂乱无章，全是些极其狂妄的形而上学上空想。这类的攻击，近来由卜来特（Plate）著的《达尔文淘汰说之旨趣与种类建立之问题》答辩得很好的。近来对于"达尔文说"的辩护，其最周详的就是亚骅斯特·魏兹曼的《成来说讲义》和其他的著作。然而这位动物学名家，要证明淘汰说之万能，并且想把他建立在那说不过去的"微分子说"上，这未免有些过当了。他的这"微分子说"即是"胚种原形质说"，我们现在正要讲讲他的这种学说哩。除了这些"过当之辞"之外，我们也都赞成魏兹曼的话，说拉马克的"成来说"由达尔文的"淘汰说"得了一个坚实的根据。其真正的基础，就是"遗传""适应"和"生存竞争"三个现象。这三个现象都是"机械性"的，并非"目的性"的，我常常这样说的。"遗传"是和"生殖"之生理的机能相连的，"适应"是和"营养"相关的，"生存竞争"当然一定是由于发育传种的"现实个体"和"可能个体"（即胚种）之数目不均的。

（细胞原质说）我在《一般形态学》里极力倡导达尔文淘汰说，并且由一元哲学的见地，揭櫫进化论为综合性的学说的时候，有许多著作出现，就这个广大范围的各小部分作特别的研究，这里面往往有有价值的。18 年后有部大著作刊行了，这部书由同样的一元原理说起，达到同样的结论，不过路径不同罢了。1884 年，一位最有才干的、最富于哲学思想的植物学家雷吉理刊行他的《机械的生理的进化论》。这部极有趣味的书，是由各部分组成的。尤可注意的，就是这部书里揭櫫"进化"为种类起源之一个可能的和自然的理论，连形态学和分类学,他都明认为"系统发生的科学"。"自然发生"的问题,是一般科学家所避而不讲的一个又黑暗又危险的问题,他于这一章却著得最好,自来无人及得。雷吉理另一方面却又全然排斥达尔文的淘汰说,要以与外界生存条件无关的、内里的所谓"一定方向之变化",来说明种类之起源。魏兹曼看得不差,这个免去了适应的内部的进化之理法,究其实也只是个"系统的活力"。雷吉理虽是在这上面建立个奇巧的形而上学系统,假定个特别的"同气原理",他的这什么内部的理法,也还是难得承认。然而他所关联着说的那"细胞原形质说",详说细胞原形质之分化为两个生理上不同的部分,一个是遗传物质之细胞原形质,和一个作细胞营养物之"营养原形质",这还有点价值。

(**魏兹曼氏的胚胎原形质说**)大家对于遗传和适应之生理的活动中原形质里所起的神秘作用,要想更深加钻研,由这个希望于是就引起了几种的微分子说。其主要的就是达尔文的"泛起说"、我自己的"波动发生说"、雷吉理的"细胞原质说"、魏兹曼的"胚种原形质说"、德佛理斯的"急变说"等等学说。这些学说我在本书第六章里既已经说过(在《自然创造史》的第九章里也说过的),请读者去参看。这许多学说以及类似的企图,没有一个能把这极难的问题完全解决,也没有一个能得广泛的承认。然而这里面却有一个学说,我们必须要再仔细讨论的,因为这个学说,不仅是许多生物学家视为达尔文以来"淘汰说"之绝大的进步,并且触着了生物发生学上几个主要问题的根源。就是最著名的动物学家亚辩斯特·魏兹曼的那几经讨论的"胚种原形质说",他过去 30 年间的许多著作,不仅是倡导"成来说",并且阐明淘汰说之重要和精确。但是他于为之树立"微分子的生理的基础"的时候,却用形而上学的思索法,弄成个说不通的原形质说。魏兹曼之才能和适宜以及其巧妙的办法,我固然都完全承认的,然而我对他却不得不持异议。他的这许多观念,近来被马克斯·加梳维兹的《一般生物学》(1902 年著的)和卜来特的书(我说达尔文淘汰原理时所举的)驳得干干净净。魏兹曼为维持其"遗传说"而编出来的那些关于原形质分子构造的假说,像他那"拜阿夫阿拉说""定限说""观念说"之类,我们无须细讲,因为这些学说,既没有理论上的根据,又没有实际上的用处。然而其中有一个主要的论断,却不能不略加批评。魏兹曼为要维持他自己的那些错杂的假说,去反对拉马克的一条最重要的"变形原理",就是反对

"后天性质之遗传"。

(进步的遗传) 我在 1866 年,初要把"遗传"和"适应"两个现象编成一定的法则,排成一系的时候,我曾经分个"保守的遗传"和"进步的遗传"(《自然创造史》第九章)。保守的遗传,即遗传性之遗传,把每一个体由两亲得来的形态上生理上特点,传给其子孙。进步的遗传,即后天性质之遗传,是由两亲把自己在个体生活里所得的那些特点之一部分,传给他的后裔。其中主要的就是那由器官自己活动所生的许多性质。器官用得多了,就会增加滋养,增进发育,器官用得少了,其效果反是。筋肉、眼睛的变化,绘画、唱歌者手和喉咙的动作以及其他等等,眼前就有许多的证例。在这些以及凡百的技艺里有一条定则,就是:"唯实习乃臻完善。"然而这条定则,于原形质之生理的作用,差不多普遍都适用,就连对于原形质之最高的最可惊异的机能——思想——都适用的,构成思想中枢的细胞,练习长久了,可以增进其记忆力和推理力,恰似手足感觉之以练习而愈加敏捷一般的。

拉马克承认器官的这种生理上使用,在形态上的关系是极其重大,并且承认由此而生的变化,到某点为度是可以遗传于后裔的。我于 1866 年论到直接适应和进步遗传之这种相互关系的时候,我特别注重"积累适应的法则"(见《一般形态学》第二编)。"一切有机体,当其生活状态有了改变,虽然改得微细,只要经得久了或是次数多了,都起重要的永久的化学上、形态上、生理上的变化。"同时我又指摘出来,时常分立的两种现象,在这时候却紧相连的,就是那积累的遗传:首先是"外部的",由食物、气候、环境等外部状态而起的,其次是"内部的",由习惯、器官之用不用等内部状态的势力,即有机体里反应而生的。光、热、电力、压力等外界势力的作用,不仅使感受的有机体起反应(运动、感觉、化学作用等能力),并且是个营养的刺激,对于其营养生长都有特别的效力。

关于"进步的遗传"之争论,依然是纷纷未已。魏兹曼全然不承认有进步的遗传,一来因为他不能把"进步遗传说"和他自己的"胚种原形质说"调和,二来因为他想着这个学说并无实据可以证明。许多有才干的生物学家惑于他的辩才,赞成他的学说。然而他们内中很有许多位呆气的注重遗传之实验,这种实验是毫无效果的,例如割去尾巴的哺乳动物,其子孙却并未曾遗传得有这种特征。近时的许多观察,似乎可以证明:连这类的伤残,要是那切去的处所曾经引起过很重很久的病症,也竟会遗传于子孙,不过这种事很稀少罢了。然而关于新种类之构成,这件事却没甚要紧,在新种类之构成时,这是个积累的或机能的适应上问题。这件事人要想找到形质上实验的确证,那是很不容易的,因为其生物学上条件大抵都是过于繁杂,而且要露出许多弱点.禁不起严刻的批评。斯谭德佛斯(Standfuss)和瑞士国佐力克(Zürich)的费西尔(C. Fisher)的许多精美的实验,证明环境(温度、食物等)变迁可以生绝大的变化,而这种变化是遗传于后裔的。无论哪一件在形态学、比较解剖学、个体发生学里,都有许多进步遗传上的显明证据。

(**比较形态学**)比较解剖学对于其他"系统发生"上问题,以及对于进步的遗传,都供给许多极有价值的论证,比较解剖学和"个体发生"的关系也是如此的。我在我的《人类进化论》新版里,把这类的证据搜罗得很多,并且都加了图解。然而要得其正当的理解,晓得其真正的价值,读者一定先要懂得一些批评的比较方法。所谓"批评的比较方法",不仅是解剖上、个体发生上、分类上的广博知识,并且关于形态上的思索和推理也要实践才行。许多近世生物学家,对于这层都很欠缺的,尤其是那些"严正的"观察家,他们误认自己只要把显微镜下的细微构造作正确的记述,就能了解那一大群一大群的现象。许多著名的细胞学家、组织学家、胎生学家,都是因全神注在这些细微的处所上,以致全然不能见其大者了。他们甚至于连比较解剖学上几个根本的观念,像那"异体同形"和"异体同官"的区别,都不肯承认,例如维廉·许斯(Wilhelm His)竟公然骂这些"学究的观念"是"无用的长物"。另一面,生理学上的实验,对于解决形态学上的问题,该要有所贡献的,关于这个,他们是一无赞助。要表明比较解剖学对于系统发生上的重要,我只须指出其最有成就的一部分,就是脊椎动物的骨骼、颅骨、脊柱、四肢等类各样形式之比较。一百多年以来,许多天才的科学家,自盖推和克又维埃(Cuvier)以至赫胥黎和盖干包尔(Gegenbaur),都费了多年的心力,专研究这些"相似而又不似"的形式之循序的比较,他们的心力并非虚掷了。构造上共同法则之发现,就算是他们得了酬报,这种构造法则,除了照近世进化论,用共同祖先说之外,再无他法可以说明的。

这件事在哺乳动物的肢体上有个极显著的例,哺乳动物的肢体,像那跑的肉食类和有蹄类之细腿,鲸鱼和海豹之桡状的足,鼹鼠之锹状的脚,蝙蝠的翼,猿类之攀缘的臂以及人类的四肢,其内里的骨骼上构造尽管是一样,其外形却有种种的不同。一切这许多相异的骨骼上形式,都是由最古的"三叠纪"时代哺乳动物之同一的共同"种形"降下来的,其各样的形式和构造,是适应各样机能的,但是这些形式构造却是由这些机能而起的,一切这类"机能的适应"只有用"进步的遗传"可以解得来。"胚种原形质说"对于这些事绝不能说明其原因。

(生殖质和遗传质)近时大多数的生物学家,都以为有核细胞之两个主要的组成分子各司其事,细胞体原形质发"营养"和"适应"的机能,细胞核原形质管"生殖"和"遗传"。我在《一般形态学》的第九章里首先提出这个意见,后来这个意见经斯托特斯保加、海尔特维希兄弟(奥斯卡和理卡德)以及其他学者之完美的考究,由经验上确然建立起来了。这些观察家在细胞之分部里发见出来的精微构造,就引起一种学说,以为核之染色的部分(chromatin),是真正的"遗传物质",是遗传能力之物质的实体。魏兹曼又在这个学说上添了一些,他以为这"胚种原形质"独自生活,和细胞里其他实质全然不相干的,至于其他这些实质,不能把那由适应得来的性质遗传于"胚种原形质"。他就是倚仗着这个学说的力,去反对"进步的遗传"。"进步遗传说"的许多代表学者(我自己也在内),不承认"胚种原形质"和"体原形质"是这样的绝对分离,我们都相信,在单细胞有机体之细胞分裂的时候,这两种原形质都有一部分的混合,且在组织体之多细胞有机体里,一切细胞之由其"原形质纤维"而起的和合,也能使身体里一切细胞足可在"胚种细胞"的"胚种原形质"上起作用。我们如何能以原形质之微分子的构造去说明这个势力,马克斯·加梳维兹已经讲过的了。

(急变说)在 20 世纪的初头,有个生物学上的新说,引起了很多的兴味,有些人欢迎他,当他是达尔文"淘汰说"之实验上的"驳议",又有一班人却当他是"淘汰说"之一个有价值的"补篇"。著名植物学家由过·多佛来斯(Hugo de Vries)于 1901 年,在汉堡的科学公会,作一场极有趣的演讲,演题是"种之起源里的急变和急变期间"。他由对于"淘汰"上许多年的经验,和一些敏锐的思索,自觉着发见了一个种类变形的新方法,就是种类的形式之突然变化,他于是就不信达尔文所谓经长久时期渐次变化的学说。多佛来斯著了一部大书,《论植物界里种类起源之实验和观察》(1903 年著),极力说他自己的"急变说"是真理。许多植物学的名家,尤其是植物生理学家,对于他的这种学说,是赞叹不已,动物学家却都不然。动物学家里,魏兹曼的《成来说讲义》(1902年著,二卷第358页),和卜来特的《种类成形之问题》(1903年著,第174页),都把这"急变说"论得很详细的,然而一面对于多佛来斯之有趣味的观察实验都很重视的,一面却不承认他在这些观察实验上所建立的学说。我既和他们两位的意见相合,所以请对于这个难问题觉得有兴味的读者去读他们两位的书,我在这里,只说下面的这些观察罢了。多佛来斯急变说之最大的弱点,就在其理论的方面,他不该把"种类"(species)和"花样"(variety)、"急变"(mutation)和"变形"(variation)妄自立个区别。他把"种类之不变",当作一件根本的"眼见的实事",我们却以为这"种类之相对的持久"是各类有各类的不同。有许多类,例如昆虫、鸟类以及许多兰类和禾本类,一种类的几千个标本里,寻不出一点什么个体上的不同,又有许多种类,例如海绵、珊瑚虫、悬钩子之类,其花样极多,以至于分类学者不敢轻易划定种类。多佛来斯所断定的,各样花色间截然的区别,是不能通行的,那不定的变形(他视为无关紧要)和那突然的急变(他以为新种类是由此突然变成的)中间不能有截然的分别。多佛来斯的所谓急变(我在《一般形态学》里称他为"妖异的变化",以别于其他的各样变形)和瓦根(Waagen)、司各脱(Scott)之古生物学上的急变,同一个名字,这二者却万不可相混。多佛来斯只在一种"月见草"(Oenothera)里看见其忽然全变了习惯,这样变化是很稀少的,不能就认其为新种类之一般的起源。这种"月见草"之名为"拉马克月见草"(Oenothera lamarckiana),本是碰巧。拉马克对于"机能的适应之强大影响力"上的意见,并不曾被多佛来斯驳倒。其实多佛来斯也确信拉马克的"成来说"是真理,和其他一切近世生物学大家一般的。这一层必须要记牢,因为近时的形而上学家,自以为"达尔文说"是驳倒了,于是变形说和进化论的全部也就不得成立了。他们还照这样去向进化论的仇雠邓纳尔特、德莱希、佛来希曼(Flieschmann)等人乞哀,要晓得这几个小诡辩家的乖僻议论,真有学识的大科学家都不肯再去理会了。

(动物学上和植物学上的变形说)不仅是多佛来斯和雷吉理的思想,就是其他许多想要提倡"进化论"的植物学书里,对于几个普通生物学上问题,其见解都和现在盛行的那些动物学家的意见大不相同。这个不同,当然并非是由于生物学里动植两科的学者才力有什么高下,乃是由于在植物生活和动物生活里所观察的现象不同。高等动物(人类也在内)的组织构造,比起高等植物,其各样器官,都精致得多了,并且也更容易直接经验得出来,这一层是要特别注意的。我们的筋肉、骨骼、神经、感觉器官,其主要的性质和活动,由比较解剖学和生理学,立刻就可以明白。要研究高等植物身体上的这些现象,那就困难得多了。动物身体之"细胞君主国"里无数单原器官的状况,比起高等植物身体之"细胞共和国"的,是繁杂得多了,一面却也容易懂得多了。因此植物之"系统发生",比动物的更难研究,植物之"个体发生",比动物的也更不得其详。我们于是也可以明白,何以植物学家不像动物学家那样公认生物发生法则了。古生物学所供给我们的那些极有价值的化石材料,动物界的种类很多,我们可以借这化石的力,把这些动物,多少总画得出个正确的谱系图来,至于植物界的一切种类,古生物学所供给的材料,就极少极少了。然而那大的、界限分明的"植物细胞"以及其各样的"器官子",对于解决许多问题上,其价值却比那微细的"动物细胞"高得多了。为许多生理学上目的,那高等植物的身体,实在比高等动物的身体更好作严密的物理化学上研究。在原生物界里,这样的差异就少些,因为动物生活和植物生活的不同大抵都只在新陈代谢上,最后到了单细胞式的生活,那就全然没有分别了。所以要想把生物学上的大问题,尤其是系统发生上的大问题,作明晰公允的解决,必须要对于动物学和植物学两科都有研究才行。"成来说"之两大建立者——拉马克和达尔文——其所以能把有机生命的蕴奥钻研得那样精深,把其发展考究得那样入微,就因为他两位的植物学、动物学都极其渊博的缘故。

(**新拉马克派和新达尔文派**)近来动物学家、植物学家,讨论到"进化论",他们那各样的倾向,每每分为"新拉马克派"和"新达尔文派"两个相对峙的学派。这种的对峙,只是采不采"变形说",要不要"淘汰说",此外并无什么意义。真正"达尔文说"之所以别于旧"拉马克说"的,就在"竞存争生"和根据这"竞存争生"的淘汰说。要把这个认为是赞成或是反对"进步的遗传",那就差得太远了。达尔文之确信"后天性质遗传"的重要,同拉马克和我一般,尤其确信"机能的适应"之遗传,他不过把其势力范围划得比拉马克的狭些罢了。然而魏兹曼全然不承认"进步的遗传",要把事事都归之于"自然淘汰之全能"。魏兹曼的这个意见和其根据这个意见的"胚种原形质说",如果是不错的,他就独享建立个崭新的(在他自己看来,并且是很有效果的)变形说的荣誉。但是照英国人那样,往往把这"魏兹曼说"叫作"新达尔文说",这却是大谬不然。其荒谬犹之把雷吉理、多佛来斯以及其他反对淘汰说的近世生物学家叫作"新拉马克派"一般。

(系统史之基本知识)系统发生学有三个供给证据的大来源,就是古生物学、比较解剖学和个体发生学。古生物学似乎要算个最可靠的来源,他那化石上就有有机生命的长历史上种类嬗递的证据,我们由这化石可以得着许多有把握的事实。可惜我们对于化石的知识很欠缺,并且往往很不完全。于是其实证上的许多罅隙要待比较解剖学和个体发生学两个另外的来源去弥补。这件事我在《人类进化论》和《自然创造史》里已经论得很详细了,在这里无须多说,只要声明一句,就是"要正确达到系统发生学上的目的,必须兼取这三方面的凭证,而又要有差别"。惜乎这是要博通三科的科学,能者很是稀少。胎生学家大都不肯留心古生物学,古生物学家又大都不留心胎生学,至于那形态学之最难的一部分,含有广博知识和明确判断的比较解剖学,就二者都不去留心了。除了系统发生学的这三大来源之外,又有生物学各分科,分布学、生态学、生理学、生物化学等科所供给的有价值的证据。

(系统发生学和地质学)近30年来系统发生学上虽经了许多很渊博的研究,产生许多很有趣味的效果,许多科学家对他似乎还不甚相信,有几位竟全然不承认其科学上的价值,说他都是些空想臆说。许多泥于经验的生理学家和专以记载为事的胎生学家,尤其是如此的。既有这许多怀疑的苛刻的批评,我可以再说到地质学的历史和性质上去。这个科学里虽是照例绝不能直接观察其中历史上的程序,现在却没有一个人对于这个科学之重要和其各样用处生什么疑问。"中生代"相连的三大纪——"三叠纪""侏罗纪"和"白垩纪"——之为海底沉淀物(石灰、沙、石、黏土)所构成,虽是没有人眼见其实际构成,现在却没有一个科学家不相信的,现在也再没有人不信那些鱼类、虫类的化石骨骼是那几百千万年间地球上所生息的古鱼类、古爬虫类的遗骸,而认他为"造物"之神秘戏弄的了。比较解剖学既表明这些族类之谱系上关系,系统发生学又借着个体发生学的助力,编出他们的谱系图来,其历史上的假说就和地质学的假说一样确实,一样可靠了,其不同处就只是地质学的简单得多,容易编得多。系统发生学和地质学,论其性质,都是"历史的科学"。

（系统发生学的假说）系统发生学和地质学，遇着了证验不完全的处所，也和其他的历史科学一般，都是离不了假说的。这些假说纵然有时是很薄弱的，要另寻好些的、强固些的来代替，这也无伤于其价值。薄弱的假说总比没有强些。所以那些严格的记述科学家，反对我们的系统发生学方法，怕假说怕得可笑，这真是我们所不得不驳斥的。这样的怕惧假说，其内里每每都是由于其他科学上知识不完全，综合的思想不充足，因果的观念不坚定。许多科学家之误入迷途，由一件事可以见得，例如那化学，是算做"严正的"科学的，化学家天天讲什么"原子""分子"，近世"结构化学"全部都是在这精微的关系上假设起来的，其实何曾有一个人亲眼看见过这"原子""分子"，看见过这样的关系。一切这些假说也都是推论出来的，何曾是直接观察出来的。

（个体发生之机械的性质）我一起初就主张个体发生学和系统发生学中间有密切的因果关系，其后在《一般形态学》第五卷里，就把生物发生学的这两个部分区别开来。我又很注重这些科学之机械性，极力把其形态上的现象作生理的说明。直到那时候，一般人都还把胎生学认为一个纯粹的记述科学。到 1866 年，我反对当时一般公认的意见，极力去证明达尔文之改良"成来说"不仅是解决了"种类起源"之系统发生学上的问题，并且又与我们以启发胎生学、探究个体发生之原因的密钥。我把这种意见，在《一般形态学》的第二十章里，编作 44 条，现在只引三条。（第一条）有机体之发展是个生理的作用，全靠机械的原因或是生理化学上的运动。（第四十条）个体发生，即有机个体之发展，是由系统发生，即其所隶属的有机种族之进化直接决定的。（第四十一条）个体发生是系统发生的一个短而且速的"概约反复"，由遗传和适应之生理的机能而决定的。我的生物发生原理之要点，都在这几条以及其余论个体发展、系统发展之因果关系的几条上。同时我又力求明了，把个体发生之物理的作用以及系统发生，都归之于原形质之纯粹的机械作用（从批评哲学上的意义）。

（生物发生学根本法则之应完全通行）我把我的"概约反复说"，名为"生物发生之根本法则"，主张他是个普遍的法则。每一个有机体，从单细胞的原生物到隐花植物和腔肠动物，再上去到显花植物和脊椎动物，其个体的发展里，都由一种遗传作用，再现其祖宗历史之一部分。"概约反复"这个名词，其含义就是"由'遗传和适应的法则'而定的,本来系统的发展路径之一个局部的简略的反复"。"遗传"使某种进化上的要点再现,"适应"以环境的状态使这些要点生变化——凝缩、障害或伪形。所以我起先就主张生物发生法则有两部分,一部分是积极的"复生的",一部分是限制消极的"异生的"。"复生"(palingenesis)重演种族本来历史之一部分,"异生"(cenogenesis)因为本来的发达路径后来生了变化,就扰乱这个图样。这个"复生"和"异生"的分别是最要紧的,也不能因为反对者的误会,反复地说。这个分别,那只承认其有一部分效用的人,像卜来特和斯台因曼(Steinmann),以及那全然否认的人,像凯贝尔(Keibel)和亨铮(Hensen),都把他轻轻看过了。这里面胎生学家凯贝尔是最为奇怪,他自己的那些精细的记述派胎生学著作里,供给"生物发生法则"许多证据,然而他对于这个却是外行,竟绝不懂"复生""异生"的分别。

尤其可惜的是,最著名的胎生学家,柏林的奥斯卡·海尔特维希,30年来替"生物发生法则"搜集许多的证据,近来竟投入反对党去了。他自命是"订误""修正",其实真是如凯贝尔所云,全然是把生物发生法则"放弃"了。海因力希·锡密特(Heinrich Schmidt)在其关于"生物发生法则"的著作里,把奥斯卡·海尔特维希变节的原因说明了一部分。这个与奥斯卡·海尔特维希在柏林所得的心理上变态未尝没有关系,他1900年在亚亨城科学公会席上讲演"19世纪生物学之发达",其演讲词里,虽是说"活力说"之二元的理论和机械派的"化学物理观"是一般的都不可靠,他却又公然承认这些"活力说"的二元论。近来他竟说"达尔文说"是一文不值,说系统发生学的假说是不足凭信。他这些见解,与他自己25年前在耶那所发表的那些意见,以及他兄弟理卡德·海尔特维希(住在缪匿奇)的名著《动物学纲要》里所极力主张的那些意见,都是正反对的。

(伪机械说)后来胎生学里又出现了几个别样的趋势,通称做"机械的胎生学",向各方面分派,和我1866年所编到生物发生法则里去的"机械的个体发生学"反对。这里面最主要的,30年来很惹人注意的,就是维廉·许斯的"伪机械说"。他对于脊椎动物胚胎之正确的记载、忠实的图解,是很有功于个体发生学的,但是他却没有比较形态学的观念,所以他对于有机发展的性质就编出那些出乎常轨的学说来了。他在1886年著的《脊椎体最初概形之研究》和随后的许多著作里，明明白白的排斥系统发生学的方法，极力想由直截了当的物理学方面去说明那精微复杂的个体发生现象，把这些现象都归之于"胚叶"的弹力、屈力、卷力。他说："系统发生学的方法只是个旁门左道，个体发生上的事实是发展上生理学原理的直接结果，毋须用系统发生学的方法去说明。"我在《人类进化论》第三章里说过，照维廉·许斯这样"伪机械说"的思想，那"自然"不过做了一个高手裁缝所做的事罢了。所以把他的这种学说逗趣的叫作"裁缝说"。然而他这种学说，开了一道歧路，教人直接用纯粹的机械观去说明那复杂的胎生现象，有几位胎生学家被他引入了迷途。他这种学说，虽是起先很受欢迎，后来随即被人所唾弃，然而近来胎生学的各样分科里，却居然又有几个皈依他的人。

（**实验发生学**）近世实验生理学应用物理化学的实验法成了大功，引得胎生学也想用同样的"精密"方法去得这样的效果。但是胎生学里能应用这种方法的处所是很有限的，因为历史上的程序太繁杂了，并且历史上的事实又不能"精确"决定。"进化"的两个支派，个体的和系统的，都是如此。我在前面早已经说过了，对于种类起源上的实验是没甚价值的，胎生学上的实验也大概如此。然而胎生学上的实验，尤其是对于个体发生之最初级的那些精细实验，关于初发达的胎儿之生理和病理，却已经得着些很有趣味的效果了。

（**一元论和生物发生学**）心理学和生物发生学，一直到现在，人都视为是生物学里最难作一元说明的个科目，视为二元的活力说之最有力的帮手。有了生物发生法则，这两科于是都能和一元论及"机械因果的说明"相接近了。他在个体发展和系统发展中间所建立的那密切的相互关系，那起自遗传和适应之交相作用的关系，使他可以说明这两科。关于第一层，我30年前在"原肠体说"的最初研究里，就编成一条原理："系统发生是个体发生之机械的原因。"我对于有机发展之一元的观念，其要点都清清楚楚说在下面这条原理里——

将来个个学生如果对于生物发生学不是仅赞叹不可思议的现象就算满足，而想懂其意义，必然先要说他对于这条原理是赞成还是反对。这条原理又把那划分旧目的观的二元形态学和近世机械观的一元科学的一条鸿沟说明白了。如果遗传和适应之生理的机能已经证明确是有机的构造之唯一原因,于是每种目的论、每种二元的形而上学的说明都就逐出生物发生学范围之外了。这两派理论之无可调和是很显然的,不论个体发生和系统发生中间有没有直接的因果关系,不论个体发生是不是系统发生的个简短的要略,新生论(epigenesis)和"传来"也好,"预造"和"创造"也好。

我在这里引这些原理的时候,有件事要郑重声说,就是在我的意见,我们这"机械的生物发生学"是一元哲学的一个强有力的帮手。

第十五章　生命之价值

• Chapter XV Value of Life •

　　生物之各种各类，要互相比较起来，其价值是大有高下的了。就他们的"内部目的""自我维持"等处看来，一切有机体实在都是一般的，没有什么高低，但是就他们对别种生物，以及对"自然"的关系看来，他们的价值就大不相同了。

现在当这进化论已经确立的时候，我们之看人生的价值，和50年前的眼光大不相同了。我们现在已经惯把人类视为一种自然物，视为我们所晓得的自然物中之最发达的一种了。制御宇宙全体之进化的，和支配我们自己生活的，是同一个"永远不变的铁铸的法则"。据一元论讲来，这宇宙真是名副其实，是个包罗一切的、统一的全体——随我们叫他做"神"或是叫他做"自然"。一元的人类学现在已经确定了一件事实，就是人类只算这大全体的一小部分，是第三纪后期里由猿猴类发达出来的一种有胎盘的哺乳动物。所以我们于评量人生价值之前，先要概观有机生命的意义才是。

（生命之交替）把地球上有机生命的历史作个公平的概观，第一件先就晓得这是个不断的变化之过程。每一秒钟之中有千百万动物和植物死去，又有千百万新的继之而生。每一个个体都有一定的寿限，也有只活到几点钟的，像那蜉蝣和滴虫类，也有活到几千年的，像那巨杉、阿罗塔瓦（Orotava）的龙树，以及其他的许多种大树。连那集合许多相似的个体之"种"，那包括许多"种"（动物和植物）之"属"和"类"，也都是变灭不居的。大多数种类是仅仅生存于地球上有机历史的一个时期内，经过几个时期还不变的种类是很稀少的，至于经过一切时期都还存在的种类，更是绝无的了。系统发生学，根据古生物学上的事实，明明的告诉我们，每个独特的生命形式，无论其生命或长或短，在几万万年以上的有机生命之历史里，只能仅仅占领一个时期罢了。

（生命之目的）每一个生物都各有其自己的目的。凡是公平的思想家——不论像那目的论者，相信有个圆极主宰，做生活的机械作用之整理者，或是像那机械论者，由机械观上，用"淘汰"和"发展"去说明种类之起源——关于这一点上总都是一致承认的。那陈旧的观念，以为动植物都是创造出来供人用的，以为有机体之相互的关系都是为创造的设计所支配的，现在科学界早都不承认了。无论是种类还是个体，总都是为其自己而生存的，并且都以"自存"为第一件要务。他的存在和目的都是一时的。各种属各系统之进步，虽是慢慢的发展，但确确实实的在那里变成新的种类。所以每个独特的

▶ 海克尔与儿子及孙女的合影（1914）

生命形式——个体以及种类——都只在生命不断的变化里,成一段生理学上的插话,一个变灭的现象。就连人类也不外这个例。古谚说得好:"只有'变'是'不变'的。"

(生命之进化)无论动物界植物界,种类之历史的继承上,都随着有个缓慢而稳定的构造上的进步。这是古生物学上确凿有据的事,那化石就是这种"系统发生的进步"之显明确实的铁证。这种事无须要有什么有意识的造物主,或是什么超越的目的。其科学的周密的证据,可以在我著的《系统发生学》第三卷里去寻。我在这里只要把组织植物和脊椎动物之系统史里两个显著的例简简单单的举出来就行了。后生植物中羊齿类是古生代的主要种属,裸子植物是中生代的主要种属,被子植物是新生代的主要种属。再说脊椎动物罢,志留利亚纪里只有鱼类,泥盆纪里才有肺鱼,到三叠纪里哺乳类才出现的。

(历史的目的)由这些"形式"之进步的变化上,引出来几种虚谬的"目的论"的结论,如其在古生物学里所示的。把每个种类之最近的、最发达的形式,当作这个系组之预想的目的,把其以前的、不完全的形式,认为达到这个目的之预备阶级。这竟好像那许多历史学家的行径,看见一个特殊的民族或是国家,以其天赋的有利的条件,文化十分发达起来,就赞叹他为"天之骄子",把其从前未发达的状况视为个预先算定的预备阶级。究其实际,这些进化的阶级,都是要照遗传下来的内部构造,和激起适应的外面状况所订定的样子进行。随便你是有神论的"定数"也好,或是泛神论的"归宿"也好,无论你作何形式,我们总绝不能承认有个有意识的方针向着个一定的目的。我们一定要用个简单的、机械的因果律,作"精神机械的一元论"或"万物有生论"(hylozoism)的意义,来代这种的目的观。

(历史的波澜)植物和动物的系统史,也和人间的历史一般,综观其全体虽然是个进步的,然则详细讲来却有许多逡巡停顿的处所。这些历史的波澜全是无规则的,在衰颓的时期里,这波浪的凹处往往许久尽是凹着,然后又被重新涌起来,升为别个浪头的顶尖子。新的进步极快的种属,起来代那旧的衰颓的种属,其构造也更高一级。例如现在的羊齿类,只是泥盆纪和石炭时代,造成大部分太古森林的,那各种巨大的羊齿科植物之微弱的孑遗,那些羊齿科植物,在第二纪里,被其子孙裸子植物(苏铁科和松柏科)所驱除,而这些裸子植物,在第三纪里,又被那被子显花植物所攘逐。所以陆栖爬虫类里那近世的龟、蛇、鳄鱼、蜥蜴,也只是第二纪里盛极一时的,那绝大的恐龙、翼龙、鱼龙、蛇颈龙等"爬虫系"之衰微的遗族罢了。这些恐龙、翼龙、鱼龙、蛇颈龙之类,在第三纪里,又被那躯干小些而力量大些的哺乳类所灭了。在文明史上,"中世纪"算是古典时代和近世文明两个浪头中间一条深的凹沟。

(**纲之生命价值**)只要看这几个例,就可以晓得,生物之各种各类,要互相比较起来,其价值是大有高下的了。就他们的"内部目的""自我维持"等处看来,一切有机体实在都是一般的,没有什么高低,但是就他们对别种生物,以及对"自然"的关系看来,他们的价值就大不相同了。不仅是大的动物植物,因为其特别的用处或是优越的力量和群集,可以长久维持其优势,就连细菌、菌类、寄生虫等微渺的动植物,因为有放毒的能力,也可以猖獗得势。在人类的历史里,也是这样,各种族和民族的价值很不一样。像希腊那样的一个小国,因为其优越的文化,会支配欧罗巴的精神生活,历两千多年。而美洲印度人的各部族,虽然在秘鲁和中央亚美利加(Central America)等处实在发达过一部分的文明,但是就其全体看来,竟绝不能够有什么长进。

(**人种之生命价值**)一般人虽然也都晓得不同民族之精神生活上、文明程度上,有很大的差异,然而这种差异究竟有多大,却都未曾看得清,所以把各等级上的生命价值都估计错了。须知道唯有"文明",和那引起文明的、圆熟的思想,能使人类首出庶物,超乎他的近亲哺乳动物之上。然而这"文明"大抵是高等民族所特有的,至于一切下等民族,只有一点极不成样子的文明,或者竟全然无有。这些下等民族,像吠多人或澳洲的黑人,其心理上离猿类、犬类等哺乳动物近些,离文明的欧罗巴人倒远些,所以我们对于这些下等民族的生命价值要全然另定的。欧洲各国在热带地方有广大殖民地的,和土人接触了几百年的,其对于野蛮人的观察是很"实在的",和德国人的观念绝不相同。我们的"理想的"观念,被学究气的智慧所束缚,被那些形而上学家硬拉进他们那抽象的"理想人"(idealman)的系统,和这些事实是全然不符的。我们因此可以说明"理想论哲学"的许多谬误,以及在新得的德国殖民地所犯的那许多实际上的过失。我们对于土人之低等的精神生活,若是早能晓得清楚些,这些谬误过失都可以免去了[参看哥必那(Gobineau)和腊白克两人的著作]。

文明人之有思虑的心，和野蛮人之无思虑的、禽兽似的心，悬隔得很远的——比野蛮人的心和狗的心悬隔得还要远些。若是康德曾把野蛮人之下等灵魂作个周密的比较研究，由此再照系统发生学上推文明人的灵魂，他那批评哲学上的许多缺点也可以免去了，他那几条有力的独断说，像什么"灵魂不灭""无上命令"等类，也不会再编出来了。这个比较之极端重要，是近年来腊白克、罗曼内斯等人才十分明白的。佛理慈·修尔财于 1900 年著了部有趣的《野蛮人之心理》，才破天荒的把野蛮人之理智、美感、伦理、宗教作进化论的、心理学的叙述。他又算给我们一个"人类的想象、意志、信仰之自然创造史"。这部重要的著作，第一卷论野蛮人的思想，第二卷论野蛮人的意志，第三卷论野蛮人的宗教观念，即宗教之自然进化史（拜物教、灵魂崇拜、天体崇拜）。在第二卷的附录里，他依据着亚力山大·兹特尔兰德《道德之起源及其发达》的威权，来讨论进化伦理学的难问题。兹特尔兰德把人类按其文明和精神发达的程度（不照种族的亲缘）分作四大等级——（一）野蛮人，（二）未开化人，（三）文明人，（四）智识人。兹特尔兰德的这样分类，不仅使我们综观精神发达之各种形式，并且在各等生命价值的问题上也很是得用，所以我把他所举的四大等级的特征，约略再说个大概。

（一）野蛮人　他们的食物只是野生的天然物产（植物的果实和根，以及各种野生动物）。所以他们大抵都是以渔猎为生的。他们不会农业和牧畜。他们都以家庭为单位过孤立的生活，或是散布为小的聚落，并无一定的居室。最下等、最古的野蛮人和人猿极其相近，他们的身体构造和习惯都出自人猿的。我们可以把野蛮人再分为上、中、下三等。

甲　下等野蛮人和猿类最为相近，都是矮小的侏儒，约有四英尺至四英尺半高（鲜有四又四分之三英尺高者），女子往往只有三英尺至三英尺半高。毛发很长的，鼻子是扁平的，肤色是黑的或暗褐色的，肚腹是尖的，腿是细而短的。他们都没有家屋，住在树林里、岩穴里，有一部分也住在树上，结成 10 至 40 人的团体游荡，身体全然裸露，或是着些极原始的东西，有点衣服的形。锡兰岛的吠多人，马来半岛的色芒人（Semangs），菲律宾的蛮人，安达曼岛的人，马达加斯加岛的基莫人（Kimos），新机尼亚的亚加人，南非洲的布西门人，都是现存的这等野蛮民族。此等极近于人猿的黑矮人，还有别的遗族散处于巽他群岛的原始森林里的。

这些下等野蛮人的生命价值，是和人猿的生命价值相等的，或者稍高一点。近时的旅行家，凡是在那蛮荒之地仔细观察过他们，研究过他们的身体构造和精神生活的，都一致抱这样的意见［参看沙拉辛（Sarasin）兄弟论锡兰岛吠多人的著作，我在我的《锡兰岛游记》里曾经引个大概］。这种野蛮人的唯一兴趣就是饮食与繁衍，其简单的方式和人猿的是一样的。一万年或更早以前，我们的祖宗大约也和他们一样。耶刘斯·考尔曼（Julius Kollman），据第三纪人类的化石，推定那时候很可能有这样的侏儒民族（平均四英尺半高）居住过欧罗巴洲的。

乙　中等野蛮人比前者高大些，像猿类的处所也少些，平均约有五英尺至五英尺半高。他们都住在岩穴里和避风雨的地方。他们虽有极粗野的衣服，但是不论男女大都还是裸体出外。他们有原始的木器石器，和式样极粗劣的船只，结成 50 至 200 人的队游荡，并没有社会的组织，然而某种民族里却也有法律。澳洲的黑人和他斯马尼亚人、日本的虾夷人、荷腾多人、非安吉岛土人以及巴西的一些森林民族，都是属于这一等的。这等人的生命价值，比下等野蛮人的高不了许多。

丙　高等野蛮人大抵都有寻常人高（在寒带地方的稍矮小些），都有简单的居所（大抵都是兽皮或树皮造的）。他们都穿着原始的衣服，有很好的石器和青铜、黄铜的器具。他们结成 100 至 500 人的队游荡，由豪酋率领，但其并非君长，也微微分点阶级。生活的方式是由遗传的习俗而定的。许多印度的原始居民［例如托达斯人（Todas）、那迦人（Nagas）等族类］、尼古巴岛人、萨克耶德人、非洲达马拉的黑人以及南、北美洲的大多数的印第安部族，都是属于这一等的。他们的生活比那人猿一般的中下等野蛮人高些，但是不如未开化人的。

（二）未开化人（半野蛮人）　这等人的食物大半都是天然产品，不过他们晓得早为预备，所以多少有点农业和牧畜。劳动分工是很微细的，每个家族供给其自己的需要。照例都贮积全年吃的粮食。所以艺术也就能渐渐萌芽。他们大抵都有固定的居室。

甲　下等未开化人住的都是简单的茅舍，聚集成村落，四围都有种植的东西。通常穿着衣服，但是很简单，男子热天往往裸体，或者也穿裤子。会用陶器和锅碗以及石头、木头或是骨头的器具。有实物交换的简单商业。结成

1000 至 5000 人的群,能组织成大些的社会,有阶级的分别、战士的等级。有君长按照相传的法律统治他们。属于这一等的,在亚洲有印度的许多土著〔蒙陀人(Mundas)、孔德人(Khonds)、帕哈利亚人(Paharias)、俾尔人(Bheels)等族〕,和婆罗洲的迪亚卡人(Dyaks)、苏门答腊(Sumatra)的巴塔克人(Battaks)、通古斯人(Tunguses)等,在非洲有卡菲尔人(Kaffirs)、贝川那人(Bechuanas)和巴苏陀人(Basutos),在澳洲诸岛有新机尼亚岛、新喀里多尼亚岛、新赫布里底岛、新西兰岛等岛里的土人,在美洲有易洛魁人(Iroquois)、斯林科特人(Thlinkets)和尼加拉瓜共和国、危地马拉共和国的人。

乙　中等未开化人的居室都很好很耐久的,大都用木材建造,用藤或是干草做屋顶,能成很美的市镇。虽不以裸体为不德,然而总都穿衣服的。陶器、纺织和五金的工业很发达。在规范的市场上,用钱钞营商业。国王按照相传的法律统治国家,分一定的阶级,成十万人的社会。属于这一等的,在亚洲有卡尔梅克人(Calmucks),在非洲有阿散带人(Ashantis)、法拉欣人(Fellahs)等黑人部族,在波利尼西亚诸岛里有斐济、汤加、萨摩亚诸岛的土人。欧洲 200 年前的拉普人(Lapps)、2000 年前的古日耳曼人、努马(Numa)(纪元前 7 世纪的元首)以前的罗马人、诗人何马时代的希腊人都属于这一等。

丙　高等未开化人的房屋总都是坚固的石建筑物。衣服是义务上该穿的,纺织是女子的常业,五金业大为进步,器具都是铁的。有范围有限的商业,用铸造的货币,但是还没有摇的船舶。在固定的法庭里行粗率的裁判,用幼稚的文字。民众有进步的劳动分工和承传的阶级区别,往往能有 50 万人属于一个自主的君主之下。属于这一等的,在亚洲有大多数的马来人(在大巽他诸岛和马六甲半岛),和鞑靼、亚剌伯等游牧民族,在波利尼西亚诸岛里有塔西提岛和夏威夷岛的土人,在非洲有索马里人、埃塞俄比亚人和桑给巴尔岛、马达加斯加岛的土人。古代的人民里,梭伦时代的希腊人、共和初年的罗马人、"士师"(Judges)治下的犹太人、"七雄割据"时代的盎格鲁-撒克逊人,以及西班牙入侵时的墨西哥人、秘鲁人,也都属于这一等。

(三)文明民族　因为分工的进步和器械的改良,食物以及其他各种复杂的生活上需要品都很容易满足。艺术和科学因此也渐渐发达。个人的机能因为各干专门事业,就越加精细起来,并且因为全然互相依赖,全体的政治组织也就越加强固。国民都晓得一定要服从国家的法律了。

甲　下等文明民族的城市都有石头的墙壁，有宏大的石建筑物，用犁锄耕种。战事委之于一个特别的阶级。有确定的文字，原始的法典，一定的法庭。文学开始发达。属于这一等的，在亚洲有不丹人、尼泊尔人、老挝人、安南人、朝鲜人和定居的亚剌伯人、突厥人，在非洲有阿尔及利亚人、突尼斯人、卡拜尔人等。历史上的民族，古埃及人、腓尼基人、亚述人、巴比伦人、迦太基人、汉尼拔时代的罗马人、诺曼诸王统治下的英国人，都是列在这一等的。

乙　中等文明民族有石造砖造的宏丽的寺院宫殿。屋上会开窗户，会用帆船。商业壮大。文字和手写的书籍都很普及，注意幼童之文学的教育。军备更加发达，立法和辩护制也跟着进步。亚洲的波斯人、阿富汗人、缅甸人、暹罗人，欧洲的芬兰人和 18 世纪的马扎尔人，都是这一等的。历史上的民族，如伯里克利年代的希腊人、共和末期的罗马人、马其顿治下的犹太人、金雀花王朝治下的英国人，也都算这一等的。

丙　高等文明民族都住石造的房屋，街道用砖石砌成，屋上有烟囱，有运河，有水车、风车。航行和战争开始晓得应用点科学。文字普及，手写的书籍散布得很广，文学很受尊重。高度中央集权的国家拥有一千万以上的人民。公布一定的成文的法典，由法庭施行之于特别的事件。政府的官吏成为一定的阶级。亚洲的中国人、日本人、印度人以及土耳其人，南美洲许多共和国的人，都属于这一等。在历史上，帝国时代的罗马人，15 世纪的意大利人、法兰西人、英国人、德国人，都属于这一等的。

（四）智识的人　用自然力代替人的劳力，食物和其他的需求都由人工供给，极其便利而且丰富。社会的组织增长，便于一切社会力量的发动，人都能自由修养其精神上、美学上的品位。印刷极其通行，对幼童的教育成了一件最大的义务。不甚重视战争，官职和荣誉不专靠军事上的勇敢，而靠精神上的卓越。人民的代表干预立法。艺术与科学由国家的补助而进步发达。

兹特尔兰德把这第四等的智识人也分作上、中、下三层的发达阶级。第一级下等智识人他说就是"欧洲的大国和其支派，如北美洲的合众国"。第二级中等智识人他说三四百年间可以实现，那时候："人人都有好的吃、好的住，世人都诅咒战争，但是时时还发生战事。各国的些少陆军舰队联合为一种国际的警察,工商业的生活为同理的道德心所指挥,教育普及,犯罪和刑罚稀少。"至于第三级的高等智识人,兹特尔兰德只说道:"那是一两千年后才得来的事,现在难以预言。"他这样的划分,没有着力把 19 世纪的文明和前代比对,我觉得他太模糊了,不大满意。不如把近世文明暂行划分为三级,由 16 世纪至 18 世纪为第一级,19 世纪为第二级,20 世纪以降为第三级。

甲　下等智识人(16 至 18 世纪的欧罗巴)　这个时期的初年,即 16 世纪的上半截,所可注目的就是那些"预备运动",使精神生活十分发育,后来好成就这许多的伟业——(1)格力理阿(Galileo)1592 年确认柯卜尼加斯 1543 年的太阳中心说。(2)哥伦布 1492 年发见美洲,瓦斯珂德辩玛(Vasco de Gama)1498 年发见东印度,马齐兰(Magellan)1520 年之世界周航和其提出地圆的证据。(3)马丁·路德 1517 年解放欧洲人的思想,使其脱离教皇的羁勒,"宗教改革"破除当时盛行的迷信。(4)科学研究的新推动,离却道院哲学和教会以及亚理斯多德的哲学。培根 1620 年建立经验的科学。(5)印书局和雕版传布科学的知识。16 世纪里这些进步,为近世文明开了先路,于是近世的文明就速速地脱离了中世纪的野蛮状态。然而起先却只限于很狭的范围,因为中世纪反动的文明在政治生活上、社会生活上还很有势力,反对"迷信"和"非理性"的奋斗进步很慢的。后来到 1792 年法国的大革命,在实际的方面上给了个大大的刺激。

乙　中等智识人　这个名称可以给 19 世纪的欧洲大国和北美。这个"科学的世纪",其旷绝前代的大进步,可以于下列的功绩上见之:(1)关于"自然"的知识更深邃,更根据实验,并且传播得更普及,独立建树了许多新的科学,细胞说建立于 1838 年,能量的法则建立于 1845 年,进化论创于 1859 年。(2)这些理论的科学实际应用于各科的艺术和工业。(3)轮船、铁路、电报、电气工艺,使传送变得异常之快,克服了时空距离。(4)建立一元的实在的哲学,反对那二元的神秘的见解。(5)理性的科学指导势力大盛,教会里宗教的妄说渐渐抛弃。(6)国民既参与政治立法,"自我意识"越加发达,不再相信君权天授,各阶级生出新的区别。然而我们生于 19 世纪的人所引以自豪的这许多进步,还没有真能普遍,还正在和反动的意见、教会的势力、国家的权力、军国主义以及种种不合的旧道德天天奋斗哩。

丙　高等智识人　我们现在所刚要瞥见的这高等文化,其任务是要尽其力所能至,为一切人创造个极安乐、极美满的生活。要根据自然律之明确的知识,排去一切宗教上的信条,在"爱人如己"这条"金科玉律"上建立个完美的伦理。据理性说来,完美的国家,该要为其所有国民尽量谋最大的幸福。我们一元伦理的目的,是在调和"为我主义"和"爱他主义",求两者间之合理的平衡。现在还认为必要的那许多不文明的习俗,如战争、决斗、教会权力之类,都是要废止的。法律的裁判要足以解决国际的争端,像现在解决个人的争端一样。国家之主要的事业,将来不在极力编成强大的军备,而在注重艺术科学,努力教育青年。因物理化学上的新发明带来的工艺进步,可以使人生的需要更加满足。将来用人工制造蛋白质,可以使人人都有丰富的食物。婚姻关系之合理的改良,可以增进家庭生活的福利。

(**文明生活的价值**)我们也都多少有点觉着的近世生活的黑暗方面,已经由马克斯·脑尔道(Max Nordau)著的那部《文明之习惯的虚伪》尽情披露出来了。要能让理性行于实际的生活上,这些习惯的虚伪就可以大大的改善,现在根据古说的那些恶习俗也可以减灭了。然而虽有这许多黑暗的影子,近世文明之光辉的处所还是极大的,我们遥瞩前途,是很有希望、很有确信的。我们只需回头一看 50 年前,把今日的生活和那时候的生活比较,就晓得有了多大的进步了。我们如果把近世的国家看作个精细的有机体(一个"第一等的社会个体"),把其国民和高等组织动物之细胞比一比,现在的国家与野蛮人宗族团体间的区别,是不比高等后生动物(如脊椎动物)和原生动物细胞团的区别小些。一方面分工之进步,一方面社会之集中,使社会体的机能比孤立时进步,并且使社会生活的价值也随着增加。要看得更清楚些,让我们把个人的和社会的生活价值,在营养、生殖、运动、感觉、精神等生活活动的五大方面里分别观之。

(**文明的营养之个人的价值**)有机个体之第一件的需要,即自我维持,在近世国家里是比前代完美得多了。野蛮人打猎、捕鱼、采取果实根株,只要天生的物产就满足了。农业和牧畜是后来才有的。人类衣食住能得确实安乐,求食之外能有美学上神智上趣味之前,必须经过许多未开化的阶级和低度的文明。

(**文明的营养之社会的价值**)食料供给和社会体状况的全部,也犹之个人的状况一般,是由近世文明而进步了。化学和农学的进步,使我们能生产更多的食料。运输之便利快捷，使食料能分配到全世界的各处。科学的医术和卫生术，发明了许多减少疾病危险和防止疾病发生的方法。通过公共的浴场、运动场、餐馆、公园等设备，对于社会健康更加注意。近世房屋的布置，以及其取暖采光，都大有进步了。近世的社会政策，极力把此等文明的恩惠多多地推广到下等社会上去。慈善团体忙着去供给各种贫民之物质上精神上的需求。国民的福利实在还有许多改善的余地。但是就全体说来，近世国家之食料供给，比了中世纪和那野蛮理论，也确乎不能说不是个大大的进步。

（文明的生殖之个人的价值）近世文明超乎野蛮状态的大价值和其大进步，由生理这一科看来，最显著的就是在"生殖"和"保存种类"的这种神奇的作用上了。野蛮人和未开化人，其强烈的性欲之满足，与猿类以及别种哺乳动物是差不多的。妇女只是供男子的淫欲的，甚至于当作一种绝无权利的奴隶，买卖交易，像其他的财物一般。这种财物的价值，慢慢地逐渐增进，直至其成为正式的婚姻，得有永久的保证。家庭生活，为男女两方高尚优美的欢乐之源泉。女子的地位随着文明的程度增高，其权利更得人承认，并且于肉体的恋爱之外，夫妇之精神上关系也渐渐发达。对于儿童之调护教育的心（这样的心虽在许多种动物里也都有几分的）使家庭的生活更加发达，并且学校也就由此设立。文明的程度增高，两性的恋爱也就随着越加纯洁，其最高的满足不在一时的床笫之欢，而在两性之精神上关系和其永久亲密的交际。这时候"美"和"善""真"联合起来成为一个和合的"三位一体"了。所以"爱情"这件东西，几千年来，成为人类万般美学的上进之主要的源泉。诗歌、音乐、绘画、雕刻等艺术都是由这个无尽藏的源泉里发出来的。然而在一个文明的个人，这种高尚的爱情之有价值，不仅是因为其能以高尚的形式满足那天然的无可克制的性欲，也因为两性之互相感化，其补益的性质和其共享最高理想的善，于个人的品格上有绝大的效果。美满的婚姻——今日实在还不多见——由心理生理两方面看起来，都该视为高等国民个人生涯中一个最重要的目的。

（文明的运动方法之社会的价值）运输机关也有同样的进步，社会之受赐也不亚于个人，其价值是一般重的。国家譬如是个统一的高等有机体，其运递机关之发达，有许多处就很像脊椎动物体里的血液循环。人生日用品能由中心点很快、很便利地输送到远方各处，铁路和轮船航路之四通八达，由这上面也可以直接看得出文明程度之高下。此外还要创立许多机关为众人谋确实的职业和生计。

（文明的感觉方法之个人的价值）要比较文明人之复杂的感觉和野蛮人之简单的感觉，要先比外部感觉器官的机能，然后再比脑皮层里的内部感觉过程。佛理慈·修尔财的《野蛮人之心理》里，比较这两种器官，说野蛮人"是感觉生活的人"，文明人是"精神生活的人"。我们只要记得我们的高等精神机能（感觉、意志、表象、思想）在解剖上是和思想中枢（脑皮层里的思想器官）相关联的，内里的感觉是和中央的感觉中枢（脑皮层的感觉中心点）相关联的，就可以晓得野蛮人的感觉中枢发达些，文明人的思想中枢发达些了。外部的感觉作用，野蛮人比了文明人，分量上强烈些，而质量上微弱些，那艺术诗歌的源泉，更精微复杂的感觉机能即所谓"美感"，也是如此的。野蛮人最发达的就是那知觉远方事物的能力（视、听、嗅），因为这些能力警卫着他，免他身上的危险。至于那由直接接触事物而起的，主观的、切近的感情，感觉娱乐——味觉、性觉、触觉、温觉——之特别的器具，却最不发达。然而文明人就其感情之细腻上，和美学教育上，这两种感觉作用都比野蛮人高些。况且近世文明又给人许多增进感觉力的器具。但看显微镜和望远镜所开拓的智识境界，以及近世化学的烹调法等事，就可以想见其余了。野蛮人比文明人虽然看得远些，听得嗅得敏锐些，但是文明人之进步的艺术所生的种种精微的美感——绘画之于眼，音乐之于耳，芳香之于鼻，滋味之于舌——大抵都是野蛮人所领略不出的。并且就是对于近的物体之知觉（味、触、温），野蛮人的也更粗些，不能如文明人之辨别入微。

（文明的感觉方法之社会的价值）这种更精的感觉生活和随之而来的美感，其社会的价值不比个人的价值轻些。第一件就是近世艺术科学之无尽藏，由国家助其发达，因青年教育而具体化。将来高等民族大约更要在这上头注意，从早年起，就训练儿童的感觉和智力，引他们近距离的观察自然，以绘画描出他的形状来。一定也要由模型展览会和美学的实习，养成艺术的感觉。除现实的知识之外，一定还要留许多的空间给艺术教育，并且领略自然的真美要以游览旅行等方法养成。那时候文明民族的儿童就常可以得着极优美极高尚的生趣之无尽的源泉了。

（文明的精神生活之个人的价值）文明人叫作"精神生活"并且往往视为

一种奇事的这"高等精神活动",也只是野蛮人以及高等脊椎动物所共有的精神机能,不过比他们更发达些罢了。我在《宇宙之谜》的第七章里说过的,由比较心理学上可以看得出由原生物之简单的细胞灵魂,以至人类智灵的发达程序。这一点我在各章里都论过的,无须再细细的去讲文明人士精神生活的高贵的个人价值了。读者诸君只要晓得20世纪初头在我们人人面前开着的那无尽藏的知识宝库就够了,这样的宝库是我们前世纪初年的祖宗所梦想不到的。

(**人类生命之估值**)如果把我所说过的,由文明进步而增进的人生价值,作个综括的观察,就可以晓得生命之个人的、社会的价值,现在都确乎比野蛮时代的高得多了。近世生活里由进步的艺术科学而生的高等精神上兴味,是丰富到万状。我们住在和平安乐的、有秩序的市民社会里,这里面生命财产都保护得很周到的。我们的个人生活,比野蛮人优美、久长、高贵到百倍,因为其趣味、经验、娱乐,都比他们丰富到百倍。就连在文明人里,生命价值的高下,实在也还大有差别。因为分工的关系,境况和阶级的差别越大,社会上受过教育的和未受教育的,差得也就越多,其趣味和需要也越有差别,因此其生命的价值也越有高下。要把这一世纪里思想学识最高的伟人和那些庸庸碌碌穷忙一生的俗人比较,其相去之远真令人吃惊哩。

国家之看人生命价值,和人自己看的大不相同。近世国家为要保护疆土,往往要求所有的国民都去服军役。在那些司法大臣的眼睛里,不问是七个月的胎儿和新生的婴孩(还没有意识)、白痴和天才,其生命的价值都是一样的。生命之个人的评价和社会的评价之区别,贯通于我们全部的道德里。极文明的国家还相信战争是件无可避免的罪恶,犹之野蛮人看杀人报仇一般。近世国家费莫大的资财去屠杀人民,与基督教的僧侣还每逢礼拜日恭恭敬敬的讲道德说仁义,这真是正相反对。

近世国家的主要任务,就是在把人生之社会的评价和个人的评价,作个自然的调和。要达到这个目的,我们先要把教育、司法、行政和社会组织加以彻底的改革。要到那时候我们才能脱却瓦来斯(Wallace)所说的那中世纪的野蛮状况,现在我们的刑法、阶级特权、修道院派的教育、教会的专横,都还是这中世纪的野蛮思想在那里跋扈。

至于各个有机体,其个体的生命是第一个目的和价值的标准。那普遍的竞存争生就起在这上头,这种自存的奋斗,可以归之于无机界里物理上的惰性法则。和这种主观的生命评价相反对的,就是客观的生命评价。这种客观的生命评价,将个体的价值参照于外界。有机体发达,浸进一般的生命之流里去,这客观的价值就随之增加。这些关系中,主要的就是那起自个人的劳动分工和其在更高的群集里之联合的。我们称呼"组织"和"人"的那细胞国家,高等的植物和动物,以及高等动物的群和人群,都一齐是这样的。这些关系由劳动分工的进步越加发达,分工的个人之相互的需要越大,于是后者生命之客观的价值对于全体越发增高,个人之主观的价值也越发下降。所以追求特别"生命目的"的个人,和那除把个人认为全体之一部分外不认其生命还有价值的国家,两者的利害上常起冲突。

第十六章 道 德

· Chapter XVI Moralty ·

一元论把伦理学视为一种自然科学，其出发的原则，说德行的本源不是超自然的，乃是由群居的哺乳动物的适应，建立于生存之条件上的，所以穷究到最后，竟可以归之于物理的法则。

人的实际生活，也像一切群居的高等动物一般，是由冲动和风俗所支配的，这些冲动与风俗，我们谓之"道德"。道德的科学，即伦理学，在二元论者看起来，是个精神的科学，一面和宗教有密切的关系，一面和心理学有密切的关系。这种二元的见解，在 19 世纪的时候，仗着康德的威权，他那"无上命令"的独断说，似乎给了这种见解一个坚实的基础，况且他又和教会的教理恰恰相合，所以竟能维持优势，为一般人所崇信。至于一元论呢，把伦理学视为一种自然科学，其出发的原则，说德行的本源不是超自然的，乃是由群居的哺乳动物的适应，建立于生存之条件上的，所以穷究到最后，竟可以归之于物理的法则。所以近世生物学不承认德行里有什么形而上的奇迹，只认为生理机能的作用。

（二元的伦理学）我们的全部近世文明，总都墨守着那"由天启来的，和教理有密切关系的，那承传的道德所养成的谬误观念"。基督教袭取犹太教的十诫，把他和一个神秘的"卜拉图主义"打成一片，建立成一种巍巍屹立的伦理。近年来康德的《实际理性批评》和他那三大中心的独断说尤其助基督教的势。康德更外又编出来那"无上命令"的独断说，所以这三大独断说之相互的密切关系和其在伦理上的积极势力，就格外重大了。

（无上命令）康德的二元哲学得着这样大的威权，大半都由于他把纯粹理性置于实际理性的底下。康德所主张有绝对普遍性的那模糊无定的道德律，在他那"无上命令"里就是这样说的："照这格律（即你的意志之主观的原则）同时可以当一般法则用的这样做。"我在《宇宙之谜》第十九章里曾经说过，这"无上命令"，也和那"物如"（things-in-itself）一般，是个独断的，不是批评原理的结果。萧本豪埃尔也说——

　　康德的无上命令，现在一般人都把他尊称做"道德的法则"。那些省事的著作家以为只要诉之于这种像是固有的"道德律"，就算是建立了伦理学了，在这上头更混加些纷乱的言辞，把人生之最简单、最明了的真谛弄得不可解，也不问问自己是否真有个这样便利的道德法典写在头上、胸口上，或是心上。

我们证明了康德的实际理性的无上命令是个全然无道理的、无根据的、想象的假定,这床大被就扯下来了。

康德的"无上命令"只是个独断说,也像他那全部的实际理性说一般,是个武断的话,并且没有批评的根据。这是一篇信仰的鬼话,和纯粹理性的实验原理正相反对的。

"义务"这个观念,在"无上命令"说来,是深铭在人心里的一个模糊的先天法则——一种道德的本能——究其实,这是可以在脑皮层里思想中枢之一串很长的系统的变化上历历推究出来的。义务是由个人的利己主义和人群的利他主义之复杂关系进化出来的一种后天的社会感觉。义务的感觉,即良心,是意志对于责任的感受之服从,这种责任的感受,个人间的区别很大的。

(一元的伦理学)根据生理学、进化论、人种志和历史,把道德律作个科学的研究,就晓得其教训是有生物学上根据的,并且是自然发达出来的了。全部的近世道德和社会上、司法上的秩序,都是在 19 世纪里,由那现在已经视为陈迹的、更古的、更低的状况进化出来的。18 世纪的社会道德,从 17、16 世纪来的,更溯上去,是从中世纪的专制、迷信、异端裁判所、巫觋审判出来的。由近世人种志和比较民族心理学上看起来,未开化民族的道德也显然是从蛮族的下等社会规则渐渐进化出来的,并且这种社会规则,和那猿类以及他种群居脊椎类的本能,也只有程度上的差异,并非种类上的不同。再进一层,就脊椎类的比较心理学讲来,哺乳类和鸟类之社会的本能是由爬虫类和两栖类之低级本能进化出来的,爬虫类、两栖类的又由鱼类和最低级脊椎类的进化出来。最后一层,脊椎类之系统发生学,证明这很发达的脊椎类曾经历过一个很长的无脊椎的谱系(脊索类、蠕虫类、原肠类),由原生物渐次变化出来的。就连在单细胞类里(第一是原生植物,其次是原生动物),都有道德根柢上的重要原理,就是"合群"或"结成社会"。联合的"细胞个体",其互相的和对于共同环境的适应,是原生物最初的道德朕兆之生理上的根基。一切的单细胞类,既舍去孤立的、隐遁的生活,联合成了社会,其势就不得不检束其天然的利己主义,为公共利益的份上,采几分利他主义了。就连在团藻属的球形细胞团里,那特别的形式和运动,以及其生殖的方法,都是斟酌于细胞个体之利己的本能,和细胞群之利他的需要而定的。

(道德和适应)道德这件东西,无论狭义的和广义的,总都可以归之于"适应"之生理的机能,这种机能在营养作用上与有机体之自我维持有密切的关系。"适应"所引起的原形质里的变化,总都是由于新陈代谢之化学的能力(见第七章)。所以对于适应的性质也要有明白的观念。我的《一般形态学》里把他下了个定义道——

适应即变化,是有机体之一般的生理机能,与其营养之根本的机能有密切关系,由一件事上可以看出他来,就是个个有机体都因环境的影响而生变化,并且获得祖宗所无的特性,这种"可变性"的原因,大都皆在这有机体之各部分和外界间之物质的相互关系上,所以,"可变性"即"适应性",并不是个特别的有机机能,乃是依靠着营养之物质的物理化学作用的。

我在《自然创造史》的第十章里,把适应的这个概念更敷衍了许多。

(**适应和变异**)世人对于适应的性质和其与"变化"的关系,看得往往与我的定义不一样。最近卜来特限制这个观念,以为唯有那对于有机体有用的变化算得是适应。他把我的这广泛的定义批评得很严酷的,说这是个"彰明较著的谬误",说我是因为没有预备给人批评,才把他留着的。我若是要还他一手,也可以指摘出卜来特对于我的生物发生法则之偏僻刚愎处来。我不肯这样做,所以只要说这一句:"据我看来,把'适应'这个观念只限于有用的变化,这是说不通的,并且要将人引入迷途的。"在人类以及他种有机体的生活里,尽有成千上万的习惯和本能都不是有用的,而是无足轻重的,或者竟是有害的,然而确乎都算是属于"适应"之列,由"遗传"作用保存着,使有机体的形式生变化。人类以及家里养的动植物之生活里,有各式各样的适应,有的是有用的,有的是无利也无害的,有的是有害的(教育、训练、矫枉的结果)。我只要说习俗和学校的影响就够了。就连无用的(往往竟是有害的)初步器官,都是由"适应"发生的。

(**习惯**)古谚说得好:"习惯是第二个天性。"这句话是个精深的真理,我们由拉马克的"成来说"才十分晓得其真正的价值。习惯之养成,是由于一个生理的动作之屡屡反复,所以本是个增进的或是机能的适应。这种同一动作之屡屡反复,和原形质之记忆有密切的关系,因这种反复,就生出个积极的或消极的永久变化来。积极的呢,这器官就因用久了发达起来,力量也大起来。消极的呢,这器官就因长久不用而萎缩了,弱小了。这种微细的变化继续蓄积起来，"适应"的结果终究就会以进步的变化发生新的器官，或是以退步的变形使有用的器官变成无用，渐渐凋萎，终归消灭了。

把下等有机体里习惯之简单的过程作个精细的研究，就看得出这些过程，也像其他的一切适应一般，是起于原形质里的化学变化，并且可以晓得，这些变化是由营养的刺激激起来的——就是由于代谢机能上的外部作用。讲到这上头，记忆又极其重要了，我和海林氏都把这记忆认为生物质之一般的特性，"因为有记忆，生物里的某种过程就遗留下影响，使这些过程容易再现"。阿斯特瓦德的意见，以为这个特性的重要是讲不尽的，无论夸他怎样的重要，都不算是过言。他的形式，较为普通些的呢，就是"适应"和"遗传"，最高最发达的呢，就成为"有意识的记忆"。我的意见和他一致的。有意识的记忆，以及通常说的意识，在文明人精神生活里达到最高级，而摩内拉的适应还在最低级上。尤其是摩内拉里的细菌，其构造虽很简单，而与别种有机体的关系却极其繁复极其重要，由这上头可以晓得这各式各样的适应，是由于原形质里习惯之养成，并且全然是由于其化学的能力，或是其看不见的微分子构造。这一来摩内拉又成了有机界和无机界之间的一个连锁，由能量的观点看起来，摩内拉把有生命的有机体和无生命的物体中间似乎隔着的那一道深沟填起来了。

（**无机物的习惯**）据现在通行的见解，习惯是个纯然生物学的过程，但是就在无机的自然界里，有许多过程，从广义说来，也算得是习惯。阿斯特瓦德之举例说明如下——

取相等的两试管稀薄的硝酸，在其中一个管子里溶解一点金属的赤铜，这一管子溶液的溶解力就大些，再溶解第二块赤铜，就比那一管未动过的硝酸快些了。不仅是溶解赤铜如此，用硝酸溶解水银或是银子也是一样的。这个现象的原因，就是"溶解金类时所生的窒素之低酸化物，使硝酸对于新金类之溶解作用更加快些"。要把这些酸化物放一部分到硝酸里，也生同样的效验，其作用比纯粹的硝酸快得多了。所以，一个习惯之养成，是在于反应的时候生出个溶化的速度增加。

我们不但可以把无机的习惯和有机的适应（我们谓之"习惯"，或是"常习"）相比较，并且可以把他和那所谓"模仿"相比较，这"模仿"就是结成社会的生物之接触传递习惯。

（**本能**）从前总都把本能认为动物之无意识的冲动,这种冲动引出有目的的动作,并且相信各种动物都有上帝所赋予的特别的本能。据狄卡儿的见解,动物都是些无意识的机械,他们的动作都照上帝所定的特殊式样,永远不会改变的。这种陈腐的本能说,虽是还有许多二元的形而上学家和神学家在那里讲,却早已被一元的进化论所毁灭了。拉马克已经看出来了,本能大都是由习惯和适应养成的,再由遗传传留下来,达尔文和罗曼内斯后来又证明这些遗传下来的习惯,也和其他的生理机能都服从同一的变化法则。然而魏兹曼近来在他那《成来说讲义》里,却费尽气力来驳这个观念,并且也攻击到后天性质遗传的假说,因为这种学说和他的那胚种原形质说不合。埃尔恩斯特·海因理希·蔡格莱尔(Ernst Heinrich Ziegler)近来(1904 年)发表了一篇关于古今本能观念之精密分析的研究,赞成魏兹曼的话,"一切本能都是由淘汰来的,其根源不在个体生活之常习上,而在胚种的变异上"。但是除了直接和间接适应的法则,还有别处能寻得出这些胚种变异的原因吗?据我的意见看来,却是正相反的,本能之显著的现象,有许多进步遗传的证据,全然如拉马克和达尔文所说的。

（**社会的本能**）大多数的有机体都作社会的生活,这都是由共同利害关系联合到一起的。决定种类之生存的那一切关系中,最主要的就是把这个个体和同种类中其他个体结合起来的那些关系。这件事由两性增殖的法则上立刻就可以明白的。况且个体与个体之联合于生存竞争上也有绝大的利益。在高等动物里,这种的联合更是非常的重要,因为有了这种联合,分工也就随之扩大了。个人的利己主义和社会的利他主义中间于是就起了个相反的对峙,并且在人类的社会里,理性承认利己主义和利他主义两者都有应该满足的权利,于是这两种本能的对抗就极其利害了。社会的习惯变成道德的习惯,后来这上面的法则就被奉为神圣的义务,并且形成法律的秩序之根柢了。

（**本能和习惯**）所谓国民的道德,其心理学上的、社会学上的趣味都极其丰富,究其实也只是些由适应得来的社会的本能,由遗传作用一代一代传下来的。曾经有人想要把习惯分为两种,说那动物的本能是其肉体组织上的持续的生活机能,说那习惯(即人类的道德),是精神传统所维持的内心力量。然而这种分别是近世生理学所不许的,照近世生理学讲来,人的道德,也像其一切别的心理机能一般，是在生理学上基于其头脑构造的。个人的习惯，原是由适应他个人的境况养成的，在他的家族里却变成遗传的了，并且这些家族习惯和社会一般道德的区别，并不大于社会一般道德和教会教规、国家法律的区别。

（习惯和法律）某一个习惯，要是全社会里个个人都视为是重要的，遵行的就奖赏，违背了就受罚，这时候这个习惯就成了一种义务了。就连在猿类、群居的肉食类、有蹄类等哺乳动物的群落里，以及在鸡、鹅、鸭等社会化的鸟类里，也都是如此的。在这类的动物群落里，因社会化的本能之发达而造成的那些法律，是尤其显著的，等于野蛮部落里出色人物（年长或强健的男子）做了首领时候的法律，很能确保固有的习惯义务之遵行。许多有组织的畜群，比了那作孤立家族生活的，或是几个家族暂时松松地联到一起的极下等野蛮人种，有些处还要高明些。由比较心理学、人种学、历史、历史前研究等学术在 19 世纪后半期里的大进步，我们确信由那群居的猿类以及他种哺乳类里的法律端绪，到下等野蛮人的法律意识，进而至于未开化人和文明人的法律精神，一直到近世欧罗巴洲的法律学，这中间有个很长的一贯的发达程序。

（习惯和宗教）宗教的支配权，也像民事的法律一般，原来是从野蛮人的道德来的，再要溯上去，研究到最后，是从猿猴类之社会的本能来的。我们笼笼统统叫作"宗教"的，这个精神生活之重要的部分，是在我们的远祖，有史以前的民族里就发达出一个眉目的了。宗教的起源，要以实验心理学和一元进化论的见地研究起来，实在是由"祖先崇拜""灵魂不灭的希冀心""说明现象原因的愿望""各种的迷信"，以及"借神圣立法者之威权，增加道德律的力量"等等的源泉凑合集聚起来的。随野蛮人或是未开化人的想象顺着上面所说的那几条路径想去，就兴起来几百样的宗教形式。这许多样的宗教里，能够竞存争生得住，并且在近世思想上占优势的（至少也在表面上占优势），却也只有几个。然而我们现代独立的、公平的科学进步起来，宗教随着也一洗从前的迷信，渐渐趋向道德上来了。

（习惯和道德）宗教所要求信徒的对于"神命"之服从，往往由人类社会移作那从次等社会的习俗兴起来的规则。于是就成为现在这样，风俗和道德之纷浊，世俗的外面行仪和真实的内里德行之淆混。"善"和"恶"、"是"和"非"、

"道德"和"不德"的这些观念,都让人随便去乱下定义。这里面,大部分都是为社会上对于各人行为思想上那些世俗观念所施的道德的压迫所左右的。个人对于实际生活之重要问题,无论想得如何明白,如何合理,但是对于那相传的并且往往极无理的风俗之专制力,免不得还要让步的。无论在生活上以及在事势上,实际理性竟真照康德的主张,占了纯粹理性的上风。

(习惯和流行)实际生活里,风俗的专制力,不只是靠社会习惯的威权,并且也靠淘汰的力量。这种专制力,对于道德风俗之起源有很强大的影响,恰似自然淘汰在动植物种类的起源上,保持种形之相对的不变一般。这里面一个重要的因素就是模拟的适应,又谓之拟态(mimicry),即各种动物之仿效、模拟某种的形状样式。在许多种昆虫如蝴蝶、甲虫以及膜翅类(Hymenoptera)里,这拟态是无意识的。某族的昆虫,既能仿效别族的外形、颜色、图案,就得着了这些特点在生存竞争上所享受的保障以及其他的种种便利了。达尔文、瓦来斯、魏兹曼、佛理慈·缪来尔、贝特斯(Bates)以及别的学者们,都举过许多的例,证明这种欺人的类似之起源如何可以归之于自然淘汰,以及其在种类之生成上是如何的重要,但是人的生活里许多风俗习惯也全是这样兴起来的,一部分是由于有意识的模仿,一部分是由于无意识的模仿。这些习俗里,那随时变迁的外形,我们谓之"时尚"的,于实际生活上有极其重大的影响。"时尚的猴儿"(fashion-ape)①这句话,要以科学上意义用来,不只是句轻蔑人的话,并且有很深的意味,这句话道出时尚的起源在于模仿,并且道出人类于这一点上酷似猿类来。灵长类猴子里的两性淘汰,于这件事大有关系。

(流行和雌雄淘汰)达尔文的《人类之成来》②里所说的,雌雄两性上美感淘汰之重要,在人类以及一切有美感的高等脊椎动物(尤其是哺乳类、鸟类、爬虫类等有羊膜类)也都是一样的。分别雄雌的那些美丽的颜色、花点、文饰,全然是由于雌的对于雄的之仔细的个体选择。男子以及雄猿之各样装饰的毛(发、须之类),脸上的颜色,唇、鼻耳之特殊的式样,也都可以用这条原理去说明了,就连雄的蜂鸟、极乐鸟、野鸡等类之鲜明美丽的羽毛,也是这样来的。这些有趣的事实,我在《自然创造史》的第十一章里,都已经详细讲过的

---

① 即学时髦的人。——译者注
② 即《人类的由来及性选择》。——本书编辑注

了，请读者一看便知。我在此处，只要指出这一全章的"达尔文雌雄淘汰说"，对于说明种类之成立，以及了解人类风俗习惯之由来，有多大的价值就行了。这件事于伦理的问题，关系也极其密切的。

（**流行和羞耻**）文明生活里，时尚之养成是很重要的，这不仅是由于美感之发达和两性之雌雄淘汰，并且与"羞耻"的起源和关于"羞耻"之几微的心理作用也有关系。下等野蛮人的羞耻心和动物、小儿不相上下的。他们都是裸体的，男女交媾一点都不觉得羞耻。中等野蛮人之晓得要穿衣服，并不是因为觉得羞耻，一半是由于怕冷（在寒带上），一半是由于虚荣心和好装饰的心（例如用贝壳、木片、花朵、石块去装饰耳、唇、鼻、生殖器）。后来才有了羞耻心，就用树叶子、腰带、裤子之类，遮蔽身体上的某部分了。大多数的民族，都首先晓得遮蔽生殖器，却也有些着重在遮蔽颜面的。在许多的部落里，还把遮蔽面部当作妇人贞操上第一件规矩，以为面部是个人之最足以表示特性的部分，至于身体上其余的部分，是可以尽他裸露的。统而言之，两性之美感的和心理的关系，在道德之高等发达上，起主要的作用。"道德"这两个字，往往作"男女交媾之法律"解的。

（**流行和理性**）随着文明生活的特征进步，理性的势力增加起来，于是相传的习俗之势力，以及那和他相联的道德观念，也都增高起来。其结果，二者之间就发生一场剧烈的冲突。"理性"要想以其自己的标准去判断万事万物，去探究现象的原因，照此去指导实际的生活。另一方面，习俗（即所谓"善良的道德"）又要从古人的观点和神圣的法则、宗教的条规，去看万事万物。对理性之独立的发见，和事物之真正的原因，都不问的。只晓得要求个个人的实际生活，都照着本族本国之相传的道德去编制。于是理性和习俗（科学和宗教）之间，就免不了有一场冲突，直到今日不已。这中间，有时也有个"新的习俗"起而代那神圣的古俗，有个暂起的风俗以其新奇怪异继之而起。等到他能赢得一般人的信受，或得着教会或是国家的几分助力，世人又把他当旧道德一样看待了。

（**结婚的圣礼**）家庭生活既是社会生活、公民生活的基本，极其重要，所以该要把婚姻当作个有序的生殖方法，从生物学的观点去研究一番。作这种研究，也和研究其他一切社会学的、心理学的问题一般，万不可以用现今文明生活的特点来做一般的判断标准。应该要把未开化人、野蛮人之各样的婚姻阶级比较观之才行。我们若是公公平平的这样比较研究，立刻就看得出来，那以"维持种类"为目的的，一个纯然生理作用的生殖，其行于野蛮、未开化的民族里，和行于类人猿里，竟全然是一个样子的。我们简直可以说，许多高等动物，尤其是那一夫一妇的哺乳类和鸟类，比那下等野蛮人的婚姻程度还要高些，其两性间之相互的亲切关系，其共同抚育幼雏，以及其家庭的生活，使高等两性的本能和家室的本能发达增进，这是很该谓之为"道德"的。维廉·毕尔谢的《自然界之恋爱生活》里曾经说过，在动物界里，因适应各样的生殖形式，发达出怎样长的一串奇异非常的习惯来。魏斯特尔马克（Westermarck）的《结婚史》讲过野蛮人里通行的那些粗野的动物式结婚，怎样随着民族的进步渐渐高尚起来。性交的快乐，联着"同情""依恋"等优美的心理上感情，后者不住的征服前者，这种纯洁的爱情就变做高等精神机能的一个最丰富的源泉，艺术和诗歌都是由这上面起的。至于"婚姻"的自身，不消说依然还是一件生理上的事实，是个"生命的奇迹"，以有机的性的冲动为其主要的基础。成婚既是人生最重要的一件大事，所以就连在下等蛮族里，于这成婚的时候，都有许多象征的仪式和庆贺的礼节。但看婚礼的式样极其繁多，就可以晓得这件重要的事是怎样的诉之于想象力了。那些僧侣早见到这一层，就把结婚这件事装点出种种的仪式来，好让他们的教会得利。那罗马天主教会把"结婚"这件事高抬成一件圣礼，加上个"取消不了的"性质，就说照宗教典礼结的婚是不能再离异的。这种有害的影响，婚姻这样依靠宗教的神秘和典礼，以及离婚这样困难，其流毒一直到现在都还未已。德国的帝国议会里，在那中央党（天主教派的）势力之下，前不多久才把民事法典上添些条文，这些条文不但不减少离婚的困难，反倒加增了些。理性要求婚姻脱离宗教上的压力。他的要求，是要教婚姻以相互的恋爱、尊敬、专诚为基本，并且算作一种社会的契约，受正当的法律保护。但是订约的两方，如果觉得是误解了对方的品质、双方都不相宜（像世间常有的），就该有毁约的自由。把婚姻视为圣礼，不许那不幸的婚姻离异，这种压力徒然是罪恶的源泉罢了。

（**野蛮的习俗和文明的习俗**）除婚姻之外，我们的社会生活上，另外还有许多的矛盾，就是近世文明中由早前文化低的国度，以及由未开化人、野蛮人传下来的习俗，和理性的要求互相冲突。这种的冲突，在国家的公共生活里，比在个人或家族的私生活里，更显著得多了。基督教的温和的教训——同情、仁爱、坚忍、皈依——在各方面既都有了很好的影响,在国际关系上这一切是不成问题的了,哪知道这上面却纯然只讲利己主义的。个个国家都想要用狡诈或是用暴力去占别国的便宜,得了机会,就想要制服别人,别人不肯答应,就要用那残暴的兵力了。社会上的各种惨祸,越来越多,差不多和文明的发达成个正比例。亚力山大·兹特尔兰德把欧、美的大国列为下等文明民族,这是真正不错的。我们有些处还未脱野蛮哩。

(时行的风俗)多数的近世国家离那纯粹理性的理想境界还有多远,在欧洲这些大国的社会状况、司法状况、宗教状况上,一眼就看得见的。我们只需公公平平的去看看议会和法院纪录上的那些事,看看政府的行事、社会的关系,就晓得传统和习俗的势力是很大的,理性的要求是处处都被拒绝的了。这种情形,在习俗的势力上,尤其是关于衣服的习俗上,最为显而易见的。对于"习俗之压制"的不平之鸣,这里有个绝好的根据。一件新的衣服,无论是怎样的不实用,怎样的好笑,怎样的难看,怎样的贵,只要得了豪势的爱顾,或是伶俐的厂家登些动人的广告一鼓吹,就会时兴起来的。但看 50 年前妇女穿的上箍的硬裙子,20 年前的围腰,以及 40 年前时兴的赤胸露背的衣装(以挑拨淫欲为目的的),就可以晓得了。几百年来,都时兴那既不美观又不卫生的胸衣(corset),危害实在不小。每年总有成千上万的妇女,生了肝病、肺病,做了这个恶习的牺牲,然而妇人缠腰的习惯还是不改,衣服一点也不改良。家庭里、社会里许多的习俗,国家的商业上、法律上许多策略,也都是这样的。理性的要求到处总敌不过相传的习俗。

(名誉和风俗)我们的社会生活为虚伪的荣誉心所支配,也犹之我们的服装为虚伪的礼法所支配一般。人的真正荣誉,是在乎其内里的道德上的尊贵,在乎其专做心所认为善的正的事,并不在侪辈之外面上敬重,也不在世俗之无价值的褒美。不幸关于这一点,我们纵不为粗鄙的野蛮思想所支配,大都还是被下等文明之愚顽的见解所束缚。

(习俗和恶俗)我们的生活上,除这些假礼和虚荣之外,还有许多处都可以见得着社会习俗的力量。有许多觉得很高尚的风俗,实在是野蛮的遗风。许多的道德,由纯粹理性上看来,实在明明的是不道德。纵然这些道德是由于适应的作用,并且同一个风俗,可以这时候以为是有益、以为是相宜,那时候又以为有害、以为不好,我们也更可以见得适应这个观念是不能专限于有用的变异了。教育、商务、立法等等事业的规则改变，也是如此的。纯粹理性本是生活之一切部分的个理想，但是教会的迷信和国家的守旧倾向助着那世俗的偏见恶俗，要纯粹理性和他做一场长久的斗争。在这样东罗马帝国似的不道德的状况里，外面装着虔敬，内里却盛行那实践的唯物论，把一元论，即理论的唯物论，抛得老远的。

(**道德之系统发生**)关于道德之起源和发达，一元的科学教给我们的略如下列的几条：(一)最初的有机体(自然发生的摩内拉)之简单的原形质，因为适应种种的生活状况，就经历某某样的变化。(二)活原形质对于这些影响起反应，并且这反应时常重复，就成了一种习惯(像某种无机化学里的接触作用)。(三)这种习惯是遗传的，在单细胞类里，这重复的印象就固定在核上，或是核原形质上。(四)遗传过了许多代，因为积累的适应，力量更大，就变成了本能。(五)就连在原生物的细胞群里，都由细胞的联合而生社会的本能。(六)个体的本能和社会的本能，即利己心和利他心的冲突，在动物界里，随着精神活动和社会生活的发展而增加。(七)在高等社会的动物里，就照这样起了一定的习俗，等到群众都要求服从这些习俗，违背了就要处罚，这些习俗就变为权利和义务了。(八)没有宗教的、极下等的野蛮民族，其与习俗的关系，与高等社会的动物没甚差别。(九)高等野蛮人有了宗教的观念，把他们的那庶物崇拜、精灵崇拜等迷信的常习，和伦理上的原理打成一片，把经验的道德律改变为宗教上的教训。(十)在野蛮民族，更多是在文明民族里，这些遗传的宗教观念、道德观念、法律观念联合起来，成为一定的道德律。(十一)在文明民族里，教会编出宗教上的教训，法学编出法律上的教训，形式更加固定了。然而那进步的思想，有许多处还是服从教会和国家的。(十二)在高等文明民族里，纯粹理性在实际生活上更加得势，打破了习俗传统的威权，根据生物学上的知识，发达出一个合理性的一元的伦理学。

第十七章　二 元 论

· *Chapter XVII Dualism* ·

面对这在学院哲学里(尤其是在德国的学院哲学里)很盛行的二元论,我们必定要把我们一元的系统置于实质法则的普遍性上才行。这个法则,把物质不灭的法则和能量不灭的法则和合无间的连到一起。

打开哲学史一看，就晓得人类的思想，于过去两千年间，沿着许多纷歧的路径去研求真理。但是他们的努力所组织的具体的系统，无论是怎样的变化多端，概观起来，都可以分为相对敌的两组，一组是以实在为独一的哲学，即是一元论，一组是以实在为二元的哲学，即是二元论。刘克理提斯和斯宾挪莎是一元论顶出色的代表，卜拉图和狄卡儿是二元论的大将。然而除了两派之斩钉截铁首尾如一的思想家之外，又有许多徘徊于两派之间的哲学家，或是一生中前后持论不同的哲学家。这样的前后矛盾，在思想家个人身上，现出个个人的二元论。康德就是这种人中最著名的一个例，并且他的批评哲学势力很大，而我又不得不把我的主要的论断和他的论断比对，所以必须要把他的那些观念，重新再略略的讨论一番。

("康德一世"和"康德二世")我在《纯粹理性之信条》(作为 1903 年《宇宙之谜》通俗版的附录出版)里，即以康德的批评主义，指出自然哲学家康德之进化的大原理，和他自己后来当作知识论的根据而现在还很受尊重的那些神秘的话，二者是明明的不能相容。"康德一世"根据牛顿的原理说明宇宙之构造和其机械的起源，并且宣言，唯有机械观能把现象界作个真实的说明，而"康德二世"却把机械观的原理置于目的观的原理之下，说万物都是个自然的设计。"康德一世"确信不疑的证明形而上学之三大中心的教义——上帝、意志自由、灵魂不灭——都是不合纯粹理性的。"康德二世"又主张这都是实际理性之必要的假定。这种绝大的原理上矛盾，从头至尾贯彻康德哲学的全部，绝未曾有过一点调和。我在我著的《自然创造史》里早已经说过的，这种的凿枘矛盾，和康德对于进化论的态度大有关系。然而康德的观点上这种根本的大矛盾，已经是公平的批评家所公认的了。近来包尔·李(Paul Rée)氏著的那部《哲学》里又极力地指摘他的矛盾。所以我们无须再去证明他的观点有矛盾，可以进而探究他这矛盾的原因了。

(康德之相舛律)像康德那样精明而又富于理解力的思想家，他的二元原理里有这样的矛盾，他自己自然不会不觉得的。所以他就用他的那相舛律的学说（antinomies），极力去弥缝这个矛盾，说纯粹理性若是要把事物的全部组织作个相关联的总体，就免不了要生出许多矛盾来的。只要想把事物下个统一的完全的见解，就会遇着此等解答不来的相舛律，即是两边都有确实的证据而又互相矛盾的论题。例如物理学和化学都说物质必定是以原子为其最简单的点质，但是伦理学却主张物质是可以分剖到无穷的。这一个学说以为时间空间都是无限的，那一个学说又说是有限的。康德想要用他那超越的理想主义来调解这些矛盾，说对象和其关系都只在吾人的想象里，并非是自己有的。他照这个样子编出那谬妄的知识论来，美其名曰"批评论"，其实这种的批评论，也只是个独断论的新式样罢了。这种的批评论并不能说明相舛律，只是把他抛在一边，"论题（theses）和反论题（anti-theses）可以有同等证据"的主张里，也没有更多真理。

（宇宙的二元论）康德早年的名著《天体之一般自然史》[①]（1755），就其要点看来，纯然是一元论的。这部书想要"根据牛顿的原理，说明宇宙之构造和其机械的起源"，居然也做得有个样子。40 年之后，拉卜拉斯的《宇宙体系论》由数学上确立了这件事业。这位大胆的一元派思想家是个彻底的无神论者，会对拿破仑一世说，他的《天体机械论》（1799）里绝没有容上帝的余地。然而康德后来却以为上帝之存在虽没有合理的证据，我们因道德上的根据不能不承认他。他对于"灵魂不灭"和"意志自由"，也是这般的说法。他于是建造了一个什么特别的"可解的世界"，来承受这三个信仰的客体，说纯理论的理性虽是绝不能构成超感觉世界之明了的观念，而道德意识却迫我们不得不相信有个超感觉的世界。又假定那无上命令决定我们的道德意识和善恶的分别。他那伦理的形而上学更进一步，就极力的倡导实际理性该要优先于理论理性，换言之，就是信仰居知识之上。他照这个样子，教神学和不合理的信仰，在他的哲学系统里占个位置，并且主张其凌驾于一切合理性的自然知识之上。

（两个宇宙）希腊最古的哲学都是纯粹一元的，亚拿克西曼德尔和其弟子亚拿克西门雷斯（在纪元前 6 世纪）都以近世的万物有生论的意义来解这个世界，但是其后 200 年卜拉图就倡导二元的见解了。说形体的世界是现实

---

① 即《宇宙发展史概论》。——本书编辑注

的，为感觉的经验所可及的，变化不居的，并且是暂有的；和形体世界对立的就是精神世界，是只可以思想得着的，超感觉的，理想的，不变的，并且是永久的。形质的"物"，物理学的客体，都只是那些永久的观念之暂时的表征，永久的观念乃是形而上学的主体。万物中最完全的人类，是属于形体和精神两界的，人之物质的躯壳是要死的，躯壳只是个监狱，关住那不死的无形的灵魂。那不灭的思想只是一时间在这形体世界上现形，他们永久存于外边那精神世界里，无上的观念（神或是善的观念）在那精神世界上以完全的统一制御一切。具有自由意志的人类灵魂，要修养其思想、勇气、热诚等三大主要的道德能力，以发展其智慧、刚毅、谨慎等三项基本德行。卜拉图的这些根本学说，由他的弟子亚理斯多德成系统的表示出来，很得一般的信受，因为这些学说，和 400 年后兴起的基督教教义很容易合到一起。后世大多数的哲学系统、宗教系统，都顺着这样的二元的路径走。就连康德的形而上学也只是他的一个新形式，不过其独断的性质为"批评的"体系这个好名目所掩罢了。

（物质界）近世科学向我们开辟了现实世界的无限的部门，其都是观察和合理性的探究所能及的，但是却未曾教我们看过一件事实，足以证明非物质世界之存在，反而渐渐证明那想象的世界外之世界纯然是个虚构，只值得当个诗歌的题目用。物理学和化学，尤其足以证明，凡是观察得着的现象，都服从物理化学的法则，并且都可以归之于那无所不包的、统一的实质法则。人类发生学告诉我们，人类是由动物进化出来的。比较解剖学和生理学证明人的精神是个头脑的机能，人的意志是不自由的，并且人的灵魂和其物质的器官绝对的连在一起，人死了灵魂也就随着消灭，像其他哺乳类的灵魂一般。最后还有一层，近世宇宙学和宇宙发生学丝毫都发见不出那"有人格的世外的上帝"之存在活动的痕迹。凡是来到我们知识范围以内的，都是物质世界的一部分。

（精神界）康德在对于那超感觉世界的观察中，极力的主张这个世界是超乎经验范围以外的，唯有用信仰才可以晓得。他认为良心这件东西使我们确信有这个超感觉世界之存在，但是这个世界的性质如何，却一些也不告诉我们，所以形而上学的三大中心神秘都只是毫无意义的字句了。但是空有字句是不中什么用的，所以康德的信徒曾想要放些实证的实质进去，大概也都是关于因袭的观念和宗教的教条的。不但是康德的嫡派，就连施来敦那样的批评派哲学家,都断言康德和其弟子确定了"上帝""意志自由""灵魂不灭"等三个超验的观念,犹之凯卜来尔(Kepler)、牛顿、拉卜拉斯确定天体运动的法则。施来敦梦想着这个独断的议论,可以驳倒"近世德国科学里的唯物主义"。兰格(Lange)却证明这样的独断主义是大背《纯粹理性批评》的精神,并且说,康德以为这三个观念都绝不能有积极的或消极的证据,所以把他们都抛掷到实际哲学的境界里去了。兰格说道:"康德也像他以前的卜拉图那样,不知道这'可解的世界'是个诗歌的世界,并且除在这点上之外,别无一毫价值。"但是如果这些观念只是诗歌上的想象,如果我们不能对其形成积极的或消极的观念,我们很可以问:"研求真理,要这种想象的精神世界做什么?"

(真理和虚构)我既提起真理和虚构的界限问题,就可以趁此讲出这个区别的重要。人类的知识,因我们能力的性质上,或我们脑筋和感觉器官的组织上,必然是有限的无疑。照这样说来,康德说我们只知道物的现象,不知道"物"之内里的本体,即他所谓"物如",这是不错的。但是他因此就疑惑到外界之实有,说其只存在于我们的表象里,换句话说,就是"人生是一场梦",这就是大错特错,全然误导了。我们的感觉和思想细胞(phronema),固然只能达着事物性质的一部分,其在时间空间里的存在,却不能因此就生问题的。但我们求知事物原因之理性的欲望,驱使我们用想象去填补我们经验知识里的缺陷,于是就生成一个全体之近似的观念。这种想象可以从广义上叫作"虚构",在科学上就是臆说,属于宗教的就是信仰。然而此等想象出来的东西,必定总都取个具体的形式。实际上,那虚构出个理想世界的想象,决不会只以假定这个世界之存在为满足的,总都要进一层,为之构建一个影像。这些信仰的形式,若是违背科学上的真理,或是宣称不仅是临时的假说,于哲学上便没有理论上的价值;纵然可以供实际上的用场,但是在理论上还是无用的。所以我们虽是十分承认诗歌和神话在伦理学、教育学上的重大价值,然而我们探求真理的时候,决没有把他放在经验知识前头的心。兰格的《唯物论史》第二卷里,对于康德的那尽善尽美的批评,和我的意见是全然一致的,但是他把他的理想论由实际的问题移到理论的问题上去,并且奖进那由理想论出来的谬误的知识论,和一元论、现实论作对,我却不能盲从了。诚然如兰格所说的——

康德对于这个"可解的世界"(作为一个想象的世界)之概念并非是没有

知觉,但是他的全部教育和他精神生活发展的时期阻止了他耽身于此。他既无自由给一个脱却中世纪一切曲说的高尚的形式,到他的观念之广大的结构上去,他的实证哲学就不会十分的发达了。他那两副面孔的哲学系统跨在两个时代的界限上。他的演绎推论上虽有缺点,他自己却还是"理想"的一个教员。谢来尔(Schiller)尤以先见之明抓住了他的话里面的精髓,洗净其烦琐哲学上的滓秽。康德主张那可解的世界是只可想而不可看的,然而他所想的却必须有客观的真实。谢来尔正确的以诗人的样子,把那可解的世界放到我们的眼前,并且循着卜拉图反对自己的辩证法的脚步,容许超感觉的在神话里变作个可感觉的,达着他的最高的思想。自由诗人谢来尔敢公然把"自由"携带到梦寐与幻影之乡去,于是在他的手底下就兴起了"理想"的梦寐和幻影。

谢来尔的理想主义,在康德的实际道德哲学之传播上,有绝大的影响,我们可以把他和盖推的现实主义对照着研究一番。

(盖推和谢来尔)德国文学古典时期的这两位最大的诗人,其意见之大相径庭,是根于他两位的天性。这件事是屡经彻底证明的,并且每每拿来代表这两位诗人的互补性,所以我在这里无须多讲了。关于盖推,我已经把他在进化论和一元论上之历史上的重要说过了。这位绝大的天才,那样的博学多能,还有工夫专心去研究有机体的形态,并且就根据这种经验,建立他那渊博绵密的生物学上学说。他之发见植物变态,和他的那颅骨脊椎说,真不愧列为达尔文的一位重要的先辈。我在《自然创造史》的第四章里,论到这件事的时候,曾经说过这种形态学上的研究,连他那进化的观念,在他的哲学之实在论上有怎样大的影响。这种的研究,引他一直的趋向一元论,引他赞赏斯宾挪莎的一元的泛神论。谢来尔对于这种的研究,既没有多大的兴趣,也没有明白的见识。他的那理想主义的哲学,倒教他趋向康德之二元的形而上学,信受他那上帝、灵魂不灭、意志自由等三大中心神秘。谢来尔和盖推,对于人类学和心理学,都有很完满的知识。但是谢来尔做军医得来的解剖学上、生理学上的研究,对于他那超验的理想主义却没有什么影响,他这超验的理想主义里,偏重伦理美学的要素。至于盖推在斯脱拉斯堡(Strassburg)所研究的医学,于他那实验的实在论上却有很重大的影响,他后来在耶那和在威玛(Weimar)所作的比较解剖学和植物学研究,于他这一哲学上影响尤其大。

要从盖推的孤文只句上,就断定他偶尔流露出谢来尔二元论的意思,这是不对的。埃克尔曼（Eckermann）留下的和盖推的谈话录里，有些关于这上头的话，都不能轻于相信的。统而言之，这种记录是靠不住的，那凡庸的埃克尔曼所记的伟人盖推嘴里的许多话，都不合于盖推的为人，多少总被他改坏了些。所以近来许多第一等的演说家在柏林说道，"盖推也像谢来尔一样，信仰上帝、意志自由、灵魂不灭等三个高尚的理想"，并由此为其基督的信仰赢得支持，这徒足以证明这班人不大知道盖推和谢来尔的意见是大相违背的。盖推明明的说他自己是个"出教的非基督徒"。就盖推著的《浮士德》《普罗米修斯》《上帝和世界》，以及其他一百多篇宏丽的诗词上看来，这位"伟大的异端"盖推的信条，是纯粹的一元论，含有我们所认为唯一正当的泛神论的特性——就是万物有生论（hylozoism），他与何尔巴哈和加尔·瓦格特之一偏的唯物论、莱布尼兹和阿斯特瓦德之极端的物力论都差得很远的。谢来尔对于事物绝不会也抱这样的现实的意见，他的那理想的意见飞驰到自然以外的精神界里去了。然而我们这理论上的万物有生论并不排斥那实际的理想论，由盖推的全部生涯上就可以看得出来。至于那些王公贵人以及高僧们的生活，往往反倒可以证明那理论的理想论极容易和实际的唯物论，即快乐主义、肉欲主义（hedonism），联袂偕行哩。

（**康德的批评**）康德在其所在世纪里那样受人尊崇赞颂，那许多科学家，在晓得了他的唯心论是传播近世一元的自然哲学之绝大的障碍后，必然对此觉得很奇怪。但是这个道理也并不难解释。第一层，我们要晓得，康德的哲学体系里所包含的那许多矛盾的见解，个个人都能在康德的著作里寻得着一些恰合自己所信的话，一元派的物理学家可以读得着贯通全部可知世界的自然法则之机械的支配力，二元派的形而上学家可以读得着精神世界里神灵的目的之自由的行动。医学家和生理学家呢，看康德在他那纯粹理性批评里绝不容有上帝存在、灵魂不灭、意志自由的证据，必然看得很满意的。法学家和神学家呢，看康德在他那实际理性批评里又把这三大中心的教义认作必要的假定，也是一样的满意。康德的哲学体系里，这些无可调和的矛盾，都是由于一个心理上的变态，这番话我在《宇宙之谜》的第六章里已经说到过了。

康德哲学之久受一般人的赞颂，就因为他的哲学里彻头彻尾的这许多矛盾。受过教育的人士，想要立一个人生观的，肯去读他那晦涩难懂的原书的是很少的，大抵都只是从那些"精华录"上，或是从哲学史上，看这位康宁斯堡

(Königsberg)的思想家居然能化圆作方,把自然科学和形而上学的三大中心教义拉拢到一起。那些居心赞成这种教义的"权要",因为康德的学说闭塞真理的路径,防止独立的思想,所以很欢迎他。德意志帝国主要的两邦——普鲁士和巴伐利亚的那些教育大臣们尤其是如此的。他们那样公然的要叫学校服从教会,第一件就是想要叫实际理性居尊——就是叫纯粹理性降服于信仰和天启。在今日德国的大学校里,对于康德的信仰竟成了一种研究哲学的入门券了。读者诸君要知道这种"对于康德的官样信仰",于科学知识的进步上有如何的恶影响,最好是读一读包尔·李氏留下的著作里那些精审的批评。

(**实质法则**)面对这在学院哲学里(尤其是在德国的学院哲学里)很盛行的二元论,我们必定要把我们一元的系统置于实质法则的普遍性上才行。这个法则,把物质不灭的法则和能量不灭的法则和合无间的连到一起。我在《宇宙之谜》的第十二章里,把我自己关于这个法则的观念,已经详细说过了,我在这里所要说的,就是"关于物质和力的关系,无论再有什么学说,这个法则总不会动摇的"。何尔巴哈和布什纳的唯物论偏重于物质,莱布尼兹和阿斯特瓦德的物力论偏重于力。免去这两派的偏倚,把物质和力解作实质之分不开的两样属性,就是纯粹的一元论,像盖推和斯宾挪莎的系统里的。如此说来,我们可以不要实质(substance)这个名称,而照赫尔门·克理阿尔(Hermann Cröll)那样,用力质(force-matter)这个名词来代之。关于物质之物理学上的概念,随他将来如何改变,于这条法则总绝无关系的。

(**物质的属性**)实质的这两个可知的属性,两种不可移易的特性,离了他们,实质就想不明白的,在斯宾挪莎谓之"广延"(extension)和"思想"(thought),在我们谓之"物质"(matter)和"力"(force)。那广延的(占空间的)即是物质,并且斯宾挪莎所谓"思想"并非是指人类脑筋的一种特殊机能,乃是作最广义的"能量"解的。万物有生论派的一元论,照这样的意义,把人的灵魂认为能量的一个特别形式,而现今通行的二元论,即活力说,却仗着康德的威权,硬要主张精神的力和形质的力是在本质上大有分别的,说精神的力是属于非物质界的,形质的力是属于物质界的。汪德于1892年所倡导的那心物平行论最足以明确表示这种的二元论,据他说来,"形质的过程恰合着个个精神的现象,但是二者都是全然相互独立的,并无自然的因果关系"。

（**感觉物质**）这种流行极广的二元论，其最大的依据，就在"感觉的过程难于和运动的过程直接联合"，所以就把一个认为能量之精神的形式，一个认为能量之形质的形式了。外界的刺激（光波、音波之类）之转变为内部的感觉（视、听），一元的生理学认为是一种能量的转变，认为是光的能量或声的能量变为特种的神经能量。约翰尼斯·缪来尔所编的那知觉神经之特种能量的学说，成了这两界之间的一道桥梁。然而这种感觉所引起的观念，即思想器官里把这些印象引入意识的那中心作用，世人大都还认为是一种不可解的神秘。我却已经在《宇宙之谜》的第十章里，证明意识的自身也只是神经能量的一个特别形式。阿斯特瓦德后来又在他的那《自然哲学》里把这个学说发挥起来了。

（**感觉能力**）每一次能量的形式变为别个形式时之运动过程，即每一次潜能量之变为现实能量，都服从一般机械法则的。二元的形而上学，说机械的哲学未曾发见此等运动之内里的原因，这倒说得很对的。不过他们要在什么精神力里去求这种原因。据我们一元的原理说来，这都不是非物质的力，乃是基于实质之一般感觉的，我们谓之"赛珂玛"（psychoma），加到能量和物质上去，算实质的第三个属性。

（**物质之三位一体**）从感觉上除去了能量的观念，并且把他限于机械论，来使运动成为实质之第三个根本属性，与物质（广延的）、感觉（思想的）并列，于是我们的一元论和斯宾挪莎的实质说就不难联合了。我们又可以把能量分为主动的（等于萧本豪埃尔的所谓意志）和受动的（等于广义的感觉）。考其实际，那近世能量论所视为一切现象之源的能量，在斯宾挪莎的系统里，于感觉之外，不更有独立的地位，思想（精神、灵魂、力）的属性兼包并容他两个。我确信感觉也像运动一般，是一切物质里都有的，并且这种实质的"三位一体"为近世一元论之最稳固的根基。我可以把他编作三条：（一）没有无力、无感觉的物质。（二）没有无物质、无感觉的力。（三）没有无物质、无力的感觉。这三大根本的属性，在全宇宙里，在每个原子每个分子里，联为一体，不可分离的。这个见解，对于我们的一元论之万物有生论的体系是非常的重要，所以最好是把这三个属性连着实质法则逐个的研究一番。

甲　物质　物质算广延的实质，占无限的空间，并且每个个体为宇宙的一部，算真实的本体。据"物质不灭的法则"说，物质的总量是永久的，并且是不变的。这条法则，对于我们叫作"化学元素"的各种物质，即可秤量的物质，以及对于那充满原子分子间的"以太"，即不可秤量的物质，都一样的适用。那故意的贱视物质（以及因此轻蔑唯物论），以及把物质和"精神"相对，一半是由于自来把"物质"都作"生糙的"和"死的"物质解，一半是由于我们由蛮荒的祖宗遗传下来的根深蒂固的神秘主义不容易摆脱干净。

乙　能量　实质之充满无限空间的一切部分，都作永久不变的运动。每起一个化学的作用，每起一个物理的现象，那构成物质的分子之位置，都随着有个变迁。据"能量不灭的法则"说来，在宇宙间无时不动作的那能量，其总量是不变的。一种化学上化合物之构成和分解时，其物质的分子总都运动的，并且在每个机械的、热力的、电气的以及其他的作用里也都如此。无论在有机体或是无机体里，所起的变化都是靠能量之永远不绝的变迁，能量的这一个形式转变为那一个形式，其全量一点都不会消失的。这条力量不减的法则，近来通称做"能量不灭"（或称"能量原理"），所以"力"和"能量"的观念，在物理学上分别得愈加清楚了，现在惯把"能量"的界说定为"力之产物和方向"。然而有一层定要注意，就是"能量"（energy）这个词［在物理学上等于做功（work）］，也像"力"（force）这个词一般，还当许多样的意义用。另有许多人，把"能量"的界说定作"做功或是一切由做功来的，并且可以转变为做功的"。汪德一派的意志说（voluntarism），把能量之原动力归之于意志。1744年克卢修斯（Crusius）说："意志是世界上的支配力。"萧本豪埃尔把世界（即实质）认作"意志和表象"。

丙　感觉　把感觉（最广义的）列为实质的第三个属性，并且把"感觉的实质"由能量上分开，作为"动的实质"，这是我在《宇宙之谜》第十三章里论有机界和无机界里感觉的时候已经讲过的，这里毋庸再细说了。要不把物质分子的运动归之于无意识的感觉，我就连那极简单的化学的过程和物理的过程都想象不出来了。化学家天天说"敏感的反应"，照相师天天说"敏感的干片"，都是从这样的意义。化学上和亲力的观念，就是指各种化学上的元素知道别样元素之性质上的差异，与之相接触的时候，起"快感"或是"不快感"，并且因此而行其特殊的运动。原形质对于各种刺激的感觉性，即高等动物里所谓"灵魂"，也不过是实质之一般刺激性之高级程度而已。埃姆培德克理兹和那许多泛精神论派的学者，说万物的感觉和努力，都用同一样的意义。雷吉理说道："如果微分子具有一点什么类乎感觉的东西,无论这种东西与感觉相去得如何之远,既有了这种类乎感觉的东西,能从其'好''恶',就一定舒服,强迫其'好其所恶''恶其所好',就一定不舒服。这就是一切物质的现象里一个共通的精神上的纽结。人的精神,也只是那鼓动全部自然界的精神作用之最高的发展而已。"这位植物学大家的这些意见,和我的一元原理全然符合的。

(**感觉之不灭**)广义的感觉(像赛珂玛)与物质和能力联合起来做实质之第三属性的时候,我们一定要把"实质永存"之普遍的法则,推广到他的三个属性上去。我们由此推论出来,全宇宙间感觉的总量也是永久不变的,每一个感觉之变化,只是"赛珂玛"的这个形式转变为那个形式。我们若是由我们自己的直接感觉和思想出发,眺望人类的全部精神生活,就看得出其一切连续的发展里,有个"赛珂玛"的"永久不变",赛珂玛的这种不变性,其根源是在每个个体的感觉里。然而原形质在人的脑子里建的这种最高的功绩,起先也是在下等动物的感觉里发达起来的,并且下等动物的感觉又是由无机元素之更简单的感觉经了很长的一串进化阶级发达出来的,那种更简单的感觉,可以于化学的和亲力上见之。亚尔布理希特・劳(Albrecht Rau)的《感觉与思想》(1896年著的)里说道:"知觉或感觉,是自然界里一个普遍的过程。并且'思想的自身也可以归之于这种普遍的过程',这层意思也包含在里面了。"近来埃尔恩斯特・马哈(Ernst Mach)也在他著的那《感觉之分析和形质的与精神的之关系》里说道:"感觉是一切可能的形质上和精神上事件之共通的要素,并且简简单单的只是起于各种要素结合方法之不同,和其互相倚伏的关系。"马哈之偏重感觉之主观的要素,诚然要形成和维尔佛尔浓、亚维拿刘斯(Avenarius)等近代的物力论派相类似的精神一元论,但是他的哲学体系之根本的性质却是纯粹一元的,和阿斯特瓦德的能量论一般。

(**心和物**)照这样把感觉作为实质的一个属性同物质和力联合起来,我们就组成一个一元论的三位一体,并且能把二元论者所斤斤相持的那些精神和形质之争,或是物质界和非物质界之争,都一扫而空。三大一元的哲学系统里,唯物论过于狭隘,偏重物质的属性,要把宇宙间一切的现象都归之于原子的机械作用,或是归之于其最后微分子的运动。唯心论偏重于能量的属性,其狭隘也不亚于唯物论,他之说明一切的现象,不是照能量论那样,用什么自

动力或是能量的式样，就是照泛精神论那样，把一切现象都归之于精神的机
能，归之于感觉或是精神的作用。我们这万物有生论的哲学体系免去这两个
极端的弊病，照斯宾挪莎和盖推的意味，断言"形神相即"①这个哲学体系把思
想（即能量）的属性分为感觉（赛珂玛）、运动（机械作用）两个同等的属性，免
去旧式形神相即论的许多困难。

----

① "形神相即"四个字出于范缜的《神灭论》，就是"神即形也，形即神也"的意思。——译者注

第十八章　一 元 论

· *Chapter* XVIII *Monism* ·

> 要邀请读者诸君再陪我游一次一元哲学的广大境宇，我必须做诸君的恭谨的向导，于那狭隘的门口，示诸君以科学的正道，好比是送诸君作这种研究的入场券。那盘踞德意志各大学的古董哲学，睁着嫉害的眼睛，监视着重重的门户，尤其注意不许近世生物学进门。

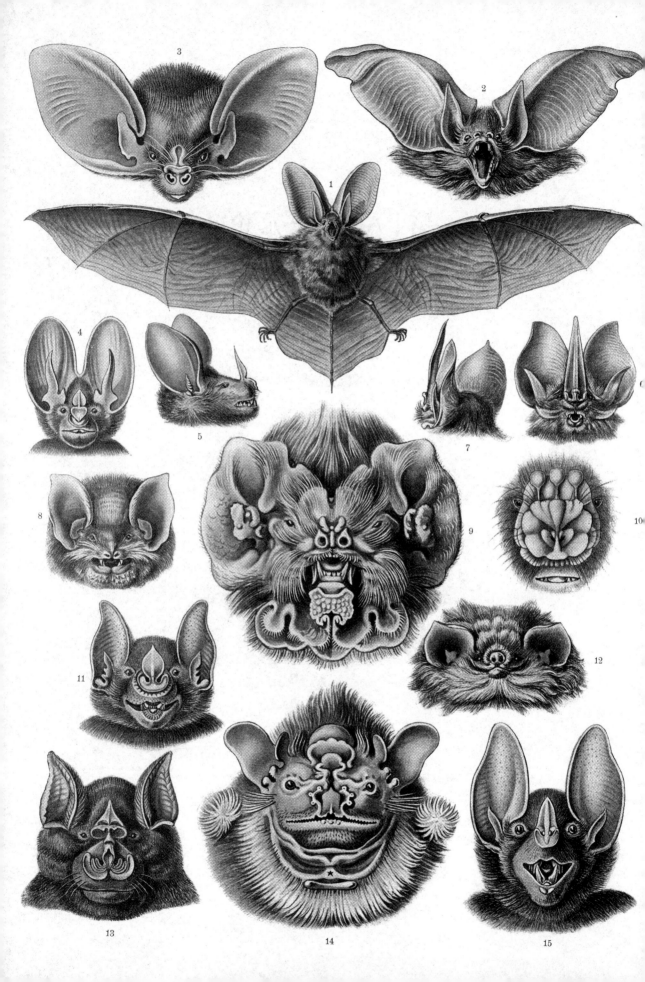

现在我们这条很长的路程既已经走到尽头了，可以回过头来，把所经历的路途眺望一下，看看我们的进步是如何的受一元哲学之赐。要照这样做的时候，我们应立刻解释我们自己的观点，并且指明生物学和其他科学的关系。现在这部书不仅是《宇宙之谜》的一个必要的补篇，并且也要算我的最后的哲学上著作，所以我更觉得要如此做了。我于70岁这年的末尾，要补正《宇宙之谜》的几个缺点，答辩世人对于这部书的几个最严酷的批评，并要尽我力之所能至，完成我50年来所致力经营的生命哲学。

（**一元论之辩护**）要邀请读者诸君再陪我游一次一元哲学的广大境宇，我必须做诸君的恭谨的向导，于那狭隘的门口，示诸君以科学的正道，好比是送诸君作这种研究的入场券。那盘踞德意志各大学的古董哲学，睁着嫉害的眼睛，监视着重重的门户，尤其注意不许近世生物学进门。德意志的官府哲学大都还是甘于遵奉中世纪的形而上学和康德的二元论，把他那种彰明较著的独断说，尊称为"批评主义"。当我在耶那大学做动物学教授的40年间，我曾经帮办过几百回医生、教员的考试，这种考试，都是著名的哲学大家当考试官。我看差不多每回都是注重于一种概念的嬉戏和自我省察，注重叫考生记清楚了古代近代哲学大家（大都二元派的）的浩瀚的著述里无数的谬说。全盘里中心的要点就是康德的知识论，他这种知识论的缺点和偏颇，我在第一章和第十七章里都说过的了。在心理学上呢，要一种根据内省法的、最泛然的精神力之知识，至于"灵魂"之生理学的分析和思想中枢之解剖学的研究，那是丝毫都不肯要的，像"精神"之比较的研究、发生的研究，也都是"弃而不治"的。许多现代的形而上学家，竟把哲学视为一种离群独处的科学，视为一种高超的"精神科学"，和普通的经验科学全不相干。这真令人想到萧本豪埃尔的那句话了："哲学家的确证就在其不是哲学教授。"在我的意见，凡是受过教育，有点思想的人，极力要想建立个一定的人生观的，就都是哲学家。"科学之王"的哲学，其重大的任务就在把别种科学之一般的结果结合拢来，和在凹面镜上似的，把其光线聚集于一个焦点上。凡是照这样起的各种思想的倾

◀ 海克尔绘制的蝙蝠

向，在科学上都值得一顾，值得讨论，少数的一元论也不亚于多数的二元论。现在我们要探究一元论在科学的各处境界上占得如何的确实地步，可以先从分别纯粹（理论的）科学和应用（实际的）科学入手。

（**纯粹科学和应用科学**）我在前面已经说过，纯粹的哲学是要用纯粹理性求得真理的。然而这种理论哲学在各种科学上与实际生活都有直接的、重大的关系，所以都以应用哲学的形式，变为文化上一个重大的原动力。照这种样子，实际生活之真实的要求，往往和那根据科学的学说之理想的信条是互相矛盾的。据我的意见，遇着这样的矛盾，纯粹的探究真理应该居于应用的哲学之上。我就是在这上头和康德的意见全然不同，他公然的教实际理性占上风，教纯粹理性要服从实际理性。

（**一元的物理学**）从自然的一元论看来，广义的物理学可以算是根本的科学。物理（physis）这个词本是个希腊词，和腊丁文的自然（natura）是一样的，其原义本包括着全部的可知世界。物理学的观念，在古希腊文上，本作"包举一切的自然哲学"解的，这个观念却随着时世愈来愈狭隘了。到现在一般都把他解作"无机自然界现象的科学"，即是用观察和实验从经验上测定此等现象（实验物理学）以及把此等现象归之于一定的自然法则和数学公式（理论的或数学的物理学）。最近又有质量物理学和以太物理学的分别，质量物理学专讲机械作用，讲固体、液体、气体等"可计量的物质"之运动和平衡（静学和动学、重学、音响学、气象学）。以太物理学专讲以太（不可计量的物质）的现象和其与质量的关系（电学、流电学、磁气学、光学、热学）。在无机物理学的这些科目里，现在总都是信受一元的见解，不容有一点二元的说明。

（**一元的化学**）化学这一科的学问，现在在理论上和实际上虽都是极其重要的，其实也是物理学的一部分。但是近世的物理学，既是专限于研究能量之无机的形式和其转变，作为物质科学的化学就负责研究各种"可计量的物质"之性质上的差异了。化学把可计量的物体分为差不多 78 种元素，在元素之周期率上测定其相互的关系，并且表明这些种元素大约同出于一种什么原始物质（prothyl）。因元素之分析和合成确定化学上化合物之稳定的状态，更仗着 1808 年发明的单比例和复比例的法则，就从实验上测定元素的原子重，并且因此生出化学上的原子说。此等原子（作为物质之占空间的个个分子——虽然可作别解）是化学上一个不可少的假说，犹之微分子假说之在物理学上一般。近世的物力论(或能量论)以为可以废弃此等假说,用力(force)之非物质的、无空间的点,来代替原子,这是错的。但是无论物力派或是物质派,化学的个个科目里总都是持一元论的。

(一元的数学)近世科学,以为一切研究之最后目的,是要于量(mass)和数(number)上确定现象,就是把一切一般的知识旧结到数学的法则上去。因为伟人拉卜拉斯是从数学上建立他的系统,所以晚近都以为要有一副理解力极大的(理想的)拉卜拉斯那样的脑筋,就能把宇宙之全部的过去、现在、未来都包括到一个庞大的数学公式里去了。康德就曾经这样的过于看重数学,说道:"凡是能受数学上处理的,才是真正的科学。"并且他又添上一个谬误,说数学上的公理(是必要的而且普遍的真理)属于人心之先天的构造,与后天的经验全然无涉的。然而密尔(John Stuart Mill)以及其他的学者,都证明数学之根本观念,也像其他任何科学之根本观念一般,原来也是由经验上抽象得来的,近世的精神系统发生学也证实了他们的这种经验观。况且我们要晓得,数学只管时间空间里量的关系,不管物体之质的特点。康德自己其实也说过,数学只能管他由已知的前提所推的结论之绝对的"形式上"正确,对于前提的自身上,并没有一点影响。所以要从生理学上,从系统发生学上,考察思想中枢作数学的动作时之抽象的思考力,就晓得即便是这种"精神的根本科学",也只容纯粹的一元论,排斥一切的二元论了。数学所以能称为各科知识中最正确的科学,就因为其"形式上的正确精当",和其能于数和量上确实无讹的表示空间时间的量。

(一元的天文学)天文学是一个古老的科学,几千年前就成了定形,得了个坚实的数学上基础了。基督纪元前几千年,中国人、巴比伦人、埃及人就晓得观察行星的运动和日蚀了。基督自己,对于这些伟大的宇宙学上的发见,比对于其出世前 300 至 600 年希腊的自然哲学家所建立的系统,并无更多的疑念。等到 1543 年柯卜尼加斯打破了地球中心说,1686 年牛顿的引力说为这新的太阳中心说建立了个数学上的根据,从此之后,康德的《天体之一般自然史》和拉卜拉斯的《天体机械论》,就以一元的意义,确确实实的建立了宇宙发生学。自从那个时候起,天文学的任何部分里都绝不容什么"造物主"之有意识的作为了。天体物理学增长了我们关于其他天体上物理状况的知识,天体化学用分光分析法,使我们能知道其他天体之化学的性质。形质世界的一元论,现在是已经确定的了。

(一元的地质学)地质学直到 18 世纪的末年才发达成一个独立的科学,直到 1830 年之后,永续和进化的原理确定了,才破除了上帝创造地球的旧说。这科学问之最古的部分就是矿物学,岩石之实际上的价值,尤其是由岩石里得来的金类,几千年前就为人类所留心了。在石器时代、铜器时代、铁器时代里,兵器和日用工具的原料是用石头和金类的。后来因为采矿术发达了,对于这些金类也知道得更精细些。但是直到中世纪的末年,对于动植物的化石都还不晓得留意。直到 18 世纪,学者才渐渐知道这些"创造的纪念碑"含有重大的意味。到 19 世纪的初年,古生物学成了个独立的科学,对于地质学和生物学都有很重要的作用。地质学的其他分科,像结晶学之类,在 19 世纪的后半截里,借着物理学和化学的助力,也很有进步的。地质学的一切门类,尤其是研究地球之自然发达的那地质发生学,现在都公认为纯粹一元的科学了。

(一元的生物学)以上所列举的五种科学,在 19 世纪的后半期里,都尽是专采纯粹一元论的(限于研究无机自然界)。在这些科学里,什么"造物主"的智慧和力量,现在都不成问题了。地质学、天文学、数学、物理学、化学,尽都是如此的。至于其余的研究有机自然界的科学,可就大不相同了,在此等科学里,我们还没有能把一切的现象都下个物理学上的解释,作个数学上的式子。因此活力说就挟着他那二元的观念,乘虚而入,把科学劈为两半,一半是自然科学(广义的物理学),一半是精神科学(形而上学),以为固定的自然法则只支配自然科学,至于精神科学里,还要讲什么精神之"自由"和什么"超自然"。这个首先就施之于广义的生物学(包括人类学和关于人的一切科学)。在前许多章的生物哲学里,我们已经极力地驳斥种种形式的活力说,并保证各科的生命科学里都只能承认一元论和机械论了。

(一元的人类学)人类学还是像几世纪以来的样子,解作许多种不同的意义。从最广义说,人类学之包括全部关于"人"的科学,犹之动物学(据我的意见)之研究动物界的一切部分一般。我既把人类学认作动物学的一部分,我自然把一元论的原理推广到这两者上了。然而这"人的科学"之一般的一元的概念,直到现今,还只得极有限的一点承认。"人类学"这个名词,照例是限于人之自然历史的,就是人体的解剖学和生理学、胎生学、史前的研究,以及一小部分的心理学。但是这种"官样的人类学"，照现今大多数的人类学会（尤其是德国的）所解释的，大都是除去了系统发生学，除去了一大部分的心理学，以及凡是视为狭义的形而上学的一切精神科学。我于 30 年前，就在我的《人类进化论》里，极力地证明人类这种"猿属的有胎盘哺乳动物"，也是一个身体精神都统一的有机体，比了任何别种的脊椎动物都不差些，因此所以他的处处都该从一元论上去研究的。

（一元的心理学）关于心理学在科学图表上的地位，专门家的意见和寻常人的意见迥然不同，这是人所共知的了。大多数的心理学专家，以及一般受过教育的人士，还都是墨守着古说，死抱着其宗教上的根据，主张人的灵魂是不灭的，并且是个独立的、非物质的实体。照样的见解，心理学是个特别的精神科学，与自然科学只有外面的有限的关系。但是近世比较心理学和发生心理学，脑髓的解剖学和生理学，于过去 40 年间，确立了一元的见解，主张心理学是大脑生理学的一个特别的分科，所以其一切的部分和各部分的应用，都属于生物学的这一项。人的灵魂是思想中枢的一种生理机能。我在《宇宙之谜》的第六章至第十一章里，已经把心理学之一元的概念详细说明过了，并且在我的《人类进化论》里，又从解剖学、生理学、个体发生学、系统发生学上举出种种的证据为之证明，所以在此地无须多赘言了。

（一元的言语学）言语学也和他的姐妹心理学有同一的命运，一派的言语学家从一元论上认他为一种自然科学，另一派的言语学家又从二元论上认他为一种精神科学。据古代形而上学派的意见，言语无论是神赐的还是社会的人所发明的，总都要算人类所专有的。但是在 19 世纪里，这种一元的、生理的地位已经确定了，言语实在是有机体的一种机能，并且也像其他一切的机能那样渐渐发达起来的。据高等动物的比较心理学说来，各种群居动物的思想、感情、欲望，一部分是用信号或是用接触来传达的，一部分是用声音传达的（蟋蟀的啼、蛙的鸣、许多种爬虫的叫、鸟类的啭和能歌的猿类的歌声、肉食类和有蹄类的号）。言语之个体发生学，证明儿童言语之渐渐发达，实在是（照生物发生的法则）把其系统发生的程序之概要重演一番。据比较言语学说来，各样人种的言语是由许多根源生出来的，各自独立，不相干涉。头脑之实验的生理学和病理学，证明脑皮层上一定的一个小区域（布罗卡裂隙）是言语中枢，这个中心的器官，合着思想中枢的其他部分和喉头（周围的器官），产生有音节的言语。

（**一元的史学**）历史的科学，也像言语学、心理学一般，还是被专门家解作种种不同的意义。"历史"这个名词，常常总被人误解作"文明生活发展中所起的事件之记录"——即民众和国家的历史（戏称为"世界之历史"）、文明史、道德史之类。这全是一种人类中心主义的感情，以为"历史"两个字，就其严密的科学上意义说来，只能作"人类行事的记录"用。照这样的意义，历史和自然是对立的，历史专论道德上的自由现象（有预想的目的），自然专管自然法则的范围（无预想的目的）。这样的说法，好像是并无"自然的历史"这件东西，好像是宇宙发生学、地质学、个体发生学、系统发生学都不是历史的科学了。这种二元的，以人类为本位的见解，虽然还在现代的大学里盛行，国家和教会虽然还保护这尊严的传统，但是早晚必有一种纯粹一元的历史哲学代兴，这是无疑的。近世人类发生学表明个人进化和种族进化中间的密切关系，并且以史前的、系统发生的研究，把那所谓"世界之历史"和脊椎动物的种类史联合到一起。

（**一元的医学**）医学在实际的（应用的）科学里，是列在头一等的了。医学也经过一部很长的而且有趣的历史，才得成为一元的自然知识，脱却天启神佑之二元的观念，树立真科学的基础，并且把真科学应用到实际生活之最重要的方面上去。古来医术原是那些巫觋僧侣的事，并且几千年中，医术都处于宗教上神秘观念、迷信观念的势力之下。然而在两千年前，古代的大医学家，就把人体的构造作了解剖学上、生理学上的绵密研究，极力想以此等的研究替医术建立个坚实的根基。但是在中世纪的大反动里，迷信的神怪的观念，又把独立的科学的研究打败了，以为疾病是魔鬼作祟（照基督所想的），这种魔鬼是要被除的。连知识阶级里都还相信灵异奇迹是真有的。但看那些什么祛病符、磁气治疗、"基督的科学"以及其他骗人的把戏就够了。然而19世纪里科学的大发达，尤其是19世纪中叶生物学之惊人的进步，渐渐把医学造成个一元的科学，减轻了人群的无限痛苦。疾病的科学即病理学、疗病的科学即治疗学，现在都是根据于物理化学之安全的方法和关于人体组织之精密的知识。现在不再认为疾病是附到人身上来的一种特别的实体，如魔鬼或是怪物之类的了，晓得疾病是人身上的正当机能生了障碍。病理学不过是生理学的一个分科，专研究组织和细胞里在反常的危险的状态之下所起的变化。此等变化的原因，要是毒质或是外面侵进来的有机体（如细菌或"阿米巴"之类），治疗术就要把他们除去，以恢复身体机能之正常的平衡。

（一元的精神病学）精神病学是医学上的一个特别的分科，他与医学的关系，和心理学与生理学的关系是一样的。然而，把他当作病理的心理学，倒很该加以特别的研究，这不仅是因为他在实际上极其重要，并且也因为其理论上的趣味。那关于身体、精神之二元的谬见，从太古以来就误导了我们关于精神生活的观念，弄得人都把精神上的病症视为个特殊的现象，有时简直把精神病认为是侵入人身的魔鬼，有时认为是扰人神智的一种神奇的动力，与身体不相干的。因为此等盛行的二元的、弊害极大的谬见，精神病之处理上就弄出许多致命的过错来，于实际生活之法律的方面、社会的方面，以及其他的方面上，都有过极不幸的影响。但是此等不合理的、迷信的观念，都被近世精神病学驳得立不住脚了。近世精神病学把一切精神上的病症都认为是头脑中的疾患，都认为是由于脑皮层里的变化。我们既把"精神"的器官叫作"思想中枢"，就可以说："精神病学是思想中枢的病理学和治疗学。"有许多的症候，我们已经能从解剖学上、从化学上，推究其精神细胞（思想中枢里的神经细胞）里的变化了。关于思想中枢的这些病理解剖学和生理学上的所得，在哲学上有绝大的兴味，因为此等的发见，在精神生活之一元的概念上放了一道很大的光明。大部分的（60％～90％）精神病都是遗传的，并且大都是由患者的祖先渐渐得来的，所以此等病症又可以为进步的遗传（或后天性质之遗传）之确证了。

（一元的卫生学）几千年前，未开化的民族初进于文明生活的时候，就很留意于身体的健康与强壮了。在上古的时候，沐浴、竞技等强身的法子就很发达，并且和宗教上的仪式相关联。但看希腊、罗马的那些宏大壮丽的水道和浴场，就晓得他们如何的注重饮水和浴水了。到了中世纪的时候，各方面都起反动，这方面自然也是一样的了。基督教轻视现世的生活，说今生只是来生的个预备，所以弄得人都蔑视文化，蔑视自然。又说人的身体只是其不死的灵魂所暂住的个牢狱，所以对于养身的事也就不注重了。中世纪的时候，那许多可怕的大疫，死去的人不知有几百万上千万，当时也不知道讲合理的卫生法和防疫法，只晓得用祈祷、赛社和其他迷信的办法去和瘟疫战斗。这种迷信，是渐渐的才晓得破除的。直到 19 世纪的下半期里，才重新又有了关于有机体之生理机能和环境的知识,引得世人又重新留心体育。近世卫生学现在为公共健康所做的一切,尤其是贫苦阶级住屋、食物之改良,以及用合乎卫生的习惯、沐浴、运动等方法预防疾病,都可以归功于理性之一元的教训,并且与基督教之相信神道,与其中的二元论,都是正相反的。近世卫生学的格言就是:"自助者神乃助之。"[①]

(**一元的工艺学**)19 世纪里工艺学之显著的进步,为现今挣来个"机器时代"的标名,这全是理论科学上伟大进步之直接的效果。近世生活赐我们的一切特权和安乐,都是由于科学上的发明,尤其是物理学和化学上的发明。我们只需想想蒸汽机、电机、近世采矿学、农学等类是怎样的重要,就可以明白了。近世的实业和国际商务,因这些东西发达到出人意表的地步,全是由于实验的真理之实际的应用。什么"精神科学"、形而上学的思索,对于这上头是一点用处都没有的。一切工艺的科学,也像他们的源泉物理学和化学一般,都有个纯粹一元论的性质,这是无待证明的。

(**一元的教育学**)教育的科学发达,是近世文明一件最大的盛业。幼年的时候心里所印的观念是最难磨灭的,并且大都足以定人一生思想行为的方向。所以我觉得这两个哲学倾向之竞争,在这一科里,实际上是极关重要的。几千年前,僧侣是处于文化的最高级上,为青年思想之独一的训练者,他们既管医术又管学校。宗教成为教育之主要的根底,宗教上的道理就是终身的道德上指引。古时候有几次一元哲学孤军出战,想要打破这种有神论的迷信,于青年教育上却不曾有什么影响。卜拉图和亚理斯多德的二元论在教育界"大行其道",他们的形而上的学说,是和教会的教理打成一片的。在中世纪的时候,罗马教僧的威力更处处助他们的势。并且这种教理,虽有许多于宗教改革的时候失了威势,然而教会对于学校的影响,却一直维持到现今都还不曾失坠。各国政府之保守的态度,又和教会联盟,扶助着教会在教育界之精神上的威力。帝位和神坛是狼狈为奸的,二者都最怕科学的进步。有"二元同盟"这个大敌当前,加之一般人又都淡漠,一味的服从权势,一元论的地位是很难维持的。一元论要等到学校脱离了教会的羁绊,以科学知识为课程

① 著者借用这句格言,不过是断章取义,提出"自助"两个字,教人自己注意卫生。他并非是相信有神。——译者注

的基本,这时候才能在教育上占得坚固的地盘。我在《宇宙之谜》第十九章里,曾经举出过反对教会和国家势力的教育改革的方针。

(一元的社会学)新兴的科学——社会学之所以极其重要,是由于他一面与理论的人类学和心理学有密切的关系,一面又与实际的政治学和法律有密切的关系。要从广义说来,人类的社会学是与人类近亲——哺乳类的社会学相连的。哺乳类之家庭生活、婚姻、养育幼雏,肉食类和有蹄类之成群,社会化的猿类之结队,进而形成野蛮人和未开化人之松散的社会团体,由这种团体,更进而形成文明的萌芽。此等社会团体的历史,是和那支配大小团体之交际的社会规则相关联的。在从生物学上把社会规则归之于适应、遗传等自然法则的过程中,莱斯特尔·瓦德(Lester Ward)所谓的动态社会学是顺着纯粹一元论的线路走的,至于社会交际的自身,却还含有很多的二元论。现代的文明社会里,真理和自然的力量如何微弱,伪善和诡诈在社会规则上势力如何雄厚,马克斯·脑尔道著的那部《文明之习惯的虚伪》里都揭露无遗了。

(一元的政治学)政治学一面和社会学有密切关系,一面和法律有密切的关系。内部的政治学,用宪法支配国家的组织;外部的或是外交的政治学,掌理国家间的相互关系。据我的意见,内部外部都该照纯粹理性行事,国民相互的关系和与全体的关系,该要以个人交往上所公认的伦理学原则去治理,不容有两样的。不幸我们近世国家的生活离这个理想很远很远。外交政治学上盛行兽性的利己主义,个个国家都只从自己的利益上着想,用兵力以及其他种种的方法去逞这种野心。内政大半也还是为中世纪的野蛮的谬见所支配。中央政府与民众的争斗,一天剧烈似一天。两方都耽于无益的纷争。国家生活里的理性,比起其特别的政治上状况,受的罪还更多些哩。

(一元的法学)在法律学上,那自从上古、中古传下来的二元原理也很盛行的,并且这些二元原理,和教会的教理结合起来,也居然是神圣不可侵犯的了。康德的二元论在这方面又很得势,法学家、政治家的观念都很受他的影响。现代的法典上,许多中世纪迷信的遗物,还珍重保存。这种宗教上的势力,贻害无穷。报纸上天天载得有初等审判厅和高等审判厅里那些奇奇怪怪的判决,令识者对之唯有摇头。不等到法律家的教育上大加改革,使他们于背诵法典之外兼通人类学和心理学,这方面也不会有确实的进步。

(一元的神学)我们的大学里,几世纪以来,神学都列于"四科"的首位。

现在还保着这个荣誉的地位,因为实际的神学的机关,即教会,于人生上依然还有很重大的势力。应用科学的其他许多科目——尤其是法学、政治学、伦理学、教育学——实在多少都还受宗教谬见的影响。这些宗教的谬见里,最主要的是解作"至高无上的实在"之上帝的观念,如盖推说的:"个个人把他所知道的最好的叫作他的上帝。"然而上帝的观念也并非是一切宗教的首要要点。三个最大的亚洲宗教——佛教、婆罗门教、"孔教"——起初都是纯粹无神论的。佛教全然是理想主义的、厌世主义的,萧本豪埃尔因此把他认为一切宗教中之最高的。至于相信有个有人格的上帝,这是三大地中海宗教的中心要点。康德虽然说实际理性假定上帝的存在,但他也说这是寻不出证据来的。关于这件事的那些天启默示的话,尽都是一些虚构。神学(尤其是独断的神学)的全部,以及那根据神学的教理,尽都是以二元的形而上学和迷信的传统为基础的。这些内容,在科学上已经不值得费力研究了。然而比较宗教学却是理论神学的一个很重要的科目。他根据近世人类学、心理学、史学,研究宗教之起源、发达和旨趣。要是把这些关于宗教的科学所得之结果,加以公平无偏颇的研究,神学就成了斯宾挪莎和盖推所说意义上的泛神论了,并且照这样一来,一元论就变成宗教和科学中间的一道连接了。

(**科学之相舛律**)以上把近世科学的 20 个主要科目[①],以及各科与一元论和二元论的关系,作这个简略的概观,由这上面,可以看得出我们还面对着许多绝大的矛盾,并且这些违异,离调和整理的日子还远哩。这些矛盾,有一部分是由于康德派所谓真实的"理性之相舛律"——即观念之相反,正的和反的好像都有证据。但是就大多数的说来,科学上这种不幸的"相舛"是与其历史的发展相关联的。文明人之最高的性质——纯粹理性,是从野蛮人的理智渐渐进化出来的,而野蛮人的理智,又是从猿类和下等哺乳类的本能进化出来的。其从前下等状况的遗存,有许多保留到现在,并且经由实际理性,对科学生出极不利的影响。此等二元的谬见和非理性的独断说——民族之原始时代的理智残滓、古僵的观念和原始的本能——还依然遍布于近世神学、法学、政治学、心理学、人类学的全部。关于此,我们若是在 20 世纪初年,一瞥近世科学的全境,就可以把近世科学的 20 个部属划分为三类——(一)合理性的

———————————

① 上文中实际只谈了 19 个科目。——本书编辑注

（纯然一元的）学科，（二）半独断的（半一元的）学科，（三）独断的（卓然二元派的）学科。

（合理性的科学和独断的科学）下面这几门可以列为合理性的或是纯粹一元的科学，这几门的专门大家现在不容二元论有商量的余地。在纯粹的或是理论的科学里，有物理学、化学、数学、天文学、地质学，在应用的或是实际的科学里，有医学、卫生学、工艺学。至于半独断的科学，鉴别他们的方针和对象，实在还是一元的观念和二元的观念掺杂在一起，到底宗一元论或是宗二元论，这是看学者个人的学业或学派的地位而定的。大多数的生物科学，像广义的生物学、人类学、心理学、言语学、史学、精神病学，以及应用科学里的教育学，都是这一类的。教育学是社会学、政治学、法学、神学等四大纯粹独断的科学之"过渡"，这四种科学里，还是因袭的二元论占最高的地位。在这几种科学里，中世纪的传说还有很大的势力。这几科学问的名家，多半都是死抱着各种的偏见和迷信，不肯轻易容纳一元的人类学和心理学里所包含的纯粹理性之产物。理智的生活，在19世纪的初年，有许多处比在20世纪的初年还更进步些哩。

照这样把知识之主要的各科，按其与哲学（包容一般真理的科学）之关系而分类，这当然只是我个人一时的草案。况且一切的科学都互有很复杂的关系，并且关于其目的和问题，在其历史的发达中，又都经过许多的变迁，因为有这样的情形，所以分类就尤其困难了。我所要揭示的就是，有许多科学——其实就是有精密的数学上基础的、合理性的科学——现在已经完全皈依一元论了，并且在半独断的科学里，一元论也一天天的得势，所以我们早晚总可以希望看得见社会学、政治学、法学、神学等四大独断的科学，二元论的四重坚固堡垒，也都投降一元论。因为一切科学之最后目的，只在其根本原理之统一，就是以纯粹理性使其和谐一致。

（教授之改革）现在文明国都渐渐的一致承认，现代的教育，不论是小学、中学，还是大学，都要完全改革的。于是两个相异的倾向，争斗得日加剧烈。那一边各国的政府，逞他们那保守的本能，极力死守着中世纪的传统，援引神学和法学上的独断说来拥护自己。这一边纯粹理性的代表，又极力想要脱离这些羁绊，把近世科学上和医学上实验的、批评的方法，灌输到那所谓"精神科学"上去。这两派中间的对抗，因其社会学上倾向之不同，越发水火冰炭了。自由的人道主义者,确信个人人格之自由发展是幸福之最确实的保证,主张一切人的自由和教育是进化的目的。在保守的政府看来,这是一件无足轻重的事,他们眼睛里的国民个人,照种种样的劳动分工,只算国家这部大机器上的许多螺丝钉和轮盘罢了。那所谓"士大夫"们,自然是先从自己的安宁幸福上着想,想把一切高等教育把持起来,据为己有。但是从纯粹理性上看来,国家自身并不是一个目的,乃是图国民之幸福的一种手段。对于个个国民,无论他的境况如何,都要给他受高等教育和发展才能的机会才是。所以我们在教育上该要赋予人生各方面的普通知识。个个人都该通晓科学的纲要,不仅是物理学和化学,连生物学和人类学的大要也都要晓得。另一方面,施之近世人的古典教育是该要加以限制的。

(一元论之调和)在《宇宙之谜》的末尾,我对于近世一元论与传统的二元论之争是很乐观的,然而也说道——

这种相持不下的对抗经了明了的、合情理的反省,也可以平下来些——其实也可以一变而为相亲相爱的和谐。

这种和解的心情,在我的心里越来越强固起来。康德的二元论和现在盛行的形而上学派,必定要归降盖推的一元论和那方兴的泛神的趋势,我心里这样的信念,竟是与年俱增。我们的理想不是看不见的。我们这"现实派的生命哲学"告诉我们,这种理想根深蒂固的生长在"人性"里面。我们逍遥于诗歌艺术的理想世界里,陶冶性情的时候,心里却总是想着,科学目的物之现实世界,唯有用经验和纯粹理性才能真知道的。这时候真理和诗歌就在一元论之完全调和里合而为一了。

附 录 一
人名地名异译对照表
（按原译名音序排列）

· *Appendix* I ·

<table>
<tr><td style="text-align:center">本书译法</td><td style="text-align:center">现译法</td></tr>
<tr><td colspan="2" style="text-align:center">A</td></tr>
<tr><td>阿罗塔瓦</td><td>奥罗塔瓦（Orotava）</td></tr>
<tr><td>埃辟克又腊斯</td><td>伊壁鸠鲁（Epicurus）</td></tr>
<tr><td>埃恩斯特·斯托拉尔</td><td>恩斯特·施特拉尔（Ernst Strahl）</td></tr>
<tr><td>埃尔恩斯特·海因理希·蔡格莱尔</td><td>恩斯特·海因里希·齐格勒（Ernst Heinrich Ziegler）</td></tr>
<tr><td>埃尔恩斯特·马哈</td><td>恩斯特·马赫（Ernst Mach）</td></tr>
<tr><td>埃菲梳斯</td><td>以弗所（Ephesus）</td></tr>
<tr><td>埃克尔曼</td><td>埃克曼（Eckermann）</td></tr>
<tr><td>埃理亚</td><td>埃利亚（Elea）</td></tr>
<tr><td>埃姆培德克理兹</td><td>恩培多克勒（Empedocles）</td></tr>
<tr><td>爱德华·卜佛留格尔</td><td>爱德华·普夫吕格尔（Edward Pflüger）</td></tr>
<tr><td>爱丁格尔</td><td>埃丁格（Edinger）</td></tr>
<tr><td>安同·凯尔纳尔</td><td>安东·克纳（Anton Kerner）</td></tr>
<tr><td>奥斯卡·海尔特维希</td><td>奥斯卡·赫特维希（Oscar Hertwig）</td></tr>
<tr><td>澳洲</td><td>澳大利亚（Australia）</td></tr>
<tr><td colspan="2" style="text-align:center">B</td></tr>
<tr><td>巴尔</td><td>鲍尔（Baur）</td></tr>
<tr><td>巴迈尼德斯</td><td>巴门尼德（Parmenides）</td></tr>
<tr><td>班吉</td><td>邦格（Bunge）</td></tr>
<tr><td>班纳敦</td><td>贝内登（Beneden）</td></tr>
</table>

包尔·李 保罗·雷(Paul Rée)

鲍谢特 普歇(Pouchet)

北极洋 北冰洋(Arctic Ocean)

贝理宰刘斯 贝采利乌斯(Berzelius)

贝特斯 巴特斯(Bates)

毕茨奇利 比奇利(Bütschli)

卜夫莱德理尔 普夫莱德雷尔(Pfleiderer)

卜拉图 柏拉图(Plato)

卜来特 普拉特(Ludwig Plate)

卜理埃尔 普赖尔(Preyer)

布理门 不来梅(Bremen)

布什纳 比希纳(Büchner)

C

才浓 芝诺(Zeno)

财尔纳 策尔纳(Zöllner)

采尔理尔 策勒(Zeller)

慈波亚·李蒙 杜波依斯-雷蒙(E. Dubois-Reymond)

D

戴维·佛理德莱希·斯特劳斯 达维德·弗里德里希·施特劳斯(David Friedrich Strauss)

德佛理斯 德弗里斯(de Vries)

德摩克理塔斯 德谟克利特(Democritus)

邓纳尔特 登纳特(Dennert)

狄卡儿 笛卡儿(Descartes)

F

非吉安岛 火地岛(Tierra del Fuegian)

腓理德力克·鲍铮 弗雷德里克·保尔森(Frederick Paulsen)

腓力德理希·尼采 弗里德里希·尼采(Friedrich Nietzsche)

费西尔 费舍尔(C. Fisher)

佛阿格特 福格特(Oscar Vogt)

佛来希曼 弗莱施曼(Flieschmann)

佛兰锡斯珂·李逊 弗朗西斯科·雷迪(Francisco Redi)

佛理慈·修尔财 弗里茨·舒尔策(Fritz Schultze)

佛理明格　　　　　　　　　　弗莱明（Flemming）

佛理希锡希　　　　　　　　　弗莱克西希（Flechsig）

佛理兹·缪来尔·德斯特尔罗　　弗里茨·米勒-德斯特罗（Fritz Müller-Desterro）

佛罗曼　　　　　　　　　　　弗罗曼（Frommann）

G

盖干包尔　　　　　　　　　　格根鲍尔（Gegenbaur）

盖推　　　　　　　　　　　　歌德（Goethe）

高尔　　　　　　　　　　　　高卢（Gaul）

哥比那　　　　　　　　　　　戈比诺（Gobineau）

格力理阿　　　　　　　　　　伽利略（Galileo）

葛拉哈姆　　　　　　　　　　格雷厄姆（Graham）

葛鲁贝尔　　　　　　　　　　格鲁贝尔（Gruber）

葛斯塔夫·奇尔希和夫　　　　古斯塔夫·基希霍夫（Gustav Kirchhoff）

H

哈来尔　　　　　　　　　　　哈勒尔（Haller）

海德尔堡　　　　　　　　　　海德堡（Heidelberg）

海尔德尔　　　　　　　　　　赫德（Herder）

海尔姆何尔慈　　　　　　　　赫尔姆霍兹（Helmholtz）

海格尔　　　　　　　　　　　黑格尔（Hegel）

海拉克莱兹斯　　　　　　　　赫拉克利特（Heraclitus）

海林　　　　　　　　　　　　黑林（Hering）

海罗斯　　　　　　　　　　　黑罗伊斯（Heraeus）

海因力希·锡密特　　　　　　海因里希·施密特（Heinrich Schmidt）

汉斯·德莱希　　　　　　　　汉斯·德里施（Hans Driesch）

何尔巴哈　　　　　　　　　　霍尔巴赫（Holbach）

何夫　　　　　　　　　　　　霍夫（Hoff）

何夫迈斯特尔（佛兰兹·回夫迈斯特尔）　　霍夫迈斯特（Hofmeister）

何海卢斯　　　　　　　　　　霍伊夏卢斯（Heucherus）

何马　　　　　　　　　　　　荷马（Homer）

荷腾多　　　　　　　　　　　霍屯督（Hottentot）

赫尔曼·埃伯尔哈德·理希特尔　　赫尔曼·埃伯哈德·里希特（Hermann Eberhard Richter）

赫尔门·克里阿尔　　　　　　赫尔曼·克勒尔（Herman Cröll）

赫凯尔	海克尔（Ernst Haeckel）
亨铮	亨森（Hensen）
侯姆	休谟（Hume）

J

季波尔德	西博尔德（Siebold）
加尔·多卜理尔	卡尔·迪·普雷尔（Karl du Prel）
加尔·路德郁希	卡尔·路德维希（Carl Ludwig）
加尔·瓦格特	卡尔·福格特（Carl Vogt）
加尔顿·巴斯亭	查尔顿·巴斯蒂安（Charlton Bastian）
加拿利	加那利（Canary）

K

凯卜来尔	开普勒（Kepler）
凯布	约瑟夫·麦凯布（Joseph McCabe）
康的亚克	孔狄亚克（Condillac）
康宁斯堡	哥尼斯堡（Königsberg）
柯卜尼加斯	哥白尼（Copernicus）
克劳德·贝尔那尔	克劳德·贝尔纳德（Claude Bernard）
克卢修斯	克鲁修斯（Crusius）
克斯毫尔	库斯莫尔（Kussmaul）
克又维埃	居维叶（Cuvier）

L

拉卜拉斯	拉普拉斯（Laplace）
拉梅特里	拉梅特里（Lamettrie）
拉瓦吉尔	拉瓦锡（Lavoisier）
腊白克	卢伯克（Lubbock）
腊丁	拉丁（Latin）
莱卜乞希	莱比锡（Leipzig）
莱布尼兹	莱布尼茨（Leibnitz）
莱狄	莱迪（Leidy）
莱斯特尔·瓦德	莱斯特·沃德（Lester Ward）
莱因何尔德·特理维拉尼斯	赖因霍尔德·特雷维拉努斯（Reinhold Treviranus）
莱因克	赖因克（Reinke）
兰格	朗格（Lange）

雷吉理　　　　　　　　　　内格利（Nägeli）

李尔　　　　　　　　　　　赖尔（Lyell）

李温核克　　　　　　　　　列文虎克（Leeuwenhoek）

理卡德·海尔特维希　　　　理查德·赫特维希（Richard Hertwig）

理卡德·锡蒙　　　　　　　理查德·塞蒙（Richard Semon）

理夏尔德·脑伊迈斯特尔　　理查德·诺伊迈斯特（Richard Neumeister）

林德佛来希　　　　　　　　林德弗莱施（Rindfleisch）

林雷　　　　　　　　　　　林奈（Linné）

刘加尔特　　　　　　　　　洛伊卡特（Leuckart）

刘克理提斯·加尔斯　　　　卢克莱修·卡鲁斯（Lucretius Carus）

卢德夫·瓦格奈尔　　　　　鲁道夫·瓦格纳（Rudolph Wagner）

卢德夫·蔚萧　　　　　　　鲁道夫·菲尔绍（Rudolph Virchow）

卢德维希·曾德尔　　　　　路德维希·策恩德（Ludwig Zehnder）

卢姆布理尔　　　　　　　　卢姆伯勒（Rhumbler）

路易·巴斯特尔　　　　　　路易斯·巴斯德（Louis Pasteur）

路易·亚加西（路易·亚辫西兹）　路易斯·阿加西斯（Louis Agassiz）

路易·仲马　　　　　　　　路易斯·杜马斯（Louis Dumas）

罗伯特·柯和　　　　　　　罗伯特·科赫（Robert Koch）

罗伯特·迈尔　　　　　　　罗伯特·迈耳（Robert Mayer）

罗林次·俄铿　　　　　　　洛伦茨·奥肯（Lorenz Oken）

罗曼内斯　　　　　　　　　罗马尼斯（Romanes）

M

马尔必吉　　　　　　　　　马尔皮吉（Malpighi）

马克斯·加梳维兹　　　　　马克斯·卡索维茨（Max Kassowitz）

马克斯·脑尔道　　　　　　马克斯·诺多（Max Nordau）

马克斯·司齐纳尔　　　　　马克斯·施蒂纳（Max Stirner）

马克斯·维佛尔浓　　　　　马克斯·费尔沃恩（Max Verworn）

马克斯·修尔财　　　　　　马克斯·舒尔策（Max Schultze）

马齐兰　　　　　　　　　　麦哲伦（Magellan）

马铁奇　　　　　　　　　　马泰乌奇（Matteucci）

毛巴斯　　　　　　　　　　莫帕（Maupas）

蒙提塞利　　　　　　　　　蒙蒂塞利（Monticelli）

密尔　　　　　　　　　　　米尔（John Stuart Mill）

密切尔理希	米切利希（Mitscherlich）
缪匿奇	慕尼黑（Munich）
摩理少特	莫勒朔特（Moleschott）

N

尼颇尔德	尼波尔德（Nippold）

O

欧罗巴	欧洲（Europe）

P

裴尔台	佩尔蒂（Perty）

Q

奇尔	基尔（Kiel）
奇亨	奇恩（Ziehen）
奇利尼	昔兰尼（Cyrene）
秦高斯奇	切恩考茨基（Cienkowski）

S

萨维吉	萨维奇（Savage）
森达	巽他（Sunda）
圣亚辩斯丁	圣奥古斯丁（St. Augustine）
施来敦	施莱登（Schleiden）
司各脱	斯科特（Scott）
斯巴兰札尼	斯帕兰札尼（Spallanzani）
斯宾挪莎	斯宾诺莎（Spinoza）
斯台因曼	施泰因曼（Steinmann）
斯谭德佛斯	斯坦德富斯（Standfuss）
斯特拉斯保加	施特拉斯布格尔（Strasburger）
斯脱拉斯堡	斯特拉斯堡（Strassburg）
斯威敦堡	斯韦登伯格（Swedenborg）

T

他斯马尼亚	塔斯马尼亚（Tasmania）
塔理斯	泰勒斯（Thales）
汤姆生	汤姆森（W. Thomson）

W

瓦来斯	华莱士（Wallace）

瓦斯珂德辨玛　　　　　　　　　达·伽马（Vasco de Gama）

外格尔特　　　　　　　　　　　魏格特（Weigert）

汪德　　　　　　　　　　　　　冯特（Wundt）

威玛　　　　　　　　　　　　　魏玛（Weimar）

维廉·阿斯特瓦德　　　　　　　威廉·奥斯特瓦尔德（William Ostwald）

维廉·埃恩格尔曼　　　　　　　威廉·恩格尔曼（Wilhelm Engelmann）

维廉·毕尔谢　　　　　　　　　威廉·博尔仕（Wilhelm Bölsche）

维廉·卜理佛尔　　　　　　　　威廉·普费弗（Wilhelm Pfeffer）

维廉·许斯　　　　　　　　　　威廉·希斯（Wilhelm His）

维罗葛拉德斯奇　　　　　　　　维诺格拉斯基（Winogradsky）

魏尔次堡　　　　　　　　　　　维尔茨堡（Würtzburg）

魏刚德　　　　　　　　　　　　维甘德（Wigand）

魏斯特尔马克　　　　　　　　　韦斯特马克（Westermarck）

吴来尔　　　　　　　　　　　　韦勒（Wöhler）

X

西比利亚　　　　　　　　　　　西伯利亚（Siberia）

西万　　　　　　　　　　　　　施万（Schwann）

希莱埃尔马赫尔　　　　　　　　施莱尔马赫（Schleiermacher）

希奇特　　　　　　　　　　　　希齐希（Hitzig）

锡波尔德　　　　　　　　　　　西博尔德（Siebold）

锡兰岛　　　　　　　　　　　　斯里兰卡（Ceylon）

夏敦　　　　　　　　　　　　　绍丁（Schaudinn）

夏密梳　　　　　　　　　　　　沙米索（Chamisso）

萧本豪埃尔　　　　　　　　　　叔本华（Schopenhauer）

谢来尔　　　　　　　　　　　　席勒（Schiller）

谢林格　　　　　　　　　　　　谢林（Schelling）

新机尼亚　　　　　　　　　　　新几内亚（New Guinea）

秀伯尔特　　　　　　　　　　　舒伯特（Schubert）

Y

亚尔伯尔特·加尔特何夫　　　　阿尔贝特·卡尔特霍夫（Albert Kalthoff）

亚尔卜司　　　　　　　　　　　阿尔卑斯（Alps）

亚尔布理希特·劳　　　　　　　阿尔布雷希特·劳（Albrecht Rau）

亚尔罗德·蓝格　　　　　　　　阿诺尔德·朗（Arnold Lang）

亚尔特曼　　　　　　　　　阿尔特曼（Altmann）

亚辩斯特·魏兹曼　　　　　奥古斯特·魏斯曼（August Weismann）

亚亨　　　　　　　　　　　亚琛（Aachen）

亚刺伯　　　　　　　　　　阿拉伯（Arab）

亚理斯多德　　　　　　　　亚里士多德（Aristotle）

亚理斯提泼斯　　　　　　　亚里斯提卜（Aristippus）

亚力山大·兹特尔兰德　　　亚历山大·萨瑟兰（Alexander Sutherland）

亚美利加洲　　　　　　　　美洲（America）

亚拿克西曼德尔　　　　　　阿那克西曼德（Anaximander）

亚拿克西门雷斯　　　　　　阿那克西米尼（Anaximenes）

亚维拿刘斯　　　　　　　　阿芬那留斯（Avenarius）

亚细亚　　　　　　　　　　亚洲（Asia）

耶刘斯·考尔曼　　　　　　尤利乌斯·科尔曼（Julius Kollman）

耶刘斯·萨克斯　　　　　　尤利乌斯·萨克斯（Julius Sachs）

耶那　　　　　　　　　　　耶拿（Jena）

依阿尼亚　　　　　　　　　伊奥尼亚（Ionia）

尤伯尔维希　　　　　　　　于贝韦格（Uberweg）

由过·多佛来斯　　　　　　胡戈·德弗里斯（Hugo de Vries）

由过·摩尔　　　　　　　　胡戈·莫尔（Hugo Mohl）

约翰尼斯·兰凯　　　　　　约翰内斯·兰克（Johannes Ranke）

约翰尼斯·缪来尔　　　　　约翰内斯·弥勒（Johannes Müller）

Z

曾慈　　　　　　　　　　　曾茨（Zuntz）

中央亚美利加　　　　　　　中美洲（Central America）

佐力克　　　　　　　　　　苏黎世（Zürich）

附 录 二

从地理人种学到文化人种学
——海克尔种族等级观念的形成

梁 展

（中国社会科学院外国文学研究所）

· *Appendix* Ⅱ ·

　　1758 年，瑞典生物学家林奈首次把人类纳入到灵长目动物的行列，他还将其一分为四，即美洲人、欧洲人、亚洲人和非洲人。在此，林奈采用"双名制命名法"对上述四个人种的基本特征进行了描述。例如，欧洲人"肤白，乐观，体态健壮；发长而密，蓝眼；灵活，聪慧，有创造力；着装紧束；以法治理"；亚洲人则"肤黄，忧郁，体态僵硬；黑发，棕眼；严肃，讲排场，贪财；着装宽松，凭庸见治理"。偏离上述四种规范的人种则被他命名为"畸形人种"，这是些或由"气候严酷"、或由"人为因素"导致变形的非正常人种。根据林奈的观察，头部呈锥形的是"大头人种"——中国人便属此类"畸形人"。尽管后起的西方生物学家或博物学家们如布鲁门巴赫（Johann Blumenbach，1752—1840）、拉马克、达尔文等人渐渐在改变林奈动物分类学的逻辑抽象性，但人种划分的标准依然没有太大的改变。

　　1868 年，德国的进化论者、生物学家恩斯特·海克尔制作了一幅名为"10个人种及其亚种一览"的人种分类图。在这张图中，"中国人"属于第 9 类人种当中的"蒙古人种"，在 40 个种族序列当中位列 27。"这个人种的肤色以黄色基色为特征，头发时或呈亮豌豆黄或本身即为白色，时或呈暗黄。其头颅形状大多为短头，也常常有中头（如中国人），但从未出现过颅长的头颅。

他们或许是从南亚地区的波利尼西亚北迁过来的。"

为什么海克尔会作如此猜测呢？自赫胥黎在 1863 年提出"人由猿进化而来"的定律以来，由于缺乏古生物化石遗存作为直接证据，当时的生物学界普遍认为以达尔文为首的进化论思想是空泛的"理论"设想。为了维护进化论的"科学地位"，海克尔从 1866 年以来就提出，有可能存在一种"猿人"，它是猿与人之间的过渡形态。

1890 年，荷兰博物学家欧仁·杜伯瓦（Eugène Dubois，1858—1940）随荷兰殖民军来到当时的荷属印尼爪哇岛，在几位工程师和从当地抓来的犯人的协助下发现了后来被称为"直立猿人"的化石。当杜伯瓦的发现于 1894 年在欧洲发表时，海克尔非常欣喜地称这位荷兰人找到了由猿向人的进化过程中"丢失的链条"。1868 年，海克尔断言"人类是狭鼻猿组群中的一个小小的支脉，是由生活在古代世界中的这支组群里长久消失的种类发展而来的"，在海克尔看来，南亚或东非才是原始人类最初的发源地。也就是说，世界上其他各民族的共同祖先很有可能是从上述两个地域迁出的，这样，中国人的起源自然而然被认定为南亚。杜伯瓦之所以选择位于南亚的爪哇岛寻找猿人的痕迹，正是基于海克尔的上述假设。

恩斯特·海克尔，德国动物学家、博物学家、哲学家、艺术家和自由思想者，他是达尔文进化论学说在德国最卓越的传播者、实践者和辩护者。出生于普鲁士王国治下的萨克森省首府波茨坦的海克尔，其父亲是当地政府顾问，母亲则出自律师家庭。海克尔早年遵父母之命学习医学，后于 1859—1860 年到地中海地区旅行，并开始观察和研究海洋低等生物。自 1861 年，他开始在耶拿大学任教，直至 1902 年退休，前后长达 41 年之久。在对放射虫等低等生物的研究当中，海克尔彻底贯彻了达尔文在 1859 年出版的《物种起源》一书中所提出的进化论思想，并在精确和系统地描述生物物种方面表现出突出的才能。不仅如此，在同时代人的眼里，海克尔的才能还体现在其对生物进化规律的认识和对自然体系的哲学把握方面。1866 年出版的《生物体普通形态学》可为前者代表，后者则以 1899 年出版的《宇宙之谜》一书为证。在《宇宙之谜》这部广泛流传的通俗著作当中，海克尔将其毕生的生物学知识组织成包罗万象的"一元论哲学"。

海克尔擅长以图表形式排列动植物物种和人类的进化秩序，他制作了一张详细的"人类系统种系树",把由单细胞动物到人类的进化过程当中出现的数十种动物物种一一排列出来,令人一目了然;不仅如此,他还把遗传、适应和进化如此复杂的规律用简洁的"生物发生律"概括出来,并辅之以丰富的观察和实验例证,以便于理解。作为一名科学家,其思维的系统性和表述的清晰度甚至让达尔文本人都感到惊奇。基于以上原因,加上其本人著述浩繁,门徒遍布欧洲,海克尔成了19世纪末、20世纪初赢得读者最多的生物学家和哲学家。海克尔提出的"种系发生学"与过往以胚胎发育过程为中心的"个体发生学"不同,试图依据物种进化的观点来探究动物(人类)种系的发生和变化过程及其自然规律。

在此,我们所关心的并非是"种系发生学"研究本身,而是作为这一研究的前提出现的海克尔的"种系"(Phylon/Stamm)以及在这一概念影响之下的"种族"概念的形成。"种"(Species/Art)的概念一直占据着海克尔动物形态学研究的核心地位。那么,什么是"种"?何谓"种系"?海克尔本人年轻时就已经对"种"是否恒定不变这个在当时生物学界争执不下的问题产生了浓厚的兴趣。

海克尔认识到,有机物形态学要上升为一门科学,其任务在于认识生物体外在和内在的形式关系,但是,更重要的是解释造成这些形式关系的原因。在他看来,这正是区别于林奈及其影响下的旧形态学只满足于描述这些形式而不去解释其成因的关键。

形态学可划分为两个门类,即解剖学和形态发生学,前者研究已经成型的形式,后者则以正在变化或形成中的形式为对象,这就是生物进化史。为了深入研究有机体的构成原理,我们必须进行必要的分离工作,以确定不同程度的离散单位。也就是说,我们必须设立可供进一步观察和研究的基本单位,这个基本单位就是生物个体。

然而,有机物个体与无机物个体不同,它由异质的物质成分构成,不能用数学方法加以把握,而且它还能够自我生长,二者最本质的区分在于前者能够组成"抽象的单位,人们称之为种(Species/Art)"。人们通常认为,组成种的诸多个体拥有共同的本质特征。但是,同种个体的外在特征或形式彼此常常不同,而且同一个体的形式在生长期的各个不同阶段也会发生相应的变化。这样一来,判定是否同种的标准不是所属个体形式上的相同,亦非其相似性。因此,"种"并非一个封闭单位,相反,"这样一种现实存在的、封闭的单位是由所有种组成的总和,这些种均由一个也是同一个种系形式渐渐发展而来,如一切脊椎动物均由一种单细胞动物进化而来。这一总和我们称之为种系(Phylon),研究这一种系的发展、确定所有属于这一种系的种之间的血亲关系是有机形态学最高和最终的任务。"

按照海克尔对形态学再分科的情况,以研究变化或形成中的形态为中心的形态发生学或进化史便被一分为二,即个体进化史或个体发生史和种系进化史或种系发生史。海克尔强调,由于确定种的标准即所谓同种个体共有的"本质特征"所表现出的不稳定性,"个体"不能成为有效的形态学分析单位,相对而言,"种系"这个单位才是现实而有效的。因此,"种系发生学"居于形态学研究之首。

然而,个体发生史和种系发生史并非彼此分立的两个学科,在海克尔看来,两者相互依赖、相互补充,共同构成了生物进化史的完整图景,而如何从发生学或进化史的角度重新定义"个体""种"和"种系",这是海克尔要面对的根本问题。从解剖学来看,"个体"只是"同一的外观形式",不具有绝对意义,而是相对的概念。海克尔说:"只有当包含个体的种的概念被完全定义之时,个体才能获得确定的意义。"

综合上述意见,我们可以推断,无论"个体"还是"种"皆非绝对的概念,而是相对于上一级分类——"种系"而言具有意义而已。所谓形态学的个体是指拥有同一的形式外观,后者又构成了一个"自我封闭的和形式上连续相关"的整体,而生理学的个体则是指它们在或长或短的时间内能够保持自身存在的同一的形式外观,而这样一种存在无论在什么情况下均能"确保发挥有机的功能即维持自我的生存"。

与此不同,从进化史角度而言的"发生学个体"则以"进化同一性"为尺度,而非无机物意义上的空间上的"不可分割性";进化的同一性或单位是有机体跨越时间和空间在形态上保持的一致性。为了区分二者,海克尔不再采用只适用于无机物的个体(Individuum)概念,而代之以适应有机物变化的概念"个体性"(Individualität)。换句话说,作为进化史的单位,个体与个体之间存在着级差,这样一来,"发生学的个体"就展现出不同层级的"发生学个体性"。

生物个体在出生、生长到死亡过程中呈现出一系列相互关联的形式变化,海克尔将后者称之为"生殖圈",它构成了一种同一性或单位,是发生学个体性的第一级。相同的生殖圈的总和构成了"种"的概念,它以类似的方式由生殖圈的多样性结合而成,一个生殖圈是由单个生物体在从出生到死亡的过程中呈现出的一组形态变化。由于"种"是建立在相同生殖圈的组合这个一级个体之上的单位,因此,它被定义为二级个体性。

由于生存条件的变化不仅会使生物个体产生变化,而且个体对新的外部环境或生存条件的适应又会使自然界中产生新的种,所以"个体"和"种"不仅在解剖学意义上不是绝对的、封闭的单位,而且在发生学意义上亦非绝对的和恒定的,只有"种系"才是进化史研究中封闭、稳定和可靠的分析单位。由此,海克尔绘制了一幅名为"生物单种系树"的图表,它将由单细胞生物到脊椎动物的进化史中出现的生物物种——排列了等级。

"个体""种"和"种系"各自从来都不是恒定的,而是处在不断进化的过程当中。由于三个概念分别被定义为生物体的三种不同层级的个体性,它们的进化历程并不交叉,而是相互平行,这被海克尔视为生物界最显著的现象。而在个体、种和种系进化这三重平行关系中,海克尔认为种系进化才是生物进化的真正起点,与种系和个体两个有实物对应的概念相比,"种"只是一个人为的、抽象的概念而已。

发生学意义上的"种"情况既如此,那么如何反过来界定形态学和生理学意义上的"种"呢?这是一个非常复杂的问题。持物种不变论的林奈、阿加西斯一系生物分类学家在"种"的问题上出现了理论与实践不一致的情况。在理论上,他们认为,拥有共同本质即恒定特征的个体属于同种;但在实践当中,谁也无法断定这些本质和恒定的特征究竟是什么,因为种与种之间常常会出现连续和过渡的形态。于是,为了维护种的物种不变的神创论观点,他们只好把后者视为例外的情况。

海克尔认为,在种的界定方面出现此类错误的原因乃在于这些分类学家仅凭经验工作,缺乏"连贯"思维作为哲学指导。海克尔强调,对于科学研究而言,经验只提供原材料,只有哲学才能为人们提供一种理解的机制。植物学家和细胞发现者之一施莱登批评道,界定物种所用的规范法则源于主观的想法,在构建概念和抽象观念的方式中隐含着这样的根据,即我们把诸物种的共同特征固定为我们精神活动的对象,而未考虑到这些对象是处于具体的时空当中、居于"此地"的自然对象。"种"在特定的时间和空间里随着生存条件的变化会出现不同的形式,因此,如果要依照自然的本来面目界定它,就必须全面考虑到这些不断发生着分化的形态,相反,同种个体之间共同的或本质的特征不但难于确定,而且也从来就不是恒定的。

为了使"种"的定义囊括上述一切变化形态,海克尔说,我们必须将"种"向下细分为"亚种"(Subspecie/Unterart)和"变种"(Spielart/Varietät),后两者涵盖了大量偏离了"种"之规范特征的个体,以及一个种向另一个种过渡的诸多形态。遗憾的是,在制定区分这些亚种和变种的标准方面,生物学家自始至终都未能达成一致的意见。唯一的办法就是按照亚种和变种之区别特征的"本质"或恒定性的不同程度来对它们予以界定。

这里就出现了一个介于二者之间、与它们类似的"种族"(Rasse)的界定问题。"种族"一般是指人工培育而产生的类别,特别是指长时间以来通过这种方式被固定下来的变种和亚种。"种族"之本质特征的"本质性"或恒定性弱于亚种,但高于变种。总之,"种及其以固定特征来区分不同种的做法本身是一种完全任意和人为的行为",这种权宜之法囿于我们对每一物种与其血缘物种之间的关系的理解不完善。

在现实中,诸多物种处于不同的进化阶段,其形态变化的速度和程度均有所不同,个体又分别处于不同的成长期,这些因素都加大了从形态学角度界定上述三个概念的难度。从生理学方面看也同样如此。海克尔断言,不同种的个体交配产生的杂种,以及两个亚种、种族和变种交配产生的混血之间没有本质的区别,因此以异种(亚种、种族和变种)交配产生的后代的繁殖能力之有无来界定种也是不现实的,这些区别都是量的而非质的区别。

德文"Rasse"(种族)一词最初来源于法文"Race",在日常德文中,其对等词是"Geschlecht""Art""Stamm",三者均有"事物的本质"之义。"Rasse"在生物学上最初是指人工培育的动物品种,如海克尔的上述用法,这个意义与另一生物学术语"Unterart"(亚种)对等。作为一种福柯意义上的话语实践,"种族"在西方则有着很长的历史。人们习惯上认为所谓"种族"首先是用来描述生物学现象的,或者说是一个纯粹自然科学的概念,但是如高伦(Christian Geulen)所指出的那样,"种族概念绝非起源于动物学—生物学之后才被用于人类身上,实际情况则恰恰相反"。

"种族"最早被用来区分人类群落的做法产生于 15 世纪西班牙的"征服时期",在这个时期,摩尔人和犹太人等从宗教、文化和起源方面被视为不同的"种族",因此它是应基督教归化异教之需而兴起的文化和政治概念。自然科学的"种族"概念则出自 18 世纪,人们试图用生理差异来制造人类不同的族群。在这个意义上,"种族"可以说是一个现代的概念。在欧洲历史上,"种族"首先是一个伴随古代世界的民族争战、基督教的跨地域传播、地理大发现和殖民主义扩张而人为发明的文化和政治概念,自然科学的"种族"概念只不过是上述文化和政治概念的"生物学化"(高伦语)而已。尽管 18 世纪的生物学家坚持把"种"作为一个科学术语来运用,但正如上文所述,达尔文、赫胥黎、施莱登和海克尔等人从进化论角度一再对其界定标准的非科学性提出批评,一度使"种族"这个术语的科学有效性丧失殆尽。

然而,当海克尔从种系进化史的高度俯看"种"和"种族"的概念时,因物种在时间长河中的持续变化带来的流动性之故,他对这些概念的科学性不予认可,但他并不否认处在同一时间当中的、分布在不同地区的"种"和"种族"位居进化的不同等级或者链条之上这个"事实"。一方面,为了反对林奈和居维叶(Georges Cuvier,1769—1832)的物种不变或灾变说,海克尔否认上帝制造了万物不同的等级秩序,即以"存在巨链"(la chaîne de l'être)为代表的目的论,代之以机械论,但另一方面,在时间中展开的"存在巨链"被海克尔加以"空间化"(借用洛夫乔伊语),从而为地理学意义上的人种学分类提供了理论基础。

不过,地理人种学并非始于海克尔本人,它源于 17 世纪法国旅行家、医生和哲学家伯尔聂(François Bernier,1620—1688)。1684 年,伯尔聂提出以原住民的"身体外观,主要是脸型"为标准来区分世界上不同地域的新方法。基于此标准,地球上的人共分为五个种:

第一类人种不仅包括西班牙人、法国人、德国人、英国人这样的欧洲人,还包括阿拉伯人,甚至还包括他曾经去过的"蒙古帝国"人;第二类人种包括非洲人,其主要特征是黑肤、卷发;第三种则包括菲律宾人、日本人、中国人等,他们以肤白、宽肩、小鼻等为标志;第四种则为欧洲最北部的拉普兰人;第五种则为美洲人。

　　值得注意的是,伯尔聂的人种分类方法并没有严格依据自然地理分界线,并且他对不同人种外观的概括也非常的粗浅。

　　地理人种学观念传入德国以后,康德在 1775 年也以类似的方法将人类划分为四个种族,即白人、黑人、匈奴人(蒙古人和卡尔梅克人)以及印度和印度斯坦人。康德的分类标准比较复杂,他不仅考虑了不同人种的外观,而且也照顾到了其不同的生理特征。白人,在他看来,并不等同于欧洲人,它还包括非洲的摩尔人、亚洲的土耳其人,甚至还包括除蒙古人之外的所有亚洲人。由此可见,早期地理人种学分类的实践还没有明显的等级论色彩。

　　但到了法国人戈比诺(Joseph Gobineau,1816—1882)的手中,白、黄和黑三个人种则被赋予一种等级结构。在这位种族理论家所炮制的人种等级制中,"黑人是最低贱的,它们仆倒在阶梯的最低层","黄人构成了它们(黑人)的反面",白人则占据着这个等级制的最高端。在他看来,黑人和黄人不但智力低于白人,而且二者之耽于感官享受也被视为其道德低下的表征,因为白人拥有"旺盛的智力","长于反思",其感性生活比黄人更"宏大、高尚、勇敢、理想化",他们极端热爱自由和秩序,对中国人的形式主义组织和黑人的专制主义宣告敌意,等等。戈比诺因其上述思想被视为纳粹种族理论的先驱。

　　海克尔集中讨论人种分类问题是在 1868 年。在题为"论人类种系树"的讲演的最后部分,他承认"在此问题上所下的判断非常游移和不可靠,因为得自比较解剖学和人种学、比较语言学和考古学的相关经验相互交叉和冲突",面对同一个证据,生物学家的解释各不相同。这就为人种分类学家们留下了巨大的猜想空间。海克尔断言,适用于动物界的种系发生和个体发生规律也同样适用于人类。因此,诸如"种""亚种"和"种族"这样的术语与人种学意义上的"种族"是通用的。他说,人们习惯上称出自同一个"人-种"(Menschen-Art)的"种族"或"变种"的东西,按照我们(进化论者)的看法,正代表着许许多多优良的人种,正如在动物和植物那里一样。

　　在《自然创造史》中,海克尔把地球上现存的所有人类族群分为 10 个"种",并按其分布的地区再分为 40 个不同的"亚种"即"种族",这就是本文开头所说的海克尔的人种分类系统。尽管他强调这个分类法只是一种"发生学的假设",但他依然沿用了他曾经予以批评的旧形态学标准即以人的外观为标准的做法,只不过以头发的外形代替了林奈的头颅长度指标。在 10 个人种当中,前 4 个被归入"绒发人",其余 6 个则是"滑发人"。更重要的是,40 个亚种即种族的划分似乎完全以地理区域为标准,例如,"原始人"分为"西东支脉"和"南北支脉",具体分布地为"南亚";而"高加索人种即白人"则分为"闪族即南部支脉"和"印度日尔曼即北部支脉",前者分布在阿拉伯、叙利亚和北亚,后者分布在南亚、南欧、东欧和西北欧。

不难看出,海克尔的分类系统采用了当时流行的地理人种学方法,不过与伯尔聂、康德的地理人种学不同,他以"发生学"名义为地球上现存的诸多人种建构了一个进化的空间序列。但我们看到,这个人为制造的发生学序列由于缺乏古人类学、考古学、比较语言学的证据,实际上大多出自于分类者的想象,这一点可从其充斥着"猜测""大概"等等字眼的说明性文字中透露出来。

在海克尔的分类系统中,人种的第一个进化层级是原始人。直立行走、语言能力以及与语言相关的大脑活动和精神生活的发展是人类("智人")区分于类人猿的决定性特征。在这些特征里面,语言是关键因素,以此为标志,在形态学、生理学和发生学之外,文化的有无及其发展状况亦构成了区分人类不同种族的标准。根据海克尔在人种起源上所持的"单种系"论,即地球上的所有人种都来源于"同一人种"且彼此具有"血缘"关系的看法,处在人种进化史之最高阶段的白人或高加索人种最初源自南亚的马来西亚和波利尼西亚,他们向西向北迁移形成了今天的西亚、北非和欧洲人;其后又分化为闪族人和印度日尔曼人;前者再分化为今天的阿拉伯人、犹太人等,后者则再分化为雅利安-罗马人、斯拉夫人和日尔曼人。

应当公平地指出,这一建立在比较语言学家施莱赫尔(August Schleicher,1821—1868)研究基础上的欧洲人种谱系与纳粹德国的"雅利安种族"理论显著不同,后者认定德国人的祖先雅利安人起源于北欧,且斯拉夫人是其敌对的种族。海克尔认为上述比较语言学的研究揭示了"一个高度发展的文化民族(日尔曼人)"是如何从其他低等民族那里进化而来的。他不无傲慢地说,在种族的生存竞争中,世界上的其他种族或早或晚都会被日尔曼这个最高的文化民族所战胜和排除掉,美洲原住民、波利尼西亚人以及棕种人和黑人的迅速消亡便是明证,但要战胜其余三个种族即中非的黑人、亚洲的极地人和"强大"的蒙古人尚须时日。

  1904 年,海克尔在《生命的奇迹》中又从文化角度对世界上的所有种族重新做了划分。于是,旧的"地理人种学"转变成了新"文化地理种族志"。他认为,"将人的地位提升至如此高于动物,亦如此高于与其血缘关系最近的哺乳类动物的东西,从而使人的生命价值得到无限提升的东西是文化,以及使其拥有文化的理性"。海克尔说,"但是,它(文化)大多只属于高等人种,在低等人种那里它并不完善甚至根本上就付之阙如"。

  为了论证这一点,他不惜援引法国种族主义者戈比诺和英国博物学家卢伯克(John Lubbock,1834—1913)分别对"自然种族"(野人)的"心灵生活"的描述,告诫德国海外殖民者放弃来自德意志唯心主义哲学的那种"理想人类"的概念,要向当时的大殖民地宗主国——英国学习,对这些位列低等的种族采取一种更为现实的策略。在海克尔看来,人类"心灵生活"由低向高的进化次序并非如神创论所主张的那样出自于上帝有目的的安排,相反,这是"自然规律"的必然体现。换言之,人种进化的等级制是科学的、历史的和文化的必然事实,而非神学家以及神创论者的信仰。海克尔说,19 世纪自然科学诸门类的巨大发展已经使神创论失去了价值,它必然为建立在因果逻辑上的"现代种族志"所替代。与神创论者的信仰不同,"现代种族志"是一门谨严的科学理论。

  如果生物人种学或地理人种学还算是海克尔的专业,那么"文化种族志"显然溢出了他的专业知识范围。因此,要完成"文化种族志"的描述工作,他还得借助于同时代的人文学者。于是,有两位学者走入了海克尔的视野,其一是德莱斯顿的哲学和教育学教授舒尔策(Fritz Schultze),另一位是苏格兰的教育家、哲学家萨瑟兰(Alexander Sutherland)。舒尔策的《自然种族的心理》一书分别从思维、意志和宗教三个方面分析和列举了所谓"自然种族"的心理现象,这位新康德主义哲学家还全面引述了萨瑟兰《道德本能的起源与成长》一书的类似观点。但是,舒尔策只是在着重分析影响种族生存的种种道德(人为)因素这一框架下,采用了萨瑟兰"从纯粹的心理和文化视点"对世界种族所作的层级划分,出于自身的目的,他仅仅关注前者对"自然种族"之心理状况的描述。海克尔显然受到舒尔策的指引,仔细阅读了萨瑟兰英文原著的第六章"种族的分类",并以此为基础编制了自己的文化地理种族志。他还特别强调,萨氏人种族划分所依据的是文化和心灵生活的不同阶段,而非他本人所擅长的"种系血缘"的亲疏。

　　海克尔采用了萨氏的基本分类框架,把世界上的人种按由低向高的顺序划分为四个大类,其中每个大类又包含三个小类,即:自然种族或野人,包含低、中、高三等;半野人,同样包含低、中、高三个等级;开化民族,亦有三个档次;文化民族。在每个大类和小类名称之后,海克尔和原分类者一样从生存环境、外形体态、居住样式、生产和生活方式、社会、政治、法律和防卫组织等等方面作了详细的描述,他还利用自己娴熟的生物种系知识大大丰富了原分类者的说明。

　　经过海克尔改造的这个种族分类法至少从表面上看来更加符合了自然科学的严格要求。换言之,海克尔修改过的这个世界种族分类法看起来更像是出自标准生物学教科书的一种科学理论。这个分类法同时也显示,分布在世界不同地区的不同种族会处于同一个人类文化发展阶段,这突破了海克尔最初的"种系人种学"将特定的文化阶段固定在某个特定区域的做法,似乎又在向伯尔聂、康德的种族分类学回归。上述情况使海克尔的新分类法在文化和生物学两个分类标准上显示出混杂性和矛盾之处。在这个"科学"的分类系统中,当时的中国人与日本人以及印度人一并位于"高等开化(文明)民族"之列,其标志是印刷书籍的传播、文学地位的提升、中央政府的形成以及成文法、法官和审判制度的建立等等。而欧洲的先进国家则被归为"文化民族",其标志是由国家的合理组织和社会力量的协力使民众获得了一定程度的自由,从而使其得以独立地从事人类的精神和艺术事业。

　　但是,在本书的另一处,海克尔又把中国人划为"文化民族"。区别"开化"(文明)与"文化"的标准究竟在什么地方?"开化是介于半野人和真正文化种族之间的阶段,"海克尔说,"它通过宏大的国家建构和广泛的劳动分工区别二者"。那么,什么才是"真正的文化民族"呢?海克尔强调,"严格意义上的文化民族"以艺术和科学,以及二者在法律、学校教育方面的广泛应用为标志。他认为,上述文化要求只是在古代世界的一些国家,如亚洲的中国、南印度、巴比伦和埃及,以及欧洲的希腊、罗马出现过。然而,其文化成果仅仅局限在很小的地方,欧洲中世纪的到来已经使其丧失殆尽。

　　"现代文化"的复兴始自15世纪,直至19世纪自然科学的巨大发展才使文化生活在多个方向上得到发展,从而使自由的理性战胜了迷信。可见,正是由于古代中国体现了海克尔所说的文化要求,才被归为"文化民族"。但为什么随后又被归为"高等的开化民族"呢？

海克尔认为古代欧洲文化在经历了中世纪之后有所倒退，只有 19 世纪这个被其称之为"自然科学的世纪"才使欧洲重返"文化民族"之列。难道说古代中国也因经历了类似于欧洲的中世纪才使其由"文化民族"退回到了近代中国所属的"开化民族"之列？问题不在于海克尔本人对中国历史是否了解以及了解多少，而在于对中国定位的前后矛盾反过来体现了其维护和论证欧洲 19 世纪历史、文化和政治正当性的目标。

海克尔在这里有意设置了一个比现存欧洲种族更早的一个"低等文化民族"类别。在他看来，现存欧洲种族存在着一个前历史阶段，即 16 至 18 世纪，以哥白尼地心说、地理大发现、宗教改革、经验科学的兴起和印刷术的发明为推动力，欧洲文化得以复兴。这些近代文化成果由于受到地域的局限，其影响下的政治和社会生活还处在中世纪的落后水平。只有到了 19 世纪，自然科学知识才开始真正被应用于人类政治和社会生活的各个方面，从而丰富了人们的精神生活。而要完全实现全人类的幸福、崇高的道德目标和自由价值观，则有待于未来的高等文化的出现。

那么，靠什么手段或方式，人类才能进化至"高等文化民族"呢？靠的是对 19 世纪自然科学特别是生物学知识的深入运用，后者又具体体现在现实的政治操作和合理的劳动分工方面。因此，对于现存的"欧洲先进国家"来说，其政治任务不仅仅是向"大多数政府所持的落后的世界观和霸权追求以及与之相关的教会"，而且还要向占据主导地位的"军事主义"和一切陈旧的、受人们膜拜的旧道德展开"猛烈的战斗"。

海克尔从历时角度对现存欧洲文化民族的定位改变了萨瑟兰共时的分类方式，这种分类标准的混乱不仅表明了其种族分类学并非一种严格的科学理论，同时也最好不过地表明了其在现实政治方面的强烈诉求，建设"高等文化"的政治任务落实到了所谓"欧洲的先进国家"肩上，现在这些所谓的"欧洲的先进国家"反过来可以以一种"科学的"种族分类学作为依据来进行伟大的殖民事业了。

殖民者的征服是在按"自然规律"办事，而被殖民者的屈服则是"劳动分工"的必然，你若想反抗，那你就是在挑战"自然规律"，屈服是你永远也休想摆脱的命运。

科学元典丛书

科学元典丛书（彩图珍藏版）

科学元典丛书（学生版）

全新改版·华美精装·大字彩图·书房必藏

科学元典丛书，销量超过100万册!

——你收藏的不仅仅是"纸"的艺术品，更是两千年人类文明史!

科学元典丛书（彩图珍藏版）除了沿袭丛书之前的优势和特色之外，还新增了三大亮点：

① 增加了数百幅插图。

② 增加了专家的"音频＋视频＋图文"导读。

③ 装帧设计全面升级，更典雅、更值得收藏。

名作名译·名家导读

《物种起源》由舒德干领衔翻译，他是中国科学院院士，国家自然科学奖一等奖获得者，西北大学早期生命研究所所长，西北大学博物馆馆长。2015 年，舒德干教授重走达尔文航路，以高级科学顾问身份前往加拉帕戈斯群岛考察，幸运地目睹了达尔文在《物种起源》中描述的部分生物和进化证据。本书也由他亲自"音频＋视频＋图文"导读。

《自然哲学之数学原理》译者王克迪，系北京大学博士，中共中央党校教授、现代科学技术与科技哲学教研室主任。在英伦访学期间，曾多次寻访牛顿生活、学习和工作过的圣迹，对牛顿的思想有深入的研究。本书亦由他亲自"音频＋视频＋图文"导读。

《狭义与广义相对论浅说》译者杨润殷先生是著名学者、翻译家。校译者胡刚复（1892—1966）是中国近代物理学奠基人之一，著名的物理学家、教育家。本书由中国科学院李醒民教授撰写导读，中国科学院自然科学史研究所方在庆研究员"音频＋视频"导读。

《关于两门新科学的对话》译者北京大学物理学武际可教授，曾任中国力学学会副理事长、计算力学专业委员会副主任、《力学与实践》期刊主编、《固体力学学报》编委、吉林大学兼职教授。本书亦由他亲自导读。

《海陆的起源》由中国著名地理学家和地理教育家，南京师范大学教授李旭旦翻译，北京大学教授孙元林，华中师范大学教授张祖林，中国地质科学院彭立红、刘平宇等导读。